C语言

零起点精进攻略

C/C++入门·提高·精通

爱编程的魏校长◎主编

U0300940

化学工业出版社

·北京·

C 语言是学习其他程序设计语言的基础，也是编写硬件相关的嵌入式系统等系统级程序的优秀工具。

本书从贴近 CPU 和内存原理的角度，给读者提供了一个学习—实践—应用 C 语言的逐步掌握 C 语言并成为 C 程序员的技能提升方案。

全书分 5 篇 17 章。前 3 篇分别讲述 C 语言的起步知识、控制程序流程的基础、编写基本 C 代码的组织工具；第 4 篇包含了编写系统级程序所需要的 C 指针、结构体、编译预处理等关键知识；第 5 篇提供了应用 C 开发程序所需要的技能和初步实践方法。

本书可作为高校学生学习 C 语言的教材和辅助读物，也可作为中学生参加 NOIP 竞赛的参考书，还能作为初级嵌入式程序员理解 C 语言的工具书。

图书在版编目（CIP）数据

C 语言零起点精进攻略：C/C++ 入门·提高·精通 / 爱编程的魏校长主编 . —北京：化学工业出版社，2020.2
ISBN 978-7-122-35753-3

Ⅰ. ① C⋯　Ⅱ. ①爱⋯　Ⅲ. ① C 语言 - 程序设计
Ⅳ. ① TP312.8

中国版本图书馆 CIP 数据核字（2019）第 260424 号

责任编辑：贾　娜　　　　　　　　　　　　装帧设计：王晓宇
责任校对：王素芹

出版发行：化学工业出版社　（北京市东城区青年湖南街13号　邮政编码100011）
印　　装：大厂聚鑫印刷有限责任公司
787mm×1092mm　1/16　印张24½　字数598千字　　2020年3月北京第1版第1次印刷

购书咨询：010-64518888　　售后服务：010-64518899
网　　址：http：//www.cip.com.cn
凡购买本书，如有缺损质量问题，本社销售中心负责调换。

定　　价：98.00元

上大学时，有一位教授讲大学学习之道，给我们提了一个建议：任何一门课程，最好同时采用2~3本教材来学习。教授的这一方法，让我们受益良多。我记得，当时大学里的第一门程序设计语言课是PASCAL，可是我们的教材，我学起来有点吃力，后来发现学校上机实验是VAX小型机，于是从图书馆借来了小型机和PC机的比较类图书，关键的是我还买了一本写得更加浅显的、基于PC机的PASCAL图书，同时学习了这些图书，我很快就掌握了PASCAL语言。后来的线性代数、模电数电、数据结构和算法、操作系统、计算机原理等课程，我都用这种方法，同时从图书馆借或者购买1~2本比我自己用的教材浅一点或者深一些的教材，对比着学习。有的让我快速入门，有的让我掌握更深……感谢教授提供的学习方法。

针对C语言，我也向大家推荐这种学习方法。一方面，C语言比较难；另一方面，如果你想成为一个编程高手，需要广泛涉猎相关图书，因为很多教材基于其定位，覆盖不到一些实际常用的编程常识。

我们认为，世界上有两种C语言：一种是具有基本算法描述能力的C语言，我们称为基本C；另一种是具有内存操作等特色的系统编程能力的C语言，我们称为系统C。所以，一本好的C语言图书，要经得起两次阅读：第一次，让读者掌握基本C，帮助读者将来顺利学习后期如算法和数据结构等相关课程，帮助读者学习C++、Java、C#等C派生的程序设计语言；第二次，让读者体会系统C的关键。基本C的学习，让读者将来可以轻松掌握其他程序设计语言，让读者具有移植能力；系统C，则让读者具有实战的开发能力。

我们这本C语言图书，就定位于比一般讲解"基本C"的图书略微高深一点，希望可以成为读者C语言教材之外的第二本辅助学习用书。

同时，我们也希望这本书给读者提供一些C语言学习的闯关之道。

程序设计的水平提升是有一些关卡的。一旦你打过了这一个关隘之前的小怪兽，你的水平就提升一级。

在我们的C/C++学习交流群里，大家总结，基本上有以下这三个大关，一旦闯过，掌握程序设计语言这件事情，或者说用程序设计语言来为我们解决问题这件事情，我们认为就达标了。

第一个关口：编译提示关

我记得在学习编程之初，第一个程序，我觉得就是按书输入的程序啊，可是编译提示总是提醒我有问题，让我很有挫败感。十几分钟之后，我放弃了自己纠错的可能性，问旁边一个同学，同学看了一眼，说："你有一个关键字少写了一个字母 S"。

我一看，果然如此。要知道，20 年前的编译器，错误提示经常是牛头不对马嘴的，定位不准。而且，我们那时参考书和学习资料很少，唯一能获得信息的地方，就是 IDE 提供的帮助文件（Help），而且这个 Help 还是全英文的！

还好，这个编译错误之后，我的编程之路就比较顺利了，慢慢我也摸清了编译器的脾气，自己能迅速定位错误所在。嗯，有些提升也是意外的，在整整两年几乎天天和 Borland C++ V3.1 打交道之后，我大约找到了十来个它的缺陷（bug）和避开的方法。当我啃了这全英文的 Help 之后，英文技术文档的阅读水平也大大提高了，真是让人意外。

后来，从几个学习群，还有读者来信中了解到，大量的读者，第一个 bug、第一个过不去的关卡，是使用了全角英文的字母，读者也是看不懂错误提示，然后怀疑自己的编程能力。这里，我先提醒大家，编译器和 IDE 都是给半角纯英文环境设计的，他们没有想到还会有中国人使用全角的这个问题。你们一定要跨过这个关口。实际上，我们的经验是，跨过这一关，你的学习能力开始具有加速度。当大一完成 C 语言程序设计的基本学习之后，假设从大二开始，像我们当年一样每天编写 100 行代码，等到大四毕业的时候，你怎么也有几万行代码的编写经验，基本上，找一份薪水优渥的工作就问题不大了。所以，一定要在大一闯过 IDE 工具和语言的熟练关，像我们当年熟练掌握了 Borland C++，后来也很轻松就转到其他开发工具上。这些工具之间举一反三，很容易就能学会。

就像我们熟练使用 Windows 系统，是从了解鼠标开始的一样，要学好 C 语言，要先过编译提示关，而且这个关口完全靠你自己摸索，别人几乎帮助不了什么。还好，你开始学习的时候，都是小程序，错误提示都是逐步出现的，一次只会出现 1 个或 2 个，而且会大量重复，这给了我们积累的时间。

第二个关口：理解变量和计算机对变量的操作

好多读者转不过这个弯来，始终觉得计算机程序是一个很奇怪的东西。这方面，我们从计算机的运行原理出发，给大家做了比较精彩的解释，希望能帮助大家跨越这一关。

20 多年前，我们刚进大学时，是在 VAX 小型机上学习编程语言，但很快又在 PC 机上学习另外一种编程语言。两种平台的区别把我们折腾得苦不堪言。老师也是匆匆来上课，很难找到他们去问问题。后来我仔细研究了两个上机手册，还是学校自己编印的那种，然后借助图书馆的好多资料，才明白小型机、UNIX、PC 机、DOS 的区别。现在回头来看，没有好书，没有人指导，真的是非常痛苦，但也锻炼了我们的学习能力，慢慢积累了和各种机器打交道的经验，不亦乐乎？

在今天这个时代，你需要理解 Linux 系统、Windows 系统和手机操作系统的区别，慢慢理解 CPU、硬盘和内存是什么关系，逐步提升对程序和系统的理解，这有助于你编写更好的程序。很遗憾，这些内容其他 C 语言图书中很少涉及，我们从现实需要出发，在本书中编写了这方面的相关内容。

第三个关口：现实问题的计算机化

中小学时期，很多人缺乏抽象训练，不能把生活中的问题数学化，以至于解决应用题时，一旦需要用到 x，y，z，就感到一头雾水；如果要列出数学关系式来，更是让人绝望。但是，把现实问题用计算机来解决，建立数学模型，把数学问题计算机化，难度就小很多了。并且，这些问题的程序设计解决之道，是有规律可循的：

（1）利用计算机强大的不知疲倦的计算能力。枚举法，不停地循环计算，是常见之道。所谓暴力计算，最典型是"百钱买百鸡"问题。

（2）利用计算机强大的存储能力。我们可以把一些做法甚至结果存在内存里面，根据需要调用即可。比如，暴力解决"算 24"问题。

（3）实在没办法，还有强大的函数库嘛，会使用就行了。

还有很多的数据结构和算法，可以让你体会如何把现实问题计算机化并采用一定的数据结构和算法处理，看多了，自然就会用了。这一关的意义是让读者成为一个真正的程序员。我大学毕业时接触的第一个项目是体温计。我们要从大量的数据中抽象出一个数据模型来，然后用计算机去统计和适配，最后得到一个算法，用以修正我们测量的数据。

如果具有良好的现实问题数学化、计算机解决化的能力，就可以轻松跨过学生学习到的知识到现实职场能力之间的小关卡。当然，过第三关的时候，最好辅助一些数学建模等相关图书，还有一定的课程设计、毕业设计级别的编程实践才行。至少你要理解结构体在解决现实编程问题中的意义。

我们把跨过这三关的方法作为三个重点，融合在这本 C 语言程序设计能力提升的参考图书之中，读者只需要按照本书的内容，加强练习，每天提升自己一点，每天理解一点 C 语言的精华所在，像钻研武功秘籍一样去修炼，相信你可以轻松过关。

这三关翻过，你基本就来到了编程的自由境界，你会从不断和计算机的交互过程中获得各种乐趣。如果你和当年的我们一样爱上编程这件事情——写一个代码，很快就能看到结果，这种机器实验实在是太吸引人了——你就可以开始探索程序设计中的其他奥秘了，比如一些指针的高级用法，充满玄妙的编程技巧，开始去理解"程序＝算法＋数据结构"。同时，你也积累了一些良好的编程习惯，或者说，掌握了软件构建的工程之道。毕竟，程序员除了是手工业的码农，还是一个软件工程师。

今天的读者很幸运，既有大量参考书籍，又有中文系统环境，还有网上交流的渠道。希望大家通过这本书，结合你们学习 C 语言程序设计的教材，逐步精进你的程序设计水平，成为一毕业就基本可以上岗的开发人员！

爱编程的魏校长

第2章

C语言基本功

015

第5章

使用循环结构
编写程序

083

CONTENTS

目录

第 **7** 章

数组

/ **127**

第 **8** 章

控制字符串

/ **147**

第4篇

C之精华

第9章

指针

第**10**章

结构体、共同体与引用

189

第**11**章

预处理命令

/

213

第**5**篇

开发实践

第**12**章

编程规范和项目
开发初步

/

229

第 **13** 章

**管理计算机
内存**

241

第 **14** 章

文件操作

259

第 15 章

C语言中的库函数

287

第 16 章

应用数据结构

311

CONTENTS
目录

第 **17** 章

**学生管理系统
的开发**

331

附录

**Visual C++开发
调试环境**

359

第1篇
起步知识

亲爱的读者朋友，如果您是一位刚刚想进入程序设计世界大门的新手，那么请详细阅读本篇所介绍的内容。本篇就是为了使你快速、全面地了解程序设计语言的相关基本知识而设立的。本篇虽然只有两章，内容不多，但却关键。如果你已经了解一些与电脑程序相关的知识，可以直接阅读后面的章节。

本篇对程序和程序设计相关的知识做了概念性的描述，而且介绍了程序生成的工具，同时对于 C 这门编程语言的发展、特点、构成及开发过程进行了详细的描述，最后用一些示例来分析和说明 C 语言程序，以及可供查询的 C 变量基本数据范围的代码示例，构成了整个前置知识的内容。本篇信息量较大，读者可以先通读一遍，进入第 2 篇的学习之后，再来逐步理解这些内容。

C

语言零起点精进攻略

——C/C++入门·提高·精通

第1章
CPU运行原理和C语言

本章除主要讲解程序、程序设计、程序设计语言、结构化程序设计方法和程序生成等知识外，还对 C 语言的发展历史及 C 语言的特点做了简单介绍，然后通过简单示例展示 C 语言程序的风格。

本章最后的示例代码虽然简单，但涉及 C 语言的很多知识面，请读者不要因为现在不理解而烦恼，只需要记住代码，通过注释明白其大概所包含的内容即可。在阅读完后面章节以后，再回过头来看就会明白其真实的含义。

本章主要涉及的内容有：

❏ 程序及其设计：讲解程序、程序设计及程序设计语言的概念。
❏ 结构化设计程序：知道什么是结构化设计程序，其构成和特点是什么。
❏ 程序生成工具：明白编译器和连接器的概念。
❏ C 语言的初步知识：了解 C 语言发展历史，C 语言的特点、构成及其开发过程。
❏ C 语言程序示例：通过示例程序，认识 C 语言程序，并自己模拟编写一段程序来运行。

1.1 CPU是如何工作的

C语言之所以是系统级开发工具，是因为它的一些特性和硬件底层的联系很多。可以说，每一种 CPU 都至少对应一个 C 编译器。在今天，假设你要开发一种新 CPU，为了让人们快速上手，你也要同时发布一个配套的 C 编译器。也就是说，只要还有基于 CPU 的应用，就会有 C 语言的存在。所以，我们要成为真正的 C 程序员，还需要学点 CPU 的原理。

1.1.1　指令节拍和流水线

CPU 是一个运行特定二进制指令的数字设备，这些二进制的指令，存储在内存（RAM）之中。当 CPU 上电的时候，就是电脑启动的时候，CPU 从一个固定的位置去读取第一条指令，然后译码执行。完毕之后，根据 CPU 当前的程序地址寄存器所存储的地址，从内存中对应的地址取出下一条指令，译码执行……如此往复不停，直到关机。

所以你看，原理上来说，CPU 是一个很"傻"的设备，它只是不停地从内存中读取指令，然后译码执行罢了，只不过每一秒中可以执行太多的指令，可以做太多的事情，给人非常智能的感觉。它的智能，其实也是人类来编写指令赋予它的。

从硬件上来说，CPU 是一个典型的时序数字电路，每一个节拍根据当前状态，往前前进一步，做点事情，每一个节拍里，CPU 要么从内存中读取指令，要么编译指令（译码），要么执行指令。

聪明的工程师就想到了，如果要让 CPU 的性能提高，执行指令的速度快，有两种办法。

一种办法是缩小节拍时间。比如 20 年前的 CPU，主频参数一般都是 100 ～ 200MHz，现在的 CPU，主频一般都是 1 ～ 4GHz，10 ～ 20 倍的提升。如果每一个节拍周期内，CPU 做的工作是一样多的话，CPU 性能提升了 10 ～ 20 倍。

另外一种方法是改变 CPU 内部架构。如图 1.1 所示，当第 1 条指令在译码的时候，第 2 条指令也被 CPU 读取了进来；当第 1 条指令在被执行的时候，第 2 条指令正在被译码，第 3 条指令被读取了进来。用这种同时进行的流水作业——并行流水线的办法，大大提升了 CPU 指令执行效率。

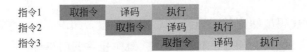

图1.1　指令的流水线执行

对比一下，如果指令 1 执行完毕之后，指令 2 才读取进来，然后指令 2 执行完毕，指令 3 才读取进来的话，每一条指令的执行，要比图 1.1 多两个节拍周期。指令成千上万的话，多出来的时间就很可观了！

这种三级流水线，差不多能提升 2 倍多的 CPU 执行效率。而且 CPU 的流水线还可以不断细分，经典的有五级流水线，有的长达十几级。有意思的是，这种把 CPU 执行一条指令的流水线拉长的办法，同时也在细分每一级流水线的执行时间，刚好也方便提升 CPU 的频率。你可以想象一下 CPU 的内部：CPU 像一个巨大工厂的流水线，每一个节拍、每一个指令被执行一点点，就像产品在流水线上被推进一点点。但架不住每一秒中有太多的节拍，所以，今天的 CPU 执行指令的速度非常快。你可以打开你的电脑的性能监测软件（如图 1.2 所示），大多数时候 CPU 都是空闲的，利用率不超过 5%。

1.1.2　摩尔定律让CPU越来越快

数字电路的"细胞"是晶体管，CPU 也不例外。CPU 由成千上万个晶体管构成，今日的一个 CPU 芯片，甚至内含几亿几十亿个晶体管。这是靠集成电路工艺逐步的突破，集成越来越多的晶体管而做到的。

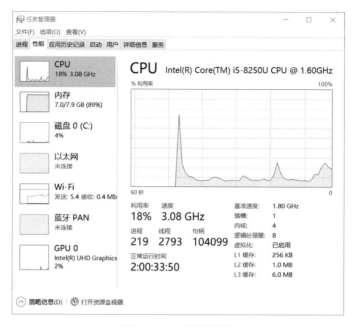

图 1.2　CPU性能监测

第一代 CPU 内含几千个晶体管，但是，伴随着 CPU 架构的变化，增加流水线，提升频率……就要更多的晶体管来参与。

数字集成电路中集成的晶体管数量越来越多。1965 年，一个名叫 Garden Moor 的人提出了著名的摩尔定律：集成电路中晶体管的数量，每两年会增加一倍。这个工程定律，居然在过去五十年里，都一直有效。CPU 中，集成的晶体管数量，基本是按这个规律增加的。设想一下，你在 1990 年，就完全能够预计 1992 年、1994 年，甚至 2000 年的 CPU 内部晶体管数量，那么便可以提前安排设计这些年出厂设计的 CPU 可以有多少级流水线，大致多少主频。所以，当看到新闻说某 CPU 厂家宣布他们同时设计未来两代 CPU 时，不用感到奇怪。

不过，同样大小的 CPU，伴随集成的晶体管数量越来越多，眼看就要抵达物理极限了，目前苹果 A12 采用 7nm 工艺，估计未来十年，5nm、3nm 工艺会逐步成熟，我们预计，摩尔定律到 2030 年都会持续有效，虽然 CPU 中增加晶体管数量的速度可能会放缓。

但是，就算摩尔定律在 2030 年以后失效了，基于 CPU 的应用，是永恒存在的。甚至基于 GPU 的应用，基于 FPGA，还有其他各种可编程数字器件的应用，都会使用 C 语言或者 C 语言的变种来开发。所以，就学习来说，投资在 C 语言上，是具有恒久的价值的，今天的 C 语言，和 1972 年刚刚被发明出来的 C 语言区别不大，这也是快速变化的 IT 技术世界的一个奇迹了。而历史上其他的很多程序设计语言，很多就消失在历史的天空，或者被边缘化了，而 C 语言，还会因为 CPU 等的大量应用而充满生命力。

顺便说一下，单 CPU 的架构，通过流水线来提升频率的办法，频率越高，晶体管单位时间发热越多，集成芯片的发热量越来越大，接近"烧毁"的边缘。同时，CPU 的功耗越来越高，一头撞在了"功耗墙"上。这条路走不通之后，工程师们除继续优化每个 CPU 的架构之外，主要采用一个 CPU 内集成多个 CPU 内核的办法，来利用摩尔定律多出来的晶体管。所以我们看到现在的 CPU，内核数量越来越多，2、4、6、8、16……这就是摩尔定律在起作用。

网上关于摩尔定律的讨论很多，读者可以去搜索一下，然后更加深入地了解一下，有助于你对信息技术的理解，也有助于你对本书的学习。

1.1.3　从CPU指令到程序设计语言

前面提到，CPU 是从内存中不断读取 CPU 指令，然后执行之。那么，内存中的指令从哪里来呢？就是从硬盘中某个位置导入进来的。这个位置上，有一个程序，程序里面，就有若干 CPU 指令。

而今天的程序，是由我们的程序员编写，通过编译器编译成 CPU 指令的。但是，最早的程序，就是人们一条一条地手工输入 CPU 指令的。有些 CPU 原理的实验，至今也保持了让学生手工输入机器指令的方法，让学习者直观体会二进制的指令是怎么回事。就是人工输入和机器码一一对应的汇编程序来编写应用程序的方式，效率也太低了。因为设计 CPU 的时候，只考虑这些 CPU 指令如何覆盖到大多数应用，只考虑如何解码这些指令机器更加简捷有效。简单地说，机器指令是面向 CPU 的，不考虑人记忆的难度（几百条）、编写的难度（机器逻辑而不是人的逻辑）和程序代码的可读性，更不考虑代码的可移植特性了，巴不得你永远只编写我这类 CPU 上的程序。

程序设计终究还是要以人为本的。所以，程序和人类的自然语言接近，普通人稍微训练一下就能看懂。编译器可以编译成这种 CPU 指令，也能编译成那种 CPU 指令的程序设计语言。关键是，这种面向人而不是面向机器的程序设计语言，大大提高了程序员的工作效率，才有了今天各种丰富多彩的应用。不说机器码，如果至今只能用汇编编写程序，都不敢想象。

人类历史发展至今，已经有上万种程序设计语言了，比较流行的，或者一度流行过的，也有接近一百种，都是根据不同的需要开发出来的。C 语言作为一棵常青树，成为各个大学和各个公司常用的开发语言，主要有两个原因，一个是 C 语言的变种太多，学习了 C 语言，基本上以 C 语言为变种的语言也非常好学习和理解，可谓一次投资多次使用；另外一个原因是 C 语言几乎是唯一的系统级开发语言，开发各种操作系统、编译器和数据库，几乎都能看到 C 语言的用武之地。

读者可以在本书的学习之余，上网搜索一下 LINUX 之父的相关言论，可以对 C 语言的特点理解得更加深刻，这里就不再赘述了。

1.2　理解计算机程序设计

只有在了解清楚基本的程序、程序设计和程序设计语言概念及其关系以后，才能真正地进入程序设计的大门。下面就开始来学习吧！

1.2.1　程序是什么

所谓程序，按照字面上的解释，就是一个事情处理过程的顺序，或者更准确地说，应该是多个按顺序排列的多个子过程。

例如：大家日常生活中的做饭过程，就是一个程序。首先把若干蔬菜、大米、肉等清洗干净并切好，然后准备好各种佐料，再采用烹、蒸、炒、煮等方法，最后将这些生的东西变成鲜美可口的食物。这其中的清洗、切、烹、蒸、炒、煮等被称作"命令"，而蔬菜、大米、肉等就是"资源"，"资源"的状态随着"命令"的操作过程而变化，这个方法的描述就是做饭的"程序"。

而电脑中的程序，就和这个比喻一样，是一种方法过程的描述，是为了实现特定的目标或者解决特定的问题而用电脑语言编写的一系列命令序列的集合。其中，命令就是电脑CPU的指令，而执行者也是电脑，而最后电脑通过命令改变给定资源（数据）的状态的过程描述，这就是计算机（电脑）程序。

注意：过程描述本身没有任何实际意义，除非其被执行。所以程序本身也没有任何意义，除非给定资源后并被执行。

1.2.2　程序设计与程序设计语言

程序设计就是讲的如何编写程序，即制订解决问题过程的方法描述。例如：常常在电脑中计算的圆周率 π，其对于电脑来说是无任何意义的数字，而程序设计员就需要把如何计算圆周率 π 的过程描述设计出来。这就是程序设计。

$$程序设计 = 数据结构 + 算法$$

其是指设计、编制、调试程序的方法和过程，是有明确目标的智力活动。由于程序是软件的本体，所以内容涉及很多的基本概念、工具、方法以及方法学等。程序设计通常分为问题建模、算法设计、编写代码和编译调试四个阶段。

程序设计语言，就是把方法过程描述变成电脑能够识别的语言，是用于编写电脑程序的语言。其语言的基础是一组记号和一组规则。根据规则由记号构成的记号串的总体就是语言。

在程序设计语言中，这些记号串就是程序。程序设计语言包含三个方面，即语法、语义和语用。语法表示程序的结构或形式，亦即表示构成程序的各个记号之间的组合规则，但不涉及这些记号的特定含义，也不涉及使用者。语义表示程序的含义，亦即表示按照各种方法所表示的各个记号的特定含义，但也不涉及使用者。语用表示程序与使用的关系。

所有的程序设计语言的基本成分又有如下四种：

① 数据成分，用于描述程序所涉及的数据。
② 运算成分，用于描述程序中所包含的运算。
③ 控制成分，用于描述程序指令走向时所包含的控制。
④ 传输成分，用于表达程序中数据的传输。

程序设计语言是软件的重要组成，其发展趋势是模块化、简明化、形式化、并行化和可视化。

注意：语义不仅仅可应用在电脑编程方面，实际上许多技术，如机械、电子、数学等都有自己的语言，而那些设计师则负责将客户的简单程序翻译成相应语言描述的程序。作为一个程序员是极其有必要了解到语义的重要性的。

1.2.3　不断细化问题的结构化程序设计思想

结构化程序设计是以模块功能和处理过程设计为主的详细设计的基本原则。其是最基本的程序设计方法，这种程序设计方法简单，设计出来的程序可读性强，容易理解，便于维护。

结构化程序设计由迪克斯特拉（E.W.dijkstra）在1969年提出，该思想以模块化设计为中心，将待开发的软件系统划分为若干个相互独立的模块，这样使完成每一个模块的工作变得单纯而明确，为设计一些较大的软件打下了良好的基础。

由于模块相互独立，因此在设计其中一个模块时，不会受到其他模块的牵连，因而可将原来较为复杂的问题化简为一系列简单模块的设计。模块的独立性还为扩充已有的系统、建立新系统带来了不少的方便，因为可以充分利用现有的模块作积木式的扩展。

按照结构化程序设计的观点，任何算法功能都可以通过由程序模块组成的三种基本程序结构的组合来实现：顺序结构、选择结构和循环结构。

结构化程序设计的基本思想包括两个方面：

① "自顶向下，逐步细化"的思想认为程序设计方法从问题本身开始，经过逐步细化，将解决问题的步骤分解为由基本程序结构模块组成的结构化程序框图。

② "单入口单出口"的思想认为一个复杂的程序，如果其仅是由顺序、选择和循环三种基本程序结构通过组合、嵌套构成，那么这个新构造的程序一定是一个单入口单出口的程序。据此就很容易编写出结构良好、易于调试的程序来。

正是由于结构化程序设计的这些特点，使其成为软件发展的一个重要的里程碑。结构化程序设计可以总结为如下公式：

$$数据 + 操作 + 流程控制 = 结构化程序设计方法$$

其实，结构化程序设计，是一个从顶至下、逐步求精的过程，这也是一个我们常用的数学思想方法，把问题分解，然后逐步分解，直到每一个步骤，都可以解决。

当然，本节只是对结构化程序设计做一个简单的介绍，更专业的程序设计之道和软件开发方法，读者请阅读软件工程相关书籍。

1.3 C语言的初步知识

在正式开始学习 C 语言之前，需要把 C 语言的发展历史、语言特点以及程序开发过程做一个简单的介绍，形成 C 语言的基本概念。

1.3.1 C语言的历史

C 语言是 20 世纪 70 年代初期，美国贝尔（Bell）实验室的 Dennis M.Ritchie 设计的一种程序设计语言。

但其根源可以追溯到 ALGOL60。ALGOL60 结构严谨，注重语法、分程序结构。因此对于后来许多重要的程序设计语言，如 PASCAL、PL/I、SIMULA67 都产生过重要的影响。但由于其是按高级程序设计语言的思路设计的，与电脑硬件相距甚远，不适合编写系统软件。所以 1963 年英国剑桥大学在 ALGOL60 的基础上推出更接近硬件的 CPL 语言，但 CPL 太复杂，难以实现。1967 年，剑桥大学的 Matin Rinchards 对 CPL 语言作了简化，推出了 BCPL 语言。

1970 年，Ken Thompson 在编程语言 BCPL 的基础上开发出了一种新的语言，被称为 "B"语言。"B"语言是一种解释性语言，功能上不够强。为了很好地适应系统程序设计的要求，Dennis M.Ritchie 在这个 "B"语言的基础上，于 1971 年开发了第一个 C 编译程序，1972 年开始使用（主要还是在贝尔实验室内部使用）。后来，经过多次的修订和改进，直到 1975 年用 C 语言编写的 UNIX 操作系统第 6 版公之于世之后，C 语言才真正举世瞩目。

1978 年，Brian Kernighan 和 Dennis M.Ritchie 在《C 程序语言》一书中对 C 语言进行了详尽的描述，并在附录中提供了 C 语言参考手册，这本书成为后来广泛使用的 C 语言的基础，被称为非官方的 C 语言标准。

后来，随着微型电脑的日益普及，大量的 C 语言工具相继问世。然后这些工具没有统一的标准，还有很多不一致的地方。为了改变这种情况，ANSI（美国国家标准化协会）于 1983 年成立了一个专门委员会，为 C 语言制定了 ANSI 标准。到 1990 年，C 语言成为国际标准化组织（ISO）通过的标准语言。

C 语言是一种通用的程序设计语言。C 语言的通用性和无限制性，使得其对许多程序设计者来说都显得更加通俗，而且更加有效。特别是 20 世纪 80 年代后，各种微机 C 语言的普及，使其成为众多程序员最喜爱的语言。

直到现在 C 语言还应用于各个方面的程序设计，如系统软件的设计（操作系统、编译系统等）、快速数据处理过程设计、科学数值计算及嵌入式程序设计等。

1.3.2　C语言程序的特点

C 语言为什么能够得到长时间的使用和发展呢？是因为其具有很多其他语言所没有的特点。笔者将这些特点分为如下六点。

① C 语言是"中级语言"。相对于"高级语言"来说，常常有人把 C 语言称为"低级语言"，或者称为"中级语言"。这样说不是说其功能差或者很难使用，而是由于 C 语言吸取了汇编语言的精华，具有很多"低级语言"比如汇编语言才具备的功能，例如，位操作、直接访问物理地址（指针）等。同时，C 语言吸取了宏汇编技术中的某些灵活的处理方法，例如，"宏替换" #define 和"文件包含" #include 的预处理命令。这使得 C 语言在进行系统程序设计时显得非常有效，而在过去系统软件的设计通常只能使用汇编语言来编写。在出现了 C 语言后，人们常常用 C 来代替汇编语言编写程序，使程序员得以减轻负担、提高效率，进而具有更好的可移植性。

注意：汇编语言是一种面向机器的程序设计语言，尽管用其编程相对高级语言来说要复杂很多，但由于其具有描述准确和目标程序质量高的优点，所以汇编语言仍然在很多领域发挥着重要作用。

② C 语言继承和发扬了高级语言的长处，是结构化的语言。C 语言相对于汇编语言来讲又是"高级"语言。其吸取了 ALGOL 的分程序结构思想。C 程序中，可以使用一对花括号"{}"把一串语句括起来而成为复合语句，即分程序或者子程序，在括号内可以定义和编码，使程序模块化。C 程序的主要构成就是这些模块和函数。这对于设计一个较大的程序项目来说，有利于编程分工和提高模块内的耦合度。

并且 C 语言继承了 PASCAL 的数据类型，提供了相当完备的数据结构。同时，C 语言还提供了多种结构化的控制语句，如用于循环的 for、while、do-while 语句，用于判定的 if-else、switch 语句等，以满足结构化程序设计的需求。

③ C 语言的规模适中，语言简洁，其编译程序简单、紧凑。C 语言在表示上尽可能地简洁，语言的许多成分都是通过函数调用来完成的。其运行时所需要的支持少，占用的存储空间也比较小。

④ C 语言的可移植性好。C 语言生成的程序可从一个环境不加或者稍加改动就可以移植到另一个完全不同的环境运行下去。而汇编程序因依赖机器硬件，所以根本不具有可移植

性。而且一些高级语言，编译后同样也不可移植。

⑤ 生成的代码质量高，在代码效率方面可以和汇编语言相媲美。

⑥ C 语言是程序员的语言。因为世界上很多的语言，例如 COBOL 是为商业人员设计的；FORTRAN 是为工程师设计的；PASCAL 是为学生设计的；BASIC 是为非程序员设计的。而 C 语言是为专业程序员设计的语言。Ritchie 就是专业的程序员。

C 语言实现了很多程序员的期望：很少限制，很少强求，程序设计自由度广，方便的控制结构，独立的函数，紧凑的关键字集合和较高的执行效率。

虽然 C 语言的优点很多，但也有一些不足之处。例如：运算符优先级太多，不便于记忆；整数型、字符型数据可以通用；转换比较随便；对数组下标越界不做检查等。较少的限制给程序员带来较大的自由，但这也要求不能把检查错误的工作仅寄托于编译程序。尽管如此，由于前面列举的几个突出的优点，C 语言仍是一个实用的通用程序设计语言，学习和使用 C 语言的人越来越多。

而且，很多专家不断提出改进 C 语言的意见和编译 C 语言的思路，网上有大量开源的 C 编译器供大家研究，各种 C 开发经验模式和代码更是丰富多彩。所以，C 语言是所有程序设计人员共同的财富。

1.3.3　C语言程序的开发过程

采用 C 语言开发的电脑程序，其过程一般分为八步。

① 分析问题，设计一种解决问题的办法和途径，确定要输出和输出的数据。

② 画出程序的基本架构，即自上而下地画出程序的处理流程以及组成程序的模块结构图。同时在模块中分出子模块和任务，并对其进行简单的描述。

③ 根据所设想的解决方案，用编辑软件编写程序代码。

④ 用编译程序对源代码文件进行编译。如果正确完成，就转到⑤；如果发现错误，根据提示确定错误，回到第③步去修改程序代码。

⑤ 做程序连接工作。如果连接发现错误，就返回前面的步骤，修改程序后重新编译，直到连接成功。

⑥ 正常连接产生可执行程序，就可以开始程序的高度执行。这个时候需要用一些实际数据测试程序的执行效果。如果执行中出了问题，或者发现结果不正确，就设法确定错误，改正错误。

⑦ 通过调试和测试程序，得到正确的程序，就可以发布程序。

⑧ 将源文件和执行程序保存下来。便于自己或者他人以后维护和修改。

注意：这里所说的源程序或者源代码，都是指包含 C 语言代码的文本文件。一般是以 ".c" 结尾的文件。实际开发过程中，项目开发软件会自动识别源代码文件。

1.4　程序生成的工具

由于 C 语言是高级程序设计语言，程序员可以使用文本编辑工具对 C 语言代码进行编写，但如何把这些文字变成电脑能够识别的命令呢？这就需要用到编译器和连接器。

1.4.1　编译器的概念

编译器（Compiler）就是把用户编写的文本代码，翻译成电脑能够识别的指令的工具。其实就是翻译成机器代码。而所谓的机器代码就是用电脑指令书写的程序，被称作低级语言。而程序员的工作就是编写出机器代码。

机器代码完全由一些数字组成。因为电脑所能感知的一切都是数字，即使是指令，也是由数字来代表的。人们要记住数字所代表的内容是非常困难的。所以就发明了汇编语言，用一些符号表示命令而不再用数字了，例如用 ADD 表示加法等。

由于使用了汇编语言，人们更容易记住指令代码，但是电脑却无法理解了（因为电脑只能看见和理解二进制数字），所以必须有个东西将汇编代码翻译成机器代码，也就是所谓的编译器。即编译器是将一种语言翻译成另一种语言的程序。

即使使用了汇编语言，但由于其几乎只是将电脑指令中的数字映射成符号以帮助记忆而已，还是使用电脑的思考方式进行思考的，不够接近人类的思考习惯，故而出现了纷繁复杂的各种电脑编程语言，如 PASCAL、BASIC、C 等，其被称作高级语言，因为比较接近人的思考模式。而汇编语言则被称作低级语言，因为其不是很符合人们的思考模式，人们书写起来比较困难。

由于电脑同样也不认识这些 PASCAL、BASIC 等语言定义的符号，所以也同样必须有一个编译器把这些语言编写的代码转成机器代码。对于这里将要讲到的 C 语言，则是 C 语言编译器。

1.4.2　连接器的概念

连接器（Linker）的作用是把编译器编译后（即翻译成机器代码的）的代码以一定格式存放，并和库文件连接在一起，并定位数据和函数地址，然后再由连接器将编译好的机器代码按一定格式（在 Windows 操作系统下就是 Portable Executable File Format——PE 文件格式）生成最终的执行文件，以便以后操作系统执行程序时能按照那个格式找到应该执行的第一条指令或者加载一些其他资源。

1.4.3　项目和Building

作为专业程序开发人员，还应该有简单的项目观念。这里简单讲述一下，大家可以先作了解，等有一定的开发经验后再来详细理解和体会。

我们在做实际项目开发的时候，总是有一定的分工。不同的程序员开发不同的模块，然后通过一个项目文件把它们都包含起来。

今天的开发工具和开发语言也支持这一点。

比如说 VC6，可以建立一个项目（Project），项目中包含若干源代码文件。编译的时候，可以分别编译，这样呢，你在写某个模块代码的时候，可以自己编译验证，不影响其他程序员编写其他模块。生成可执行文件的时候，统一 Building……

那么，在现实开发中，我们也常常把一个项目拆分成各个模块，一般各一个文件，不同的程序员，去实现不同的模块（函数或者一个文件）。通过 #include 把这些模块包含进来，统一组成一个项目，产生一个 exe 文件，完成整体任务。

现实的开发中，经常有 Day Building，或者以周为周期 Building。就是每天或者每周结束的时候，各位程序员把自己本周完成的代码集中到一起，来 Building 生成一个可以执行的文件，供下周测试或者发布。这样，以天或者以周为开发节点，可以有效控制开发的节奏。

1.5 一个简单的C语言程序

学习一门语言最好的办法就是直接使用其进行程序代码的编写。现在笔者就通过一个简单的 C 语言程序，来带领大家进入 C 语言程序设计的世界。在这里读者可以不用详细理解代码的内容，只需要认识 C 语言程序的大概结构就可以。在后面的章节中笔者将详细对其中涉及的内容进行讨论。

1.5.1 学习写第一个C语言程序

什么样的代码程序是一个 C 语言程序呢？

【实例 1.1】 打印一行字符串后，就可以回答读者的这个问题。

示例代码1.1 打印一行字符串到屏幕上

```
01 #include <stdio.h>                              /* 引入标准库函数，保证IO输出不出错 */
02 /*打印一行字符串到屏幕上*/
03 int main( )                                      /*主函数*/
04 {
05     int n = 10;
06     printf("Hello, This is C Program!\n");        /*打印字符串到屏幕上*/
07     printf("n = %d", n);                          /*输出变量n的值*/
08     getch( );                                     /*暂停，等待用户按任意键*/
09     return 0;                                      /*返回调用，程序结束*/
10 }
```

【代码解析】 第 5 行，是定义一个变量，并赋初始值 10。第 6 行是通过调用打印函数，把指定的字符串输出到屏幕上，其中的 "\n" 是输出换行符。第 7 行是打印变量 n 的值到屏幕上。第 8 行，是因为在 Windows 中调用字符界面的控制台（consle）窗口时，执行完毕后，会自动把窗口关闭，屏幕上的字符就会一闪而过，所以需要在中间加一个暂停，在用户按任意键以后再执行后面的程序代码。

注意：被注释后的代码是不产生目标代码的，C 语言的标准注释是 "/*…*/"，而不是 C++ 增加的 "//"。不过有的编译器支持，在单行注释的时候，也可以选择使用。但本书为了统一和给初学者强调 C 的用法，基本不用。

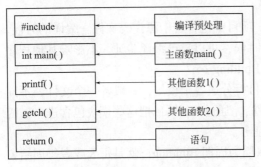

图1.3 示例代码1.1的结构分析

1.5.2 分析C语言程序的组成部分

现在就来分析一下这段代码的组成，看是否是一个经典的 C 程序结构，如图 1.3 所示。

代码中的一对花括号 "{" 和 "}" 分别起到

"Begin"和"End"的作用。也可以看作程序的分段设备，让程序更有可读性。其中C语言的注释说明语句可以放在程序中的任何位置。

从结构分析图中也明确说明C语言程序是由函数所组成的。而每一个函数又由一条复合语句（将在后面章节中讲解）作为函数体。C程序的一般函数或者"main"函数后都应该有一个"{"，而在函数的最后是一个"}"。在一个C程序或者一个函数中，"{"和"}"必须成对出现。

注意：C语言代码必须用"；"作为语句的结束。

1.5.3　运行这个程序

在本节学习的同时，读者应该已经在自己的计算机上安装了VC6等C语言开发工具（具

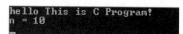

图1.4　程序运行效果

体细节见附录）。或者你要保证你学习C程序所用的计算机上，是含有VC6等开发工具的。这样，你就可以把代码输入到编辑窗口中，然后编译并运行这个程序。

【运行效果】　如图1.4所示。

1.5.4　牛刀小试

俗话说"实践出真知"，学习编程也是一样。所以在电脑上直接使用C语言编写程序是学习C语言编程的最好方法。从结果中了解程序的运行过程，进而了解程序的结构，这要比只学习书本上的理论效果更好。然后动手对这些示例程序进行修改，进而学习和理解语言中更多的知识。从别人的代码中吸取经验，提高自己的编程水平。同时，实践也可以提高读者编程的兴趣，增加自信心，当看到自己编写的程序在电脑上运行时，您会更惊叹自己的创造力！

现在就请读者们想一想如何通过前面学习到的内容进行综合应用，编写一段程序。

【运行效果】　打印出如图1.5所示的图像到屏幕上。

想一想，其实很简单，可以直接使用刚才介绍的"printf（ ）"打印函数。

图1.5　用*组成的三角形图像

【实例1.2】　在每一行上输出相应的"*"符号，就可以实现用"*"号打印一个三角形图像。

示例代码1.2　用*号打印三角形

```
01 #include <stdio.h>              /*插入输入输出函数头文件*/
02 /*用*号打印三角形*/
03 int main(void)                   /*主函数*/
04 {                                /*函数开始*/
05   printf("   *\n");              /*打印第一行*/
06   printf("  ***\n");             /*打印第二行*/
07   printf(" *****\n");            /*打印第三行*/
08   printf("*******\n");           /*打印第四行*/
09   getch( );                      /*接收用户输入*/
10   return 0;                      /*返回*/
11 }                                /*函数结束*/
```

【代码解析】 在代码的 5 ~ 8 行，分别调用打印函数，实现了用 "*" 号打印一个三角形图像的功能。其实这个代码，主要目的是给大家展示，你要什么，就给计算机下什么命令。但是，如果自己把 "*" 给错误写成了 "8"，计算机系统是检查不出来的，它只会忠实执行你的命令。所以，得不到你想要的结果，但如果编译没问题，就要仔细阅读源代码，看看是不是忠实反映了你的思想和想法，当然，有时候，也是你自己对 C 语言的理解有问题，写错了源代码，但是程序按 C 语言标准的定义执行了。特别是在使用一些选择和循环语句的时候。

1.5.5　C 程序的构成

经过两个案例，我们可以总结一下 C 语言编写的程序的构成情况了。

虽然世界上用 C 语言编写的电脑程序代码内容千变万化，但其构成都是一致的，一个完整的 C 源代码的格式如图 1.6 所示。

从图 1.6 中可以看出，一个 C 源代码实际上就是由若干函数组成的集合，这些函数中有一个是程序的主函数，任何 C 的源代码在编译成程序后，在执行时，都是从主函数开始执行的，其他的函数最终必将被这个主函数所调用。C 语言除了主函数规定必须取名 main 外，其他的函数名可以任取，但是要符合 C 的标识符取名规则，另外注意不要与保留字重名，最好也不要与 C 语言中的库函数或其他一些命令如编译预处理命令重名。

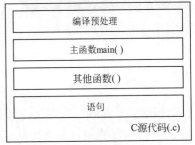

图 1.6　C 源代码的结构

各个函数在程序中所处的位置并不是固定的，但要求一个函数是完整的、独立的。不允许出现在一个函数内部又去定义另一个函数，或是出现函数格式不齐全的现象。关于函数的其他内容，笔者将在后面与大家进行讨论。

技巧：在 C 语言中，把每个子功能都做成函数，这样既容易维护，也便于进行分工合作的程序开发。

本章小结

本章的知识是 C 语言程序开发的基本内容。通过本章的学习和介绍，各位读者已经对于 C 语言的发展历史有了一定的了解，理解了 CPU 代码和程序设计语言之间的关系，并理解了什么是程序及程序设计，同时对于编译器与连接器的知识也有了初步的认识，掌握了结构化程序设计的特点。

最后通过一个简单的示例学习和实践，正式进入 C 语言程序设计世界之门。

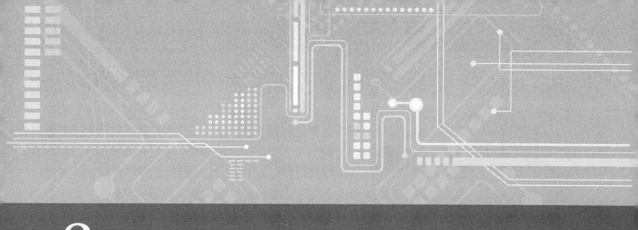

第**2**章
C语言基本功

在本章中主要对 C 语言的标识符、变量、常量、基本数据类型运算符和表达式等基本概念进行讨论，同时对其中的重点内容给出多个示例程序进行详细阐述，为以后各章打下基础。

本章主要涉及的内容有：

❑ 标识符：认识 C 语言中的标识符命名规则及其分类。

❑ 变量：知道如何声明及初始化变量。

❑ 常量：区别常量与变量，同时知道如何声明及使用常量。

❑ 基本数据存储类型：了解 C 语言中的不同类型的数据的区别。

❑ 运算符与表达式：掌握 C 语言中的各种运算符的使用及其优先级。

❑ 数据类型的转换：掌握编译系统中自动转换原理，并要学会强制数据转换的方法。

2.1 了解电脑内存的运行方式

人们常常把电脑程序比作菜谱，因为菜谱中规定了厨师做菜时的步骤（命令）和需要的食材（数据），这就像电脑中的程序，其规定了电脑每一步执行需要的命令和数据。那么这些命令和数据是怎样在电脑中存储的呢？这就是本节所讲的电脑内存的运行方式。

2.1.1 数据和代码都存储在内存中

第 1 章的开头，我们已经讲过一点：在电脑的组成结构中，有一个很重要的部分，就是存储器。其是用来存储程序和数据的部件，对于电脑来说，有了存储器，才有记忆的功能，才能保证正常工作。

存储器的种类很多，按其用途可分为主存储器和辅助存储器，主存储器又称内存储器，简称为内存。辅助存储器又称外存储器，简称外存。外存通常是磁性介质或光盘，像硬盘、U 盘和光盘等，能长期保存信息。而内存只用于暂时存放当前正在使用的程序和数据，一旦关闭电源或发生断电，其中的程序和数据就会丢失（详细内容可以阅读《计算机原理》相关书籍）。

内存中最小的存储空间单位是 bit，也被称为位，是一个二进制存储，即 1 和 0。显然这样单独使用 1 个位（bit）来存储数值效率很低，而且能表示的数值也只有 1 和 0。所以通常电脑的内存中都以 8 个 bit 为单位进行存储，即 Byte，也被称为字节。然后再用这 8 个位共同组成的存储的数据，形成一个数值，这样存储的数据就变大了，可以存储 0 ~ 256 个不同的数据。

其中 8 个位从左到右是由高到低进行排列的。最高位是 2^7，如果这一位中存放的是 1 则表示当前组成的数据值包含 128 这个值，反之，就是不包含。次高位是 2^6，如果这一位中存放的是 1 则表示当前组成的数据值包含 64 这个值，反之，就是不包含。依此类推，最低位是 2^0。数值 145 在内存中表示方法如图 2.1 所示。

图 2.1 中数值的计算方法如下所示：

$$145 = 2^7 + 2^4 + 2^0 = 128 + 16 + 1 = 145$$

同时，由于内存是一个很大的、连续的存储空间，其又是由很多字节存储单元（以后在讲解存储单元时，都是以字节为单位，除非特别说明）所组成。所以电脑要访问和操作每个存储单元中的数据和程序时，就需要给每个存储单元分配一个地址。这样电脑就可以访问和操作这些存储单元了。图 2.2 就是内存中存储单元的结构。

图2.1 字节与位的关系

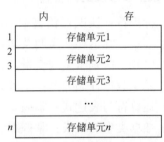

图2.2 存储单元在内存中的结构

讲到这里，大家肯定会有疑问，程序既然是由命令和数据组成的。而前面所讲的都是数据，并没有对程序中的命令进行说明。其实这是由于电脑中只能存储数值，所以电脑中的程序命令也是由特定数值所代表的，并放在特定的存储区域，这样在使用时就可以在这个区域中进行读取得到当前执行的命令。但这些过程对于开发人员来说都是隐藏的，是由编译器来处理这个翻译过程的。所以说，开发软件的时候，你就关心如何解决问题就可以了，只要会编写符合需要的 C 程序即可，对于其他事情，编译器、项目管理软件等自动帮我们做了。这样，软件开发的生产率才是最高的。

2.1.2 任何数据都需要标识符才能读取

数据或者代码存储在内存中，都是有一个内存地址的。

比如，任何一个函数编译成功之后，导入内存，都要占据一定的内存空间，一般来说都是按顺序存储的一块空间。那么，这块内存空间的开始位置，这个内存地址就是函数的地址，也是后面我们要学习的函数指针所存储的函数的内存地址。

代码如此，数据也是这个原理。比如，当你定义了一个"学生"的数据结构，每一个学生数据块，按顺序存储了学生的名字、年龄、身高、体重、家庭地址。那么，每一个数据块的开始位置就是这个学生数据的存储地址。我们可以通过数据指针存储的地址来找到这个数据，也可以直接通过一个标识符来表示这个数据的开始，这样更方便使用数据。

事实上也是啊，如果你都有地址，程序代码非常紊乱，不方便人阅读，还容易出错。人们就发明了用各种简单好记、望文生义的字母标识符来记录各种数据和代码。我们用 int a=77 这样的语法来表示在内存中开辟一块空间，来存储一个整数，这个整数的值是 77，也就是存储空间中存储的初始数据是 77；我们用 int addfun（int a，int b）{；} 来表示一段代码的开始，我们使用 addfun 这个函数，程序就自动跳向那段代码，也不用使用代码地址。多方便啊，简单好记，容易阅读。

而这些标识符和内存中实际地址的定位完全由编译器来决定，我们程序开发者完全不用关心这些细节，有了这种办法，面向人的程序设计语言就开始了。

C 语言比较特殊，还能用指针这种方式来存储代码或者数据的地址，所以，是少有的能在程序设计中操作内存的工具，因此能开发一些底层应用和系统级应用，比如，能写编译器，能写数据库，能写驱动……关键是能写操作系统。这也是 C 语言生命力这么强的主要原因。

所以本书面向希望真正用 C 开发代码的读者。当然了，本章第一节的内容较为深奥，读者可以在学习完指针之后，再来回顾这部分内容，第一遍阅读，可以从下一节开始。

2.2 认识和使用标识符

每种不同的语言都有自己特定的字符表示，这就好像现实世界的语言一样。英文、中文、拉丁文、希腊文等其基本文字都是不同的。C 语言也有自己特定的字符表示，用于区分不同的内容信息。

在 C 语言中，这些字符被称为标识符，是由一个或者多个字符组合而成的字符序列。标识符用来标记变量、常量、数据类型、函数以及各种程序的名字。

2.2.1 标识符的命名规则

既然标识符是用来区分不同内容信息的，那么其就有一些命名规则来加以说明。在 C 语言中，标识符有如下两个命名规则：

① 只能以字母或者下划线"_"字符开始。

② 在第一个字符以后，可以是任意的字母组合、下划线或者数字组合的字符序列。

如下所示，就是一些合法的标识符：

```
_Count
```

```
sum_a12
index
i520
```

而下面这些就是一些不合法的标识符：

5Gb	以数字开始
very good	中间有空格
pub-china	出现了不合法的字符

C 语言的标识符是没有长度限制的，但由于每种电脑系统的不同，其所能识别的标识符长度也是有区别的。以现行主流的 32 位机为例，一般可以识别 31 个字符的标识符。所以在这里笔者建议使用 31 个字符以内的字符序列定义标识符。对于超长的标识符一定要缩减为 31 个字符以内。

另外，C 语言中对于字母是有大小写区别的。例如，Count、count、COUNT 分别代表三个不同的标识符，而有的语言是不区分的。这也是 C 语言与其他语言的不同。

技巧：写好的程序，特别是能够读得明白的程序，标识符应选择尽量反映出所代表的对象的实际意思。例如，月和日可以使用 month 和 day 来表示，而表示宽度可以使用 width。这样标识符本身就增加了程序的可读性，使程序代码一目了然。

2.2.2　C 语言中标识符的分类

C 语言中的标识符可以分为三大类。

（1）关键字

关键字是用来说明 C 语言中某个固定含义的字。例如，数据类型关键字、程序流程控制关键字等。这些关键字为 C 语言所保留使用，同时也不能作为一般标识符。正是有了这些关键字的存在，C 语言编译器才能正确识别输入的程序代码是如何分隔的，这就好像写应用文时为了突出重点，常常都把关键字或者词进行标注一样。

C 语言关键字如表 2.1 所示。

表 2.1　C 语言关键字

void	unsigned	double	float
int	long	short	char
struct	union	auto	extern
register	static	typedef	goto
return	sizeof	break	continue
if	else	do	while
switch	case	default	enum
for	entry		

注意：由于 C 语言中的习惯是使用小写字母，所以关键字都是由小写字母构成的。

（2）特定字

特定字与关键字不同，其主要用在 C 语言的预处理程序中。这些标识符虽然不是关键字，但由于这些字符被赋予了特定的含义，所以大家也习惯把其看作关键字来使用。在这里单独提出，是为了明确其与关键字的区别。

C 语言的特定字如表 2.2 所示。

表 2.2　C语言特定字

define	include	undef	ifdef
ifnde	endif	line	

（3）一般标识符

一般标识符就是程序员常常根据程序的需要，自己按照标识符命名规则定义的一些标识符。程序员可以根据这些标识符所要标识内容的含义用英文、拼音或者习惯的符号来表示。笔者建议各位读者如非必要都尽量使用英文来定义标识符，这样不仅容易理解，而且标识也会比较明确。

2.3　什么是变量

在电脑中程序处理的主要对象就是数据，在 C 语言程序中，数据一般是存储在变量或者常量之中的。下面就先来讨论一下什么是变量，其如何声明、定义和初始化。

2.3.1　了解变量

变量就是在内存中可以不断地被程序操作的、有名字的一块存储区域。在程序看来，需要不断变化的数据就都应该存放在变量之中。

变量有一个名字，它被称为变量名，用一般标识符来表示。每一个变量都只能与一个数据类型相关联。数据类型（将在后面进行讨论）决定了变量在内存中的大小、布局、能够存储于该内存中的数值的取值范围以及可应用在该变量上的操作集。因此电脑程序才可以正确理解变量中数据的含义。

2.3.2　声明变量

变量在使用以前必须被声明。而所谓的声明变量就是指出该变量的数据类型、存储长度和变量的名称。

声明一个变量的格式如下：

变量数据类型　变量名；

```
int nLen;                                /*声明一个整型的变量nLen*/
```

也可以使用如下格式同时声明 *n* 个同类型的变量，注意一定是同类型的。

变量数据类型　变量名1,变量名2,…,变量名n；

```
int a,b,c;                               /*同时声明三个整型变量a,b,c*/
```

不同类型的变量不能在同一语句中进行声明，这样的方式是错误的。例如：

```
int  len,  short  count;                 /*在同一行声明不同类型变量,这是错误的*/
```

在前面的声明格式中的"变量名"就是所谓程序给变量取的名字，就好像每个人都有自己的名字一样，给变量起名的意义是为了区分不同的变量。

C 语言中的变量的名称是不能随便取的，除了必须遵循标识符命名规则外，还应该尽量遵循编程规范（参见本书第 12 章），虽然其不是必须都得遵循的，但为了方便对代码的阅读和理解，在程序设计时应尽量采用。而且，在 C 语言中，变量必须声明在函数体中的前面部分，而不能声明在中间。

技巧：变量命名不宜过长。用很长一串字符来命名会减慢编程的速度，也会使阅读程序困难。不要用过长的名称来命名变量，一般采用缩写来命名，例如：用"init"来表示初始化等。

2.3.3 初始化变量

声明变量之后必须对其进行初始化才能使用，否则会导致程序运算错误，这是因为在变量声明以后，系统会自动为其分配一块内存空间，但这块空间中的数据是乱的，所以不初始化就会导致程序运算错误。在对变量进行初始化后，变量的值才会变得有效。

变量名=初始值；

当然，也可以在声明变量的时候进行初始化，其格式如下：

变量类型 变量名=初始值；

但要注意，在变量初始化的时候，设置的初始值一定要符合变量的数据类型。例如下面的初始化就是错误的：

```
int nPI          = 3.1415;                /*int 型初始化为 float 型数据*/
char c           = 512;                   /*char 型初始化为 int 型数据*/
```

正确的初始化方法应该是：

```
int nCount = 100                          /* 正确的初始化 */
float fpi        = 3.1415                 /* 正确的初始化 */
```

2.4 什么是常量

数据一般不是存储在变量之中，就是存储在常量之中。前一节中已经对变量进行了讨论，在这一节中笔者将对常量进行讨论。

2.4.1 认识常量

与变量相对的就是常量。变量的值可以在程序中随时改变。而常量的值刚好相反，是不能被改变的。比如在程序设计中，常常会把圆周率 π 设置为常量。其值就默认等于 3.1415927。

常量 {
整型常量
浮点型常量
字符型常量
字符串常量
符号常量
}

常量必须在声明时进行初始化，并且除声明语句外，在程序的什么地方都不能再对其进行赋值。这是和变量明显不同的地方之一。事实上，只要是在程序中不需要改变的数值，都应当声明成常量。这样做是可以提高程序稳定性和严谨性的。在 C 语言中，常量可以分为 5 种，如图 2.3 所示。

图 2.3 常量的分类

2.4.2　整型常量

C 语言中的整型常量可以有 4 种表示方法。

（1）十进制表示方法

这是大家通常习惯最常用的普通数字表示方法。下列这些表示方法都是正确的：

10,200,0,-30

十进制常量一般占带符号整型数据长度，是一个带正负号的数据。

（2）十六进制表示方法

这是以 "0x" 或者 "0X" 开头的十六进制字符串。其有效字符包括 "0 ~ 9，a ~ f" 或者 "0 ~ 9，A ~ F"，其中 "a ~ f" 和 "A ~ F" 表示十进制数值 10 ~ 15。下面就是一些正确的十六进制常量的表示方法：

```
0x10                                   /*十进制数值16*/
0x14                                   /*十进制数值20*/
0x20A                                  /*十进制数值522*/
0xF00F                                 /*十进制数值61455*/
```

其中，0x10 代表十进制数 16；0x14 = 0x10 + 0x04 = 16+4 = 20。其余以此类推。

（3）长整型表示方法

长整型数与十进制整型数一样，不过其能表示的数值范围更大。一般长整型在 32 位的电脑上，占用 4 字节的存储空间。在表示长整型时，在数字的后面跟上字母 L。下面就是一些正确的长整型常量表示方法。

```
18L                                    /*十进制数值18*/
-1000L                                 /*十进制数值-1000*/
123456L                                /*十进制数值 123456*/
0x123456L                              /*十进制数值 1193046 */
```

注意：18L 和 18 在数值显示上虽然没有什么区别，但是在一个 16 位机（一般是嵌入式系统中才会遇到）上，18 占用 2 个字节，18L 占用 4 个字节。

（4）八进制表示方法

这种表示方法，由数字 0 开始，后面跟一串八进制数。其有效字符包括 0 ~ 7。下面就是一些有效的八进制常量的表示方法：

```
014                                    /*十进制数值12*/
0100                                   /*十进制数值64*/
05                                     /*十进制数值5*/
```

2.4.3　浮点型常量

浮点型常量有 2 种表示方法，而且包括小数，也常被称为实型常量。

（1）十进制数表示方法

由整数、小数和正负号三个部分所组成。下面就是其正确表示方法：

1.2345, .875, 100.123, -333.333

（2）指数型表示方法

前面由十进制数表示，然后在后面跟上 e 或者 E，最后再跟一个指数部分。指数可以带正号或者负号。e 或者 E 是用来代表 10 的，这与数字中的科学计数法相同。其一般表现形式如下：

aEn 或者 $aE-n$

表示 $a \times 10^n$，其中 n 必须是整数，下面列举一些正确的指数形式的浮点型常量：

```
1234e5                                    /*相当于1234 × 10⁵ */
31415e-4                                  /*相当于31415 × 10⁻⁴ */
-1.5e2                                    /*相当于-1.5 × 10² */
8e3                                       /*相当于8 × 10³ */
```

综合来说，浮点型常量的组成规则有 3 条：

① 如果一个浮点有小数点，则小数点左右至少一边有数字。

② 指定部分必须是整数。

③ 如果浮点数包含 e 或者 E，则两边至少要有一位数字。

注意：浮点型常量总是占用 8 个字节的存储空间，这与后面讲到的浮点型变量是不一样的。

2.4.4 字符型常量

字符型常量都是由单个字符所组成的，被单引号（'）括起来。例如：

```
'x','z','A'                           表示字母的字符常量
;'1','2', '3'                         表示数字的字符常量
'*','/','%'                           表示符号的字符常量
```

在 C 语言中，一个字符型常量占用一个字节的存储空间，主要用于与其他字符进行比较。但由于在内存中存放字符型常量时，并不是存放这个字符本身，而是存储这个字符所对应的 ASCII 码值，所以其在 C 语言程序中也常常被当作一个整数，参与与整数相关的运算。

除常用字符以外，C 语言中还包含一种以特殊形式出现的字符型常量。因为在 ASCII 码字符集中，有一些控制或者格式字符是非图形的。对于这些字符，C 语言中难以表示。所以这些字符型常量就用以 "\" 开始的字符来表示，被称为转义字符。

常见的以 "\" 开始的转义字符如表 2.3 所示。

表 2.3 常用的转义字符

转义字符表示	含义说明
\n	换行符
\t	水平制表符（一般是8个字符）
\v	垂直制表符
\b	退格符
\r	回车符
\f	走纸符
\0	空字符（一般用于表示字符串的结尾）
\\	反斜线
\'	单引号
\"	双引号

注意：在 C 语言程序中，所有的转义字符都被认为是一个字符。其中 "\" 被认为与转义字符是一个整体。

2.4.5 字符串常量

由零个或者多个字符组成的常量，就被称为字符串常量。其必须是被一对双引号（""）括起来的。这是明确区分字符和字符串常量的标志。例如：

```
"hello"                    /*常见的字符串常量*/
"this is program"          /*包含空格的字符串常量*/
"0"                        /*单个字符的字符串常量*/
" "                        /*引号中有一个空格的字符串常量*/
""                         /*引号中什么也没有的字符串常量*/
"\n"                       /*包含一个换行符的字符串常量*/
```

但要注意，字符串常量的双引号并不是字符串常量的一部分，只是用于充当分界符使用的。如果在字符串常量中，还要出现双引号（"），则必须使用转义字符（\）+ 双引号（"）来表示出现在字符串常量中的这个双引号（\"），例如：

```
"hello \"peter\" "         /* 这是表示 hello "peter" 这个字符串常量*/
```

在 C 语言编译器看来，字符串常量是一个具有多个元素的数组，即这个数组中的每一个元素都是一个字符，然后由这些字符元素组成字符串。在编译时，电脑程序会自动在每个字符串的末尾加上"\0"（字符串结束符）来表示字符串终结。在 C 语言中的字符串常量的长度不受限制，只有在字符串常量的末尾出现了"\0"才认为这个字符串结束。

2.4.6 符号常量

在 C 语言中，常量还可以用自定义的标识符来命名，这就是所谓的符号常量。而符号常量需要用来宏（define）来定义。

【**实例 2.1**】 通过定义一个符号常量 PI 并指定圆的半径 radius 的值，最后求出圆的面积，如示例代码 2.1 所示。

示例代码2.1　求圆的面积

```
01 #include <stdio.h>            /*包含系统头文件*/
02
03 #define PI 3.1415             /*定义一个符号常量 PI,其值为3.1415*/
04
05 void main( )
06 {
07      float area = 0.0;        /*定义并初始化浮点型变量area = 0*/
08      int radius = 5;          /*定义并初始化整数型变量radius = 5*/
09      area = PI * radius * radius;   /*套用圆面积的数学公式*/
10      printf("area is %f\n",area);   /*格式化数据并输出字符串*/
11      getch( );                /*暂停*/
12 }
```

【**代码解析**】 代码第 9 行，就是利用符号常量 PI，用其数值 3.1415 乘以 radius 的平方，求出圆的面积，并把结果值存放到圆面积变量 area 中。

【**运行效果**】 编译并执行程序后，输出结果如图 2.4 所示。

从程序运行结果可以看出，符号常量"PI"的值 3.1415 被应用于运算之中，所以才能得到这个结果。定义符号常量后，

area is 78.537498

图2.4　求圆面积程序的运行结果

以后在程序中需要使用 3.1415 这个值参与运算时，都可以用"PI"来代替。而且由于"PI"是一个常量，这样就保证了其在程序中只能被引用，而不能被改变。

使用符号常量有如下 2 个优点：

① 使用符号常量可以使程序代码的可读性提高。

例如，当别人看到如下所示的一段代码时，根本就不知道这里 100 代表的是什么意思，只知道数值是 100。

```
for(int i=0; i<100;)
{
    i++;
}
```

而当看到以下这一段代码时，别人就可以很清楚明白 MAXLENGTH 所代表的是最大长度。

```
for(int i=0; i<MAXLENGTH;)
{
    i++;
}
```

② 使用符号常量可以使程序代码更易修改。

例如在一大段程序代码中，多处引用同一个数值（3.1415），当这个值突然需要被改变时，那么就需要多次更改整个代码段的多处地方。这样非常不方便。而如果定义了符号常量"PI"，那么这个时候只需要修改定义"PI"时给定的值，就可以达到同样的效果。

注意：在定义符号常量时，在这段代码的最后，一定不能使用分号";"来表示语句的结束。因为这个符号定义不是一个语句，而是一个预处理命令。

2.5　C语言程序中数据存储的基本类型

在 C 语言程序中，数据如何存储其数据类型起着非常重要的作用，不仅规定了数据占用内存空间的大小和表示数值的范围，而且数据类型还约束不同的运算规则。

C 语言中规定有 3 种不同的基本数据类型，如下所示：

① 整型，声明关键字"int"。

② 实型，声明关键字"float"和"double"。

③ 字符型，声明关键字"char"。

2.5.1　存储整型数据

所谓的整型数据是指数据是没有小数部分的，其值可以是正，也可以是负。例如日常生活中用到的 12、−22、1234、2009、−999、−2009、0 等都是整型的。其中 12、1234、2009 等又被称为正整型，0 一般也被当作正整型处理。而 −22、−999、−2009 等被称为负整型。

在 C 语言中用"int"这个关键字来声明一个存放整型数据的变量。例如：

```
int nCount;                          /*声明一个整型变量nCount*/
int nNum;                            /*声明一个整型变量nNum*/
int abc;.                            /*声明一个整型变量abc*/
```

整型变量在声明时进行初始化，其方法如下所示。

```
int nCount = 100;
```

整型数据的取值范围由机器中的系统规定的字长所决定，在不同的电脑系统中，其表示的范围是不同的。例如：早期的 16 位电脑系统是使用 2 字节，而 32 位电脑系统则是使用 4 个字节。一般现在的都是 32 位的，不过也有 64 位的。在表 2.4 中仅列举出了 16 位机和 32 位机上有符号整型数据的取值范围。

表 2.4　有符号整型数据范围

电脑系统位数	最大值	最小值
16 位机	32767	-32768
32 位机	2147483647	-2147483648

注意：在 C 语言中，直接声明 int 变量时，其默认是有符号的整型数据。

虽然整型数据能表示的数已经比较大，但也有不够用的情况。例如：表示银河系中两个星球之前的距离是多少千米，又或者是太阳系的直径是多少米等数据时，整型数据就不够用了。为此 C 语言中就增加了一种整型的扩展：长整型数据。其可以用 "long" 关键字来声明。这种长整型数据的声明是在 "int" 前面增加 "long" 关键字，例如：

```
long int ilen;              /*长整形变量 ilen*/
long int icount;            /*声明长整型变量 icount*/
long int itime;             /*声明长整型变量 itime*/
```

但在有的编译器中，为了让代码看上去更直观和简洁，可以支持直接用 "long" 来声明长整型的变量。其效果与前面的声明是一样的。例如

```
long ilen;                  /*声明长整型变量 iLen*/
long icount;                /*声明长整型变量 iCount*/
long itime;                 /*声明长整型变量 iTime*/
```

长整型数据存储数值的范围如表 2.5 所示。

表 2.5　长整型范围

电脑系统位数	最大值	最小值
16 位机	2147483647	-2147483648
32 位机	2147483647	-2147483648

从上面的表中会发现一个问题，长整型和整型其实只是在 16 位电脑上有表示范围的差异，而在 32 位电脑上是无差异的。这是因为在 32 位电脑上，一般把长整型和整型的表示范围设置为相同大小，同样占用 4 个字节大小。

与长整型相对的就是短整型。其用 "short" 这个关键字来声明一个短整型变量，占用 2 个字节大小，数值的有效范围在 16 位和 32 位电脑上都是一样的，为 32767 ～ -32768。例如：

```
short sCount;               /*声明短整型变量 sCount*/
short sNum;                 /*声明短整型变量 sNum*/
short sLen;                 /*声明短整型变量 sLen*/
```

其实，在日常生活中大家一般使用的都是正整数，即数学中的自然数，负数是比较少用的。所以电脑为了在不增加存储空间和不影响执行速度的前提下，在存储数据时，直接把存储数据的符号去掉，这样变量能表示的最大值就扩大了，这种存储的数据类型在 C 语言中就被称为无符号数据类型。

C 语言中声明无符号整型变量，是在"int"关键字前加上"unsigned"关键字。例如：

```
unsigned int unCount;                    /*声明无符号整型变量 unCount*/
unsigned int unNum;                      /*声明无符号整型变量 unNum*/
unsigned int abc;                        /*声明无符号整型变量 abc*/
```

既然是把最大值扩大了，那么其数值范围也不同了，无符号整数型变量存放的数值范围如表 2.6 所示。

表 2.6　无符号整型范围

电脑系统位数	最大值	最小值
16位机	65535	0
32位机	4294967295	0

既然有无符号的整数型变量，那么也就有无符号的长整型和短整型变量，其声明都是在原关键字前加上"unsigned"关键字。例如：

```
unsigned long uiCount;                   /*声明无符号的长整型变量 uiCount*/
unsigned long uiNum;                     /*声明无符号的长整型变量 uiNum*/
unsigned short usLen;                    /*声明无符号的短整型变量 usLen*/
unsigned short usCount;                  /*声明无符号的短整型变量 usCount*/
```

无符号短整型数值范围在 16 位和 32 位电脑上都是 65535 ~ 0。而无符号的长整型数值范围如表 2.7 所示。

表 2.7　无符号长整型范围

电脑系统位数	最大值	最小值
16位机	4294967295	0
32位机	4294967295	0

【实例 2.2】 声明不同的几种整型变量并进行初始化，最后调用打印函数输出这些变量的值，如示例代码 2.2 所示。

示例代码2.2　打印各种整型变量的值

```
01  #include <stdio.h>                   /*包含打印函数的声明头文件*/
02
03  int main(void)                       /*主函数*/
04  {
05    int a = 10;                        /*初始化整型变量a=10*/
06    short b = -100;                    /*初始化短整型变量b=-100*/
07    long c = 1000000;                  /*初始化长整型变量c=1000000*/
08    unsigned int d = 0xFFFF;           /*用16进制数初始化无符号整型变量d，值为65535*/
09    signed int e = -20000;             /*初始化有符号变量，其实就是默认的整型*/
10    printf("int type a = %d\n", a);    /*打印变量的值*/
11    printf("short type b = %d\n", b);
12    printf("long type c = %ld\n", c);  /*打印长整型变量的值，要采用ld*/
13    printf("unsigned int d = %u\n", d); /*打印无符号整型变量时，要采用u*/
14    printf("signed int e = %d\n", e);
15    getch( );                          /*暂停等待用户输入任意键*/
16    return 0;                          /*返回调用*/
```

17　}

【代码解析】　代码第 10 行，printf（）函数中的 "%d" 代表打印一个整型数值。代码第 12 行，printf（）函数中的 "%ld" 代表打印一个长整型数值。代码第 13 行 printf（）函数中的 "%u" 代表打印无符号整型数据。

【运行效果】　分别打印各种整型变量的值，如图 2.5 所示。

技巧：在 16 位电脑系统，如果采用长整型可能会降低程序执行的速度，除非在必要时才使用。在 32 位电脑系统，则没有这个限制。

图2.5　各种整型变量的值

2.5.2　存储实型数据

实型数据是由一个整数部分、一个小数部分以及可选的后缀组成的。例如：3.1415、0.5、0.875 等都是实型数据。在 C 语言中把实型数据按照其表示的数值的范围分为浮点型和双精度型。

① 声明一个浮点型的变量使用 "float" 关键字，例如：

```
float half;                              /*声明浮点型变量 half*/
float pi;                                /*声明浮点型变量 pi*/
float num;                               /*声明浮点型变量 num*/
```

在电脑中，浮点型数据一般是用 4 个字节进行存储表示的。其有效的数值表示范围为（3.4e+38）～（3.4e-38），最多只提供 6 ～ 7 位有效数字。

② 双精度数据类型和浮点型数据类似，因为其要占据两倍于浮点型数据类型的存储空间，所以被称为双精度数据类型。声明一个双精度类型的实数变量，使用 "double" 关键字。例如：

```
double dbNum1;                           /*声明双精度实数变量 dbNum1*/
double dbNum2;                           /*声明双精度实数变量 dbNum2*/
double dbNum3;                           /*声明双精度实数变量 dbNum3*/
```

双精度实数类型的数据，电脑用 8 个字节进行存储表示，其有效数值范围为（1.7E-308）～（1.7E+308），最多可提供 12 ～ 16 位的有效数字。

【实例 2.3】　声明不同的几种实型变量并进行初始化，最后调用打印函数输出这些变量的值，如示例代码 2.3 所示。

示例代码2.3　打印各种实型变量的值

```
01  #include "stdio.h"                           /*包含系统头文件*/
02
03  int main(void)                               /*主函数*/
04  {
05      float fhalf    = 12345.671;              /*声明并初始化浮点型变量 fhalf*/
06      double dbsize  = 12345.671;              /*声明并初始化双精度变量 dbsize*/
07      printf("float type fhalf = %f\n", fhalf);    /*打印实型变量的值*/
08      printf("dbsize type dbsize = %f\n", dbsize);
09      getch();                                 /*暂停，等待用户按任意键*/
10      return 0;                                /*返回调用*/
11  }
```

【代码解析】 代码第 5、6 行，声明并初始化两个实型变量。第 7、8 行是打印出这个变量的值，printf（）函数中的 "%f" 代表打印一个实型数值。

由于 float 型的变量只能存储 4 个字节，有效数字为 7 位。所以其中 half 中的最后一位小数是不起作用的，即其保存的是 12345.67，后面的数字 1 是无效的，所以最后输出的值是 12345.671 的一个近似值，如 12345.670898。但如果是 double 型的，则 dwsize 中是能够存储全部 12345.671 有效数的。最后输出的就是 12345.671。对于这一点，读者只需要知道就行了，不必细究，这与电脑的存储方式有关系。

```
float type fhalf = 12345.670898
dbsize type dbsize = 12345.671000
```

图 2.6　各种实型变量的值

【运行效果】 编译并执行程序后，其输出结果如图 2.6 所示。

2.5.3　存储字符型数据

通常字符型数据就是指存储在电脑中的字符数据。例如 'A' '#' 'z' '1' 等都是字符型数据。但是要注意，电脑中字符型数据并不是直接存储为字符，而是存储字符的 ASCII（American Standard Code for Information Interchange，美国标准信息交换码）码值。

ASCII 码是目前电脑中用得最广泛的字符集及编码，是由美国国家标准局（ANSI）制定的，其已被国际标准化组织（ISO）定为国际标准，称为 ISO 646 标准，适用于所有拉丁文字字母。

根据 ASCII 码标准，数值 65 代表大写的 'A'，而 47 则代表小写字母 'a'，表 2.8 列出了 ASCII 码前 128 个编码的十进制表示，读者可以不必记住这些代码值，但必须理解每个 ASCII 码都与一个特定的数值相对应的概念。

表 2.8　ASCII 码表

十进制	符号	十进制	符号	十进制	符号	十进制	符号
0	NUT	16	DLE	32	(space)	48	0
1	SOH	17	DCI	33	!	49	1
2	STX	18	DC2	34	"	50	2
3	ETX	19	DC3	35	#	51	3
4	EOT	20	DC4	36	$	52	4
5	ENQ	21	NAK	37	%	53	5
6	ACK	22	SYN	38	&	54	6
7	BEL	23	TB	39	'	55	7
8	BS	24	CAN	40	(	56	8
9	HT	25	EM	41	)	57	9
10	LF	26	SUB	42	*	58	:
11	VT	27	ESC	43	+	59	;
12	FF	28	FS	44	,	60	<
13	CR	29	GS	45	-	61	=
14	SO	30	RS	46	.	62	>
15	SI	31	US	47	/	63	?

十进制	符号	十进制	符号	十进制	符号	十进制	符号
64	@	80	P	96	`	112	p
65	A	81	Q	97	a	113	q
66	B	82	R	98	b	114	r
67	C	83	X	99	c	115	s
68	D	84	T	100	d	116	t
69	E	85	U	101	e	117	u
70	F	86	V	102	f	118	v
71	G	87	W	103	g	119	w
72	H	88	X	104	h	120	x
73	I	89	Y	105	i	121	y
74	J	90	Z	106	j	122	z
75	K	91	[	107	k	123	{
76	L	92	\	108	l	124	|
77	M	93	]	109	m	125	}
78	N	94	^	110	n	126	～
79	O	95	—	111	o	127	DEL

观察表 2.8，会发现其中有不少奇怪的字母组合，这些字母组合的含义如表 2.9 所示。

表2.9　特殊字符的含义

字母组合	含义	字母组合	含义	字母组合	含义
NUL	空	VT	垂直制表	SYN	空转同步
SOH	标题开始	FF	走纸控制	ETB	信息组传送结束
STX	正文开始	CR	回车	CAN	作废
ETX	正文结束	SO	移位输出	EM	纸尽
EOY	传输结束	SI	移位输入	SUB	换置
ENQ	询问字符	DLE	空格	ESC	换码
ACK	承认	DC1	设备控制1	FS	文字分隔符
BEL	报警	DC2	设备控制2	GS	组分隔符
BS	退一格	DC3	设备控制3	RS	记录分隔符
HT	横向列表	DC4	设备控制4	US	单元分隔符
LF	换行	NAK	否定	DEL	删除

字符型数据在电脑中占用 1 个字节的存储单元，所以其也是一个 8 位的整数值。其表示数值的范围为 127 ～ -128。在 C 语言中，要声明一个字符型的变量，使用关键字"char"。例如：

```
char no;                    /*声明一个字符型变量 no*/
char yes;                   /*声明一个字符型变量 yes*/
char tmp;                   /*声明一个字符型变量 tmp*/
```

与前面所说的字符常量相同，字符型变量的数据都必须使用单引号引起来，例如：'Y'。如果要在字符型变量声明时进行初始化，其方法如下所示：

```
char no = 'N';                              /*声明字符变量no，并初始化为字符N*/
```

同时，字符型数据也是有"有符号"和"无符号"之分的。如果要声明一个无符号的字符型数据，只需要在"char"关键字的前面加上"unsigned"关键字，其有效的数值范围就变为 255 ~ 0。例如：

```
unsigned char no;                           /*声明无符号字符变量 no*/
unsigned char id;                           /*声明无符号字符变量 id*/
```

【实例 2.4】 分别声明一个无符号和一般字符型变量，经过赋值、减法等若干操作后，最后分别输出无符号字符变量的数值及一般字符变量所代表的数值和字符到屏幕上。如示例代码 2.4 所示。

示例代码2.4　打印字符型变量所代表的字符和数值

```
01  #include <stdio.h>
02
03  int main(void)
04  {
05      char c1                  = 'G';        /*初始化字符型变量c1的值为'G'*/
06      unsigned char c2   = 0;               /*初始化无符号字符型变量c2的值为0*/
07      c2 = c1 - 'A';                        /*用c1的值当成整数去减字符A的值*/
08      c1 = c1 - 1;                          /*把c1的值减去1*/
09      /*分别输出c1和c2中存放的整数值，最后输出c1中字符*/
10      printf("c1 = %d, c2 = %d, c1 = %c\n", c1, c2, c1);
11      getch();                              /*暂停*/
12      return 0;
13  }
```

【代码解析】 代码第 5 行初始化字符型变量 c1 的值为 'G'（查 ASCII 码表得知，数值是 71）。第 6 行初始化无符号的字符变量 c2 为 0。第 7 行把一般字符型变量的值，当成整数减去字符常量 A 的值，即 65，并将结果存放到无符号的变量 c2 中。第 8 行再把 c1 的值去减 1，即 70，表示字符 'F'（可以对应查 ASCII 码表）。第 10 行，printf（）函数中的 "%c" 代表打印一个字符。

图 2.7　打印字符型变量所代表的字符和数值

【运行效果】 程序编译并执行后，分别打印出 c1 和 c2 的整数值及 c1 所代表的字符，如图 2.7 所示。

2.6　基于数学程序运算符和表达式

除了变量和常量外，在 C 语言中还有其自身支持的、操作各种不同类型变量与常量的运算符和表达式。

运算符是对数值进行一种运算的符号。其对操作数进行运算，操作数可以是一个数值、变量或者常量。比如，大家平时接触到的数学中的运算符（+、-）及比较运算符（>、<、=）

等等。这些在 C 语言中也是支持的。

C 语言的运算符范围很广，有带一个操作数的，也有带两个操作数的；有些是专用的，而有些是由其他运算符派生出来的。所以很难找到一个程序能把所有的运算符都用上。

表达式与运算符是相互依存的关系。表达式一般就是由运算符和操作数所组成的式子。由于 C 语言中的运算符很丰富，因此表达式的种类也是很多的。C 语言中最简单的表达式就是普通的常量或者变量。

2.6.1 在C语句中使用算术运算符

在 C 语言中能够支持的算术运算符如表 2.10 所示。

表 2.10 算术运算符

运算符	说明	例子
+	加法运算符，或者表示正值	2+3　+8
−	减法运算符，或者表示负值	5-2　−88
*	乘法运算符	7*2
/	除法运算符	9/3
%	取模运算符，又称取余运算符	10%3的结果是1

算术运算符的计算方法同数学中的基本一致。不过要注意以下两点：

① 当除号两边的数为整型数据时，其结果必定为整型。如 5/3 的结果值为 1，舍去小数部分。但是如果除数或者被除数中有一个为负值，则舍去的方向是不固定的。例如，−5/3 有的电脑上是 −1，有的是 −2。

② 取模运算符只能适用于整型数据，余数的符号与被除数相同，而且最后的结果要么是 0，要么就是一个比除数小的值。

由算术运算符、操作数、圆括号等组成的式子被称为算术表达式。例如：

```
a * b / (c+1) + 32 % 5 - 10
```

这就是一个合法的算术表达式。不过要注意，在 C 语言中，表达式中的所有字符都是写在一行上，没有分式，也没有上下标，括号也只有圆括号一种，同时不允许省略乘号（*）。

x[y(a+b)(c-d)] 　　如图 2.8 所示，使用数学中的表达形式是错误的。需要写成如下这种

图2.8　数学中的表达式　形式，而且注意要用圆括号括起来。

```
x * (y *(a+b)*(c-d))
```

【实例 2.5】 演示使用几种不同的算术运算符来计算数据，并将结果打印到屏幕上。如示例代码 2.5 所示。

示例代码2.5 算术运算符使用演示

```
01 #include "stdio.h"                /*包含系统头文件*/
02
03 int main(void)                    /*主函数*/
04 {
05   int a = 5;                      /*初始化变量*/
06   int b = -3;
07   int e = 0;
```

```
08    float c = 0;
09    float d = 2.5;
10    a = a / b;                                /* 除法运算符，结果值符号为负，因为b是负数 */
11    b = 3 + 7;                                /* 加法运算符 */
12    c = a * d;                                /* 乘法运算符 */
13    d = b - d;                                /* 减法运算符 */
14    e = b % 3;                                /* 取模运算符 */
15    printf("a = a/b,  a = %d\n", a);
16    printf("b = 3+7,  b = %d\n", b);
17    printf("c = a*d,  c = %f\n", c);
18    printf("d = b-d,  d = %f\n", d);
19    printf("e = b%%3,  e = %d\n", e);          /*注意其中的%% */
20    getch( );
21    return 0;
22 }
```

【代码解析】 代码第 10 ~ 14 行分别使用了几种不同的运算符，并将结果保存到相应措施的变量之中。代码第 19 行，在打印 % 号时，必须使用 %% 才能打印。

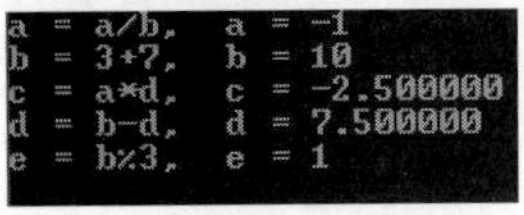

图2.9 算术运算符使用输出结果

【运行效果】 最后编译并执行程序，其结果如图 2.9 所示。

注意：所有的算术表达式都必须有两个操作数才合法。

2.6.2 赋值运算符

在程序设计中最常用到的是赋值运算符。C 语言中规定的赋值运算符为 "="，其作用是将一个数据值赋给变量。在前面的示例中，大家已经接触过了。例如：

```
num = 100 ;
```

注意，虽然这个赋值符号 "=" 看上去类似于数学中的 "等于" 符号（在 C 语言中 "=="才是等于符号），但在这里其作用是把整型常量 "100" 赋值给变量 "num"。如果变成这样，就是不合法的：

```
100 = num                              /*给整型常量进行了赋值，非法*/
```

同样也可以将一个表达式的值赋给变量，例如：

```
num = 100 * 5;                         /* 将100 * 5的结果赋值给变量num*/
```

这种由赋值运算符将一个变量和一个表达式连接起来的语句被称为赋值表达式。其主要格式是：

变量 = 表达式;

赋值表达式的计算过程如下所示：

① 计算右边表达式的值。

② 把右边计算出来的值，存放在左边的变量之中。

另外，在 C 语言中还对赋值运算符进行了一些扩展，这些扩展的运算符被称为复合运算符。其是在 "=" 赋值符之前加上其他运算符，就构成了复合运算符。使用复合运算符可以简化程序，使程序看上去更加精练，提高代码编写的效率。表达式格式如下：

变量　运算符=表达式;

例如：

```
b += 4;                                /*等价于b=b+4*/
```

```
b -= 4;                                          /*等价于b=b-4*/
```

以 "b += 4" 为例来说明，其相当于先使变量 "b" 加 "4"，然后再重新赋值给变量 "b"。同理，"b -= 4" 是先使变量 "b" 减 "4"，然后再赋值给变量 "b"。为了便于记忆，读者也可以这样理解：

① a+=b，其中 a 为变量，而 b 为表达式。

② 把 "a+" 移动到 "=" 的右侧，变成 =a+b。

③ 在 "=" 的左边补上变量名，变成 a=a+b。

即变成如下格式：

变量 = 变量 运算符 表达式

如是表达式是由几个表达式组成的，则相当于其是有括号的。例如：

① a*=3*（2+3）。

② =a*（3*（2+3））。

③ a=a*（3*（2+3）），不要写成 a=a*3*（2+3）。

凡是只有两个操作数的运算符，都可以与赋值运算符组成复合运算符。在 C 语言中规定了如下所示两类共 10 种复合运算符。

① 算术运算：+=、-=、*=、/=、%=。

② 位运算：<<=、>>=、&=、^=、|=。

【实例 2.6】 演示使用赋值和复合运算符来操作变量，并打印结果到屏幕上显示出来，如示例代码 2.6 所示。

示例代码2.6　赋值和复合运算符使用演示

```
01  #include "stdio.h"                    /*包含系统头文件 */
02
03  int main(void)                        /*主函数 */
04  {
05      int a = 10;                       /*一般赋值表达式 */
06      int b = 100;
07      int c = 2;
08      a += b;                           /*复合表达式 */
09      b -= c;
10      c *= 200;
11      printf("a = %d\n", a);            /*打印各变量的值 */
12      printf("b = %d\n", b);
13      printf("c = %d\n", c);
14      getch();                          /*暂停，等待用户输入 */
15      return 0;
16  }                                     /*主函数结束 */
```

【代码解析】 代码第 5 ～ 7 行是赋变量的初始值。第 8 行是使用复合运算符，相当于 "a=a+b"，即 110。第 9 行同样是 "b=b-c"，即 98。第 10 行是 c=c*200，即 200。

【运行效果】 编译并执行程序后，结果如图 2.10 所示。

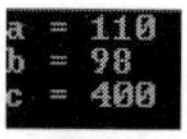

图2.10　赋值和复合运算符使用输出结果

2.6.3 用自增、自减运算符来进行运算

因为程序中常常会有对变量的值进行增加或者减少"1"这样的操作，所以在 C 语言中特别增加了两个运算符"++"和"--"，在 C 语言中分别被称为自增和自减运算符，运算符"++"的作用是使变量的值增加"1"。有 2 种表达式如下：

```
a++;                                    /*相当于a=a+1*/
++a;                                    /*相当于a=a+1*/
```

"a++"和"++a"的作用相当于"a=a+1"，都是将"a"的值加"1"，但也有些不同。后缀的"++"运算符，"a++"是先使用"a"的值，再执行"a=a+1"。而前缀的"++"运算符，"++a"是先执行"a=a+1"，然后使用"a"的值。如果使用另一个变量来存放运算结果，这两种形式的不同就容易理解了。

例如：现在假定 a 的初值是 30。

```
int a=30;
int b=a++;
```

上面的语句是先将"a"的值"30"赋值给"b"，然后"a"增加"1"。最后的变量结果是"b"的值为"30"，而变量"a"的值为"31"。如果把语句修改为：

```
int b=++a;
```

上面的语句是先将"a"增加"1"，然后将"a"的新值"31"放在"b"中，最后的变量结果变为，变量"b"的值为"31"，而变量"a"的值仍为"31"。

在这里，把"++a"念为"a 先加"而把"a++"念为"a 后加"。好了，相信现在大家应该明白"++"的作用了吧，其实另外一个运算符"--"正好和"++"的作用相反，其是将变量的值减少"1"。但运算过程是一样的，这里不再复述。

自增（++）和自减（--）运行符，只能用于变量，而不能用于常量或者表达式，如"10++"或者"（a*c）++"都是不合法的。因为"10"是常量，常量的值不能被改变。而"（a*c）++"是一个表达式，相加之后的结果没有变量可供存放。

【实例 2.7】 演示使用自增和自减运算符来操作变量，并打印结果到屏幕上显示出来，如示例代码 2.7 所示。

示例代码2.7 演示使用自增与自减运算符

```
01  #include "stdio.h"                  /*包含系统头文件*/
02
03  int main(void)                      /*主函数*/
04  {
05      int a = 10;                     /*赋变量初始值*/
06      printf("a = %d\n", a++);        /*后缀自增，先使用a，再增加值*/
07      printf("a = %d\n", a);          /*输出现在a的值*/
08      printf("a = %d\n", --a);        /*前缀自减，先减少值，再使用*/
09      printf("a = %d\n", a);          /*输出现在a的值*/
10      getch( );
11      return 0;
12  }                                   /*主函数结束*/
```

【代码解析】 代码第 6 行，在打印函数中，使用了后缀的自增运算符，所以是先使用，后增加变量 a 的数值。代码第 8 行，使用了前缀自减运算符，所以是先减少值，再使用。代

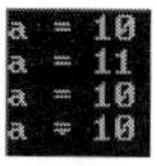

图2.11　自增和自减运算符使用输出结果

码第 7 和第 9 行，是打印当前变量的值，其结果也证实了这两个事实。

【运行效果】　编译并执行程序后，结果如图 2.11 所示。

注意：因为前缀和后缀形式的自增或者自减运算符其执行的先后顺序不同，所以在使用时一定要注意采用哪种形式合适。否则会导致程序出现意想不到的结果。

2.6.4　逗号运算符

这是 C 语言中一个比较边缘化的做法，为了代码的可读性，我们一般不建议读者使用。但读者阅读一些古老的代码的时候，难免碰到，这里也专门介绍一下。

逗号运算符，是 C 语言所特有的一种运算符，用"，"来表示，作用是把多个表达式连接起来。例如：

a*10, b/2

上面这个就是一个由逗号运算符所组成的逗号表达式。一般逗号表达式在 for 语句中常常会使用到，这里只是对其使用进行说明。逗号表达式的一般形式是：

表达式1，表达式2

逗号表达式的运算过程是从左到右的，先求表达式 1 的值，再求表达式 2。整个表达式的值是表达式 2 的值。

【实例 2.8】　求解"a=a*10，a+12"这个逗号表达式的值，变量"a"的初值是"2"，并打印结果到屏幕上，如示例代码 2.8 所示。

示例代码2.8　求逗号表达式的值

```
01  #include <stdio.h>                        /*包含头文件*/
02
03  int main(void)                            /*主函数*/
04  {
05      int a = 2;                            /*给变量a赋初值*/
06      a = (a*10,a+12);                      /*逗号表达式*/
07      printf("a = %d\n", a);                /*打印变量a的值*/
08      getch( );
09      return 0;                             /*返回调用*/
10  }                                         /*主函数结束*/
```

【代码解析】　代码第 6 行就是求逗号表达式的值，先是求表达式"a*10"的值"20"，然后再求表达式"a+12"的值"14"，并把"14"这个值赋值给变量 a。

【运行效果】　编译并执行程序后，结果如图 2.12 所示。

`a = 14`

图2.12　求逗号表达式的值输出结果

2.6.5　使用sizeof运算符求变量占用的空间大小

sizeof 运算符是 C 语言中一种比较特别的运算符，由几个字母组合或者加上圆括号"（ ）"组合而成，其作用是得到指定数据类型或者表达式所占用的存储空间大小，单位是字节。一般形式是：

sizeof 数据类型或者表达式

但大家常常在使用时，采用另一种加圆括号形式来表示，格式如下：

sizeof（数据类型或者表达式）

① 用于计算数据类型时，可以使用：

sizeof(数据类型)

在计算数据类型时，必须用圆括号括住。例如，sizeof（int）、sizeof（float）。

② 用于计算变量所占用的存储空间大小时，可以使用：

sizeof(变量名)

sizeof 变量名

其中，变量名可以不用圆括号括住。但带圆括号的用法更普遍，大多数程序员采用这种形式。sizeof 操作符的运算结果类型是 unsigned int 类型。

在 C 语言中规定不同数据类型的字节长度如下所示：

① 计算对象的类型为 char、unsigned char 或 signed char，其结果等于 1。

② 计算对象的类型为 int、unsigned int 、short int、unsigned short 、long int 、unsigned long 、float、double、long double 类型的 sizeof 计算时，其大小依赖于电脑系统。

③ 计算对象是指针时，32 位电脑上，sizeof 一般是 4。

④ 计算对象是数组类型时，其结果是数组的总字节数。

⑤ 计算对象是联合类型操作数的 sizeof，其结果是这种类型最大字节成员的字节数；计算对象是结构类型操作数的 sizeof，其结果是这种类型对象的总字节数。

⑥ 计算对象是函数中的数组形参或函数类型的形参，sizeof 给出其指针的大小。

【实例 2.9】 使用 sizeof 运算符求解 char、int、float 及 double 型数据类型及变量的大小，并打印出结果到屏幕上，如示例代码 2.9 所示。

示例代码2.9 使用sizeof运算符

```
01  #include <stdio.h>                              /*包含头文件*/
02
03  int main(void)                                  /*主函数*/
04  {
05      int a = 10;                                 /*初始化各变量*/
06      float f = 2.5;
07      char c = '*';
08      double b = 4.234;
            /*打印各变量占用内存大小*/
09      printf("sizeof(c): %d sizeof(a): %d\n", sizeof(c),sizeof(a));
10      printf("sizeof f: %d sizeof b: %d\n", sizeof f, sizeof b);
            /*打印不同数据类型占用内存大小*/
11      printf("sizeof(char): %d sizeof(int): %d \n", sizeof(char),sizeof(int));
12      printf("sizeof(float): %d sizeof(double): %d\n", sizeof(float), sizeof(double));
13      getch( );                                   /*暂停*/
14      return 0;
15  }                                               /*主函数结束*/
```

【代码解析】 代码第 9 ～ 12 行在打印函数中，使用 sizeof 运算符来计算不同数据类型及变量所占用的内存大小，然后进行打印显示。

```
sizeof(c): 1 sizeof(a): 2
sizeof f: 4 sizeof b: 8
sizeof(char): 1 sizeof(int): 2
sizeof(float): 4 sizeof(double): 8
```

【运行效果】 编译并执行程序后，结果如图 2.13 所示。

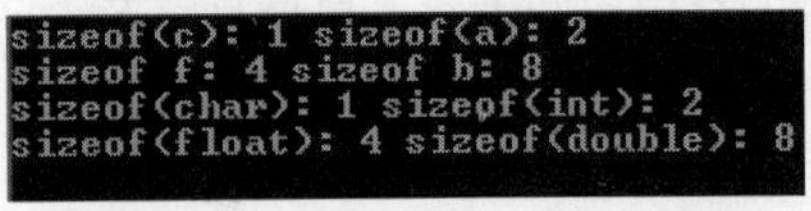

图2.13 使用sizeof运算符输出结果

注意：sizeof 操作符不能用于函数类型、不完全类型或位字段。不完全类型指具有未知存储大小的数据类型，如未知存储大小的数组类型、未知内容的结构或联合类型、void 类型等。

2.6.6　使用关系运算符完成条件的选择

关系运算符是逻辑运算中的简单形式，所以关系运算又被称为"比较运算"。关系运算符与数学的比较运算符的运算方法相同，但其表达的格式不同。C 语言提供了 6 种关系运算符，如表 2.11 所示。

表 2.11　关系运算符

运算符	说明	例子
<	小于	a<10
<=	小于等于	a<=10
>	大于	b>10
>=	大于等于	b>=200
==	等于	a==b
!=	不等于	a!=b

用关系运算符将两个表达式连接起来的式子，称为关系表达式，例如：

```
a>b                        /*a大于b*/
a+b<b+c                    /*a+b小于b+c*/
(a=30)<(b=50)              /*变量a的值30<变量b的值50*/
b==a                       /*变量b和变量a相等*/
```

所有关系表达式的值是一个逻辑值，即"真"或者"假"。例如：关系表达式"5==3"的值为"假"，而"5>3"的值为"真"。由于C语言中没有逻辑型数据类型，所以都是以"1"代表"真"，以"0"代表"假"。

【实例 2.10】利用 6 种关系运算符来比较"a"和"b"两个变量的值，并将结果打印出来，如示例代码 2.10 所示。

示例代码2.10　利用关系运算符来比较两个数的大小

```
01  #include <stdio.h>                        /*包含系统头文件*/
02
03  int main(void)                            /*主函数*/
04  {
05      int a = 10;                           /*初始化变量*/
06      int b = 20;
07      printf("a >  b : %d\n", a>b);         /*大于比较*/
08      printf("a <  b : %d\n", a<b);         /*小于比较*/
09      printf("a >= b : %d\n", (a>=b));      /*大于等于比较*/
10      printf("a <= b : %d\n", (a<=b));      /*小于等于比较*/
11      printf("a == b : %d\n", (a==b));      /*等于比较*/
12      printf("a != b : %d\n", (a!=b));      /*不等于比较*/
13      getch( );                             /*暂停*/
```

```
14    return 0;
15  }                                    /*函数结束*/
```

【代码解析】 代码第 7 ~ 12 行就是利用 6 个关系运算符来比较 a 和 b 的大小，并将结果打印出来。

【运行效果】 编译后执行程序，其结果如图 2.14 所示。

注意：关系运算符"=="才表示等于，而不是"="。

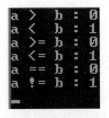

2.6.7 注意运算符的优先级和括号

图2.14 关系运算符比较输出结果

在 C 语言中为了解决在表达式中有两个或两个以上不同的运算符时，如何进行计算的问题，就规定了一种执行次序来计算表达式的结果，这种次序被称为优先级。这与数学中四则运算中的"先乘除、后加减"的规则相同。例如：在 C 语言中，"*""/"的优先级高于"+""-"。

如果表达式中相同运算符有一个以上，则可以从左至右或从右至左地进行计算。这种次序被称为结合性。例如："+""-""*""/"的结合性都为右结合。

多个运算符在一个表达式中，优先级高的先做运算，优先级低的后做运算，优先级相同的由结合性决定计算顺序。C 语言中的优先级和结合性如表 2.12 所示。

表2.12　C语言中常用运算符的优先级和结合性的详细说明

优先级	运算符	功能说明	结合性
1	()	改变优先级	左结合
	[]	数组下标	
	.,->	成员选择符	
	::	作用域运算符	
	.*,->*	成员指针选择符	
2	!	逻辑求反	右结合
	~	按位求反	
	++,--	增1，减1运算符	
	-	负数	
	+	正数	
	*	取内容	
	&	取地址	
	sizeof	取所占内存字节数	
3	*	乘法	
	/	除法	
	%	取余	
4	+	加法	
	-	减法	
5	<<	左移位	
	>>	右移位	

续表

优先级	运算符	功能说明	结合性
6	<	小于	右结合
	<=	小于等于	
	>	大于	
	>=	大于等于	
7	==	等于	
	!=	不等于	
8	&	按位与	
9	^	按位异或	
10	|	按位或	
11	&&	逻辑与	
12	||	逻辑或	
13	?:	三目运算符	
14	= += -= *= /= %= &= ^= |= <<= >>=	赋值运算符	
15	,	逗号运算符	

【实例 2.11】 使用算术和关系运算符及圆括号，来演示运算符号的优先级和结合性。其如示例代码 2.11 所示。

示例代码2.11　优先级和结合性演示

```
01  #include "stdio.h"                              /* 包含系统头文件 */
02
03  int main(void)                                  /* 主函数 */
04  {
05      int a = 0;                                  /* 初始化变量 */
06      int b = 5;
07      int c = 0;
08      float f = 0;
09      a = b * 3 + b>6;                            /* 多符号运算，先乘除后加减 */
10      c = b * 3 + (b>6);                          /* 关系运算符使用 */
11      f = 110 - b * 2.6 - a;
12      printf("a = %d c = %d f = %f\n", a, c, f);
13      getch( );
14      return 0;
```

```
15  }                                         /*主函数完*/
```

【代码解析】 代码第 9 行，由于关系运算符的优先级比较低，根据优先级原则是先乘除后加减，最后进行关系比较。先计算 b*3 的值（15），然后加上 5（20）再与 6 进行比较，得到结果为真，即值为 1，所以最后 a 的值为 1。代码第 10 行，由于给表达式 b>6 增加了圆括号，所以优先级变高，顺序变成了先计算 b>6 的结果（0），然后再计算 b*3 的值（15），最后相加并赋值给 c，所以最后 c 的值是 15。

`a = 1 c = 15 f = 96.000000`

图 2.15　优先级和结合性演示
输出结果

【运行效果】 编译并执行程序后，其结果如图 2.15 所示。

技巧：在 C 语言中，圆括号的优先级高，在记不清楚运算符优先级时，可以把表达式直接用圆括号括起来使用。这也是程序代码可读性的要求。

2.7　数据类型的转换

在程序中操作数据类型时，可能会发生数据类型的转换。这种转换分成两种：隐式自动转换和显式强制转换。其实，这样做背后的原理是，同一片内存空间，既可以用来存储这种数据，也可以用来存储另外一种数据。最开始的定义是类型 A，当你强行把它看作类型 B 的时候，当然就有所不同了。本小节内容较为抽象，读者第一遍阅读的时候，可以跳过。

2.7.1　隐式自动转换

如果在一个算术表达式中，有各种不同的类型（整型、浮点型、双精度型和字符型）的数据在一起进行混合运算时，电脑会自动先将这些数据转换成同一类型，然后进行运算。这种自动的转换被称为隐式自动转换。

数据类型转换的规则总是由低类型到高类型，如图 2.16 所示。

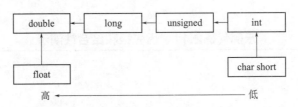

图 2.16　数据类型转换规则

在图 2.16 中，纵向的箭头表示这两种数据类型进行运算时必须转换。例如：int 与 short 型进行运算时，表示数的大小相似，但也要进行转换才能进行运算，结果是 int 型的。而横向的箭头表示当这两种数据类型进行运算时，低的就要向高的转换后才能进行运算。例如：int 型与 long 型，因为占用空间低的向占用空间高的类型转换后，才能保证最后结果数据的正确性。不过读者也不需要在意，此处所讲的这些转换都是由电脑编译程序自动完成的。

除此以外，前面说到的赋值运算也会导致一种自动的数据类型转换。即当赋值运算符两边的运算数据类型不同时，赋值运算符会把右侧表达的类型转换为左侧变量的数据类型。其转换规则有以下 5 种。

（1）int 型与 float 型的转换

当赋值运算符的左侧变量是 int 型，右侧表达式结果是 float 型时，会自动舍弃 float 型数据的小数部分。而如果左侧变量是 float 型，右侧表达式结果是 int 型时，表达式的结果值不会变，但形式会变成浮点型。

【实例 2.12】 将 int 型与 float 型变量进行互转，并将各变量的结果值打印到屏幕上显示出来，如示例代码 2.12 所示。

示例代码2.12 int型与float型变量的互转

```
01  #include "stdio.h"                               /* 包含系统函数声明头文件 */
02
03  int main(void)                                   /* 主函数 */
04  {
05      int a = 10;                                  /* 变量赋初始值 */
06      int b = 88;
07      float f = 123.456;
08      a = f;                                       /* 发生 float 型转 int 型 */
09      f = b;                                       /* 发生 int 型转 float 型 */
10      printf("a = %d f = %f\n", a, f);             /* 打印结果 */
11      getch( );
12      return 0;
13  }                                                /* 函数结束 */
```

【代码解析】 代码第 8 行是电脑自动将 float 型转换到 int 型，变量 f 的数据被舍去小数部分保存到变量 a 中，即 123。代码第 9 行，电脑自动将 int 型转换成 float 型形式，并将数据保存到变量 f 中，即 88.0。

【运行效果】 编译程序并执行，其结果如图 2.17 所示。

（2）char 型与 int 型的转换

当赋值运算符的左侧变量是 char 型，右侧表达式结果是 int 型（占用 2 字节）时，会自动舍弃 int 型数据的高字节，只保留低字节。而如果左侧是 int 型，右侧表达式是 char 型，一般的编译程序会将大于 127 的值变成负值，小于 127 的值转换为正值。例如：要把整型数据 511 转换到 char 型数据，其过程如图 2.18 所示。

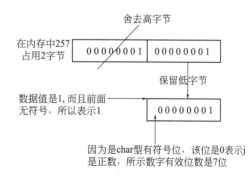

图 2.17　int 型与 float 型变量的互转输出结果

图 2.18　内存中 char 型与 int 型的转换过程

【实例 2.13】 将 int 型与 char 型变量进行互转，并将各变量的结果值打印到屏幕上显示出来，如示例代码 2.13 所示。

示例代码2.13　int型与char型变量的互转

```
01  #include "stdio.h"                       /*包含系统函数声明头文件*/
02
03  int main(void)                           /*主函数*/
04  {
05      int a        = 257;                  /*初始化变量*/
06      int b        = 0;
07      char c       = 127;
08      b = c;                               /*char型转int型*/
09      c = a;                               /*int型转char型*/
10      printf("b = %d c= %d\n", b, c);      /*打印结果*/
11      getch( );
12      return 0;
13  }
```

【代码解析】　代码第8行，是自动将 char 型变量 c 的数据转换成 int 型，并存放在变量 b 中，数值不变，即 127。代码第9行，是自动将 int 型变量 a 的数据转换为 char 型，并只取低字节保存到 char 型变量 c 中，同时由于这个值小于127，所以其数值就变成1。

图2.19　int型与char型变量的
　　　互转输出结果

【运行效果】　编译程序并执行，其结果如图 2.19 所示。

（3）int 型与 long 型的转换

当赋值运算符的左侧变量是 int 型，右侧表达式结果是 long 型（占用 4 字节）时，电脑会自动将数据中的低位 2 个字节赋值给 int 型变量。而如果左侧变量是 long 型，右侧表达式结果是 int 型时，表达式的结果值不会变，但形式会变成 long 型。

【实例 2.14】　将 int 型与 long 型变量进行互转，并将各变量的结果值打印到屏幕上显示出来，如示例代码 2.14 所示。

示例代码2.14　int型与long型变量的互转

```
01  #include "stdio.h"                       /*包含系统函数头文件*/
02
03  int main(void)                           /*主函数*/
04  {
05      int a = 0;                           /*初始化变量*/
06      int b = 30000;
07      long l = 100000;
08      a = l;                               /*long 型转换到int型*/
09      l = b;                               /*int型转换到long型*/
10      printf("a = %d  l = %ld\n", a, l);
11      getch( );
12      return 0;
13  }                                        /*主函数结束*/
```

【代码解析】　代码第8行，是 long 变量 l 的数据转换到 int 型被保留低 2 字节变成 34462，又因为其大于 32768，所以就变成负数（最高位是代表符号），即 –31072。代码第9行是将 int 型 b 的数据转换成 long 型，直接赋值即可，所以还是 30000。

【运行效果】　编译程序并执行，其结果如图 2.20 所示。

（4）float 型与 double 型的转换

当赋值运算符的左侧变量是 float 型，右侧表达式结果是 double 型时，自动将数据截断尾数来实现，截断是采用四舍五入进行操作的。而当左侧变量是 double 型，右侧表达式结果是 float 型时，只在尾部加 0 延长数据值进行赋值。

【实例 2.15】 将 float 型与 double 型变量进行互转，并将各变量的结果值打印到屏幕上显示出来，如示例代码 2.15 所示。

示例代码2.15 float型与double型变量的互转

```
01 #include "stdio.h"                              /* 包含系统函数头文件 */
02
03 int main(void)                                   /* 主函数 */
04 {
05      float f1 = 0;                                / 初始化变量 */
06      float f2 = 123.459;
07      double db = 100.200888;
08      f1 = db;                                     /* double 型转 float 型 */
09      db = f2;                                     /* float 型转 double 型 */
10      printf("f1 = %f   db = %f\n", f1, db);
11      getch( );                                    /* 暂停 */
12      return 0;                                     /* 返回 */
13 }
```

【代码解析】 代码第 8 行是将 double 型变量 db 的数据转换成 float 型并存放到变量 f1 中，根据转换规则，其被四舍五入地截去尾数，变成 100.200890。代码第 9 行是将 float 型变量 f2 的数据转换成 double 型并赋值给变量 db，根据转换规则就是直接赋值，并在尾部增加 0 延长数据值。

【运行效果】 编译程序并执行，其结果如图 2.21 所示。

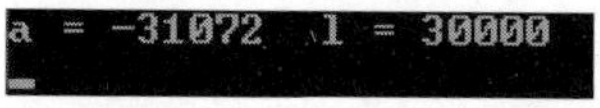

```
a = -31072  l = 30000
```
```
f1 = 100.200890  db = 123.459000
```

图2.20　int型与long型变量的互转输出结果 　　　　图2.21　float型与double型变量的互转输出结果

（5）unsigned 与有符号型数据的转换

当赋值运算符的左侧变量是 unsigned 型，右侧表达式结果是有符号型时，原值不变，直接赋值即可，但其表示的数据就变成了总是无符号的。当赋值运算符的左侧变量是有符号型，右侧表达式结果是 unsigned 型时，当数据值大于有符号数能够保存的最大正数值时，就会变成负值；不大于则不变。

2.7.2　显式强制转换

C 语言的隐式自动转换类型可能会使大家觉得太随意。因为不管表达式的值是如何的，系统都会自动将其转换为赋值运算符左边的变量类型，而转变后的数据还有可能不同。在不加注意时就可能带来错误。所以在编写程序时，应当采用显式强制转换。

显式强制转换是在一个表达式前加一个强制转换类型的运算符，将表达式的类型强制转换为所指定的类型。其具体格式如下：

（数据类型）（表达式）

表示将"表达式"的类型强制转换为圆括号中所指定的"数据类型"的类型。这里，例如：

```
b = (int)( f+1);
c = (char)(b*2);
```

如果这里的变量 f 是 float 型的变量，那么表达式 f+1 的值仍然是 float 的，通过强制转后，表达式值的类型转换成为 int 型。其转换规则同隐式自动转换。

注意：这种强制转换并不能改变原来表达式中变量的数据类型，只能改变表达式值的数据类型。

本章小结

本章以知识点和实例相结合的形式，将 C 语言中的变量、常量、基本数据类型、运算符和表达式等基础知识进行了介绍，同时对数据类型的转换进行了详细的描述。这些知识对于建立起 C 语言程序开发的基础概念非常重要。只有掌握了这些知识以后，才能很顺利地学习后面知识内容。在下一章中笔者将介绍 C 语言程序语句的编写，就会应用到本章所讲解的很多内容。

第2篇
代码基础

  恭喜你，现在已经进入了 C 语言程序设计的世界。本篇将对这个世界中的基础知识进行详细的讨论。

  本篇包含了全书的第 3～5 章：第 3 章讨论了如何使用顺序结构设计 C 语言程序，对其中的输入和输出函数的使用进行重点讲述；第 4 章讨论了如何使用选择结构来设计 C 语言程序，其中包括了逻辑运算和各种判断语句的使用知识；第 5 章讨论了各种各样的循环结构来设计 C 语言程序，包括最常用的 for 和 while 循环。

  希望通过本篇的学习，读者朋友们可以掌握 C 语言程序代码编写的基本知识。

C

语言零起点精进攻略

——C/C++入门·提高·精通

第3章
使用顺序结构编写程序

和其他高级语言一样，C 语言编写的代码也是用来向电脑系统发出操作指令的。这就好像练队列操时的"向左转""向右转""稍息""立正"等一系列口令（即命令）。有了这些口令大家才能走出整齐的队列。一条基本语句经过编译后，一般产生几条机器指令。为实现特定功能的程序一般又包含若干条基本语句。顺序结构是程序设计中一种基本的程序结构，其设计简单、流程明确。程序从主函数"main（）"的第一条语句开始，然后一条一条语句顺序执行，直至主函数结束。这就是顺序结构设计方法。

本章主要对 C 语言中简单的输入输出方式和方法进行讨论，同时对错误流函数进行介绍。涉及的内容有：

❏ 基本语句与表达式：知道表达式、基本语句、复合语句的概念。
❏ 控制屏幕打印：掌握各种打印函数的功能和使用方法，并进行数据的输出。
❏ 读取键盘输入：学会各种输入函数的功能和使用方法，并进行数据的输入。

3.1　语句与表达式

表达式是程序的重要组成部分，本节介绍如何书写表达式，除此之外，还介绍了空语句和复杂语句的形式。

3.1.1　CPU指令是如何变身汇编语言的

CPU 只能识别机器指令，机器指令是什么样子呢？是一串一串的二进制数字，比如，

11001011 表示把两个寄存器中的数字相加然后存储到第一个寄存器中。

假设某 CPU 的机器指令都是 8 位的，那么就可以有 2 的 8 次方——256 种指令，分别表示不同的 CPU 功能，有加法，有减法，有乘法；有数据从内存导入寄存器，数据从寄存器写到某个地址的内存中；还有跳转到某个地址，从这里开始导入代码执行……

可是 1001101 这种二进制指令，记忆起来太麻烦了，于是人们发明了用简单的单词记忆的办法，比如 Add、Move、Jump 等等分别对应一个二进制指令。

这样，我们看到 Add R1, R2; 就明白意思，就是把 R1 和 R2 两个寄存器中的数相加，然后存储在 R1 中。

可是，这样的汇编指令还是怪怪的，基本上是面向机器的语法特点，普通人理解起来有点吃力，前面我们说了，C 语言等程序设计语言的发明，就是来解决这个问题的。

所以，我们有了 x=x+y；这样的语句，那就是把 x 和 y 两个变量中存储的数相加，然后把结果继续存储在变量 x 中。实际可能就是好几句汇编代码：

```
Move R1,x;
Move R2,y;
Add R1,R2;
Move x,R1;
```

你看，一句 x=x+y，CPU 要有好几条指令，而且 x=x+y，简单好记。编写这样的程序代码，又简单又高效，可读性更高，而且，拿到另外一个 CPU 上面运行，用另外一个 CPU 的编译器再编译一遍就可以了，这就是所谓的可移植性更高。综合起来，当然人们更愿意选择使用 C 语言编写程序，而不是选用汇编语言了。

所以，今天就是编写操作系统等底层应用的时候，除了个别 C 函数中嵌入更加高效的汇编指令，人们都用 C 语言来实现。因为 C 语言用的这些语句，接近初中生小学生都能理解的数学代数语言。所以，好多初中生和高年级小学生也在学习 C 语言，因为这对他们来说，教一教就会了，还能帮助学习数学。

下面我们开始正式理解 C 语言中的语句的概念。

3.1.2　表达式语句与空语句

在一个 C 语言程序中有许多表达式，例如：有由算术运算符组成的算术表达式，也有由赋值运算符组成的赋值表达式，还有由关系运算符组成的关系运算表达式等。

```
x=x+3                               /*算术表达式*/
a=10, 30                            /*逗号表达式*/
y=3                                 /*赋值表达式*/
a++                                 /*自增表达式*/
sizeof(int)                         /*sizeof表达式*/
```

以上这些都是表达式，在前面章节中大家都已经接触过。不过要特别注意表达式与表达式语句的不同之处，请记住 C 语言中任意一个表达式必须加上一个分号（；）才能成为一个表达式语句。如下这些才是真正的表达式语句，而不是表达式。

```
x=x+3;                              /*算术表达式语句*/
a=10, 30;                           /*逗号表达式语句*/
y=3;                                /*赋值表达式语句*/
a++;                                /*自增表达式语句*/
```

```
sizeof(int);                              /*sizeof语句表达式*/
```

在表达式语句中，还有一种特殊的语句，被称为空语句。其是指只有一个分号（；）而不包含表达式的语句。空语句是一种不做任何操作的语句。该语句主要用在一些需要一条语句，但又不做任何操作的地方。例如，有的循环语句的循环体（例子将在第 5 章看到）。

3.1.3　复合语句

顾名思义，复合语句就是由两条或者两条以上的语句组成，并由一对花括号（{}）包含起来的语句。但在语法意义上其相当于一条语句，所以其又被称为块语句。含有一条或者多条说明的复合语句称为分程序，也叫块结构。

【实例 3.1】　示例代码 3.1 就是一个复合语句组成的分程序。

示例代码3.1　分程序示例

```
{                              /*块语句开始*/
    int i = 1;
    int n = 3;
    n=i+n;
    printf("n=%d\n", n);
}                              /*块语句结束*/
```

3.2　控制屏幕打印

由于 C 语言本身不提供输入和输出语句，所有的输入与输出都是依靠系统函数来实现的。这些输入和输出函数的声明头文件是"stdio.h"，在编写代码时要注意加入。前面章节的示例中，大家已经接触过调用输出函数来输出数据到屏幕上，但并没有对其进行详细介绍。现在就请大家来看一看 C 语言程序中是如何进行屏幕输出的处理的。

3.2.1　使用putchar( )输出字符

putchar（ ）函数的作用是直接把一个字符输出到屏幕上显示出来。其函数原型如下：

```
void putchar(char c);
```

其中，void 表示这是没有返回值的函数（将在函数一章中介绍），而"（ ）"中的"char c"表示输入参数是 char 型的。

【实例 3.2】　使用 putchar（ ）函数输出字符到屏幕上，如示例代码 3.2 所示。

示例代码3.2　使用putchar( )函数

```
01 #include "stdio.h"                     /*包含系统函数头文件*/
02
03 int main( )                            /*主函数*/
04 {
05     char h = 'h';                      /*定义字符变量h*/
```

```
06     char i = 'i';                          /*定义字符变量i*/
07     putchar(h);                            /*打印字符变量h的值*/
08     putchar(i);                            /*打印字符变量i的值*/
09     putchar('!');                          /*打印字符'!'*/
10     putchar('\n');                         /*打印回车换行*/
11        getch( );                           /*暂停*/
12        return 0;                           /*返回*/
13 }                                          /*主函数完*/
```

【代码解析】 代码第 7 ~ 10 行分别调用 putchar（ ）函数，来打印相应的字符型变量或者常量的数值所代表的字符。注意这些值一定必须都是字符型的才能打印。

【运行效果】 编译并执行程序，其结果如图 3.1 所示。

图 3.1　putchar( ) 函数示例输出结果

3.2.2　格式化输出函数 printf( )

printf（ ）函数相信大家已经很熟悉了，但还是需要对其进行详细的介绍，以便大家能够更好地使用。printf（ ）函数是标准库函数之一，作用是格式化指定字符串输出到屏幕上。其函数原型如下：

```
void printf(格式字符串,参数1,参数2,…,参数n);
```

其中，格式字符串是指定输出的格式，是一个字符串结构。其中又由格式控制字和普通字符串所组成。而参数 1 ~ 参数 n 所组成的一个参数表用于指定格式字符串中格式控制字所代表的数据表示方式。格式控制字与数据表示的关系如表 3.1 所示。

表 3.1　格式控制字与数据关系

格式控制字	说明
%c	单个字符
%d	十进制整数
%f	十进制浮点数
%o	八进制数
%s	字符串
%u	无符号十进制整数
%x	十六进制数
%%	输出百分号

【实例 3.3】 使用 7 种常用的格式控制字来输出整型数值 "100"、浮点数值 3.5 和字符串 "hello" 到屏幕上，如示例代码 3.3 所示。

示例代码 3.3　使用 7 种常用的格式控制字输出字符串

```
01 #include "stdio.h"                         /*包含系统函数头文件*/
02
03 int main( )                                /*主函数*/
04 {
05     int num = 100;                         /*定义整型变量num*/
06     float f = 3.5;                         /*定义浮点型变量f*/
```

07	`printf("print num %%c : %c\n", num);`	/*把num的值输出为字符，应用了%%输出%号*/
08	`printf("print num %%d : %d\n", num);`	/*把num的值输出十进制整数*/
09	`printf("print f  %%f : %f\n",  f);`	/*把f的值输出十进制浮点数*/
10	`printf("print str %%s : %s\n", "hello");`	/*输出字符串常量*/
11	`printf("print num %%u : %u\n", num);`	/*把num的值输出为无符号数*/
12	`printf("print num %%x : %x\n", num);`	/*把num的值输出为十六进制数*/
13	`getch( );`	/*暂停*/
14	`return 0;`	/*返回*/
15	`}`	/*主函数完*/

【代码解析】 代码第7行是应用了"%%"输出一个"%"号，而"%c"输出变量 num 的值 100 所代表的字符"d"。代码第 8 ～ 12 行分别使用了"%d""%f""%s""%u"及"%x"5 种不同的格式控制字来输出变量中不同的数据表示。

【运行效果】 编译并执行程序，其结果如图 3.2 所示。

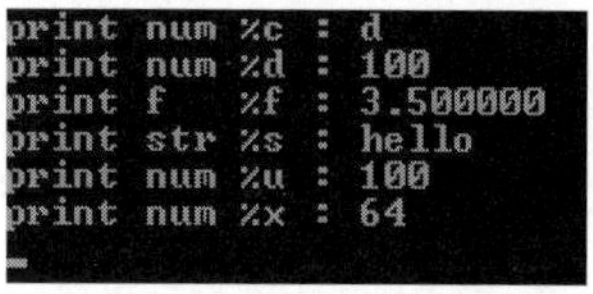

除此以外，还可以在每个格式控制字前面增加修饰符，用来指定显示宽度、小数尾数及左对齐等，这样打印到屏幕上的字符串就可以根据需要进行输出显示。增加的修饰符如表 3.2 所示。

图3.2　7种常用格式控制字输出字符串结果

表3.2　格式控制字修饰符

格式控制修饰符	说明
-	左对齐
+	在一个带符号数前加"+"或"-"号
0	域宽用前导零来填充，而不是用空白符
0n	0后面有d的话，用0来填充前面，直到n个位置
.n	保留小数后n个有效数字

其中，域宽是一个整数，设置了打印一个格式化字符串的最小域。

【实例 3.4】 在 print（ ）函数的格式字符串中，对格式控制字增加修饰符，来打印整数 "100" 和浮点数 "5.5578"，如示例代码 3.4 所示。

示例代码3.4　给格式控制字增加修饰符

01	`#include "stdio.h"`	/*包含系统函数头文件*/
02		
03	`int main( )`	/*主函数*/
04	`{`	
05	`int num = 100;`	/*定义整型变量num*/
06	`float f = 5.5578;`	/*定义浮点型变量f*/
07	`printf("num = %-d\n", num);`	/*增加左对齐修饰符*/
08	`printf("num = %+d\n", num);`	/*增加带符号修饰符*/
09	`printf("num = %0d\n", num);`	/*增加0在前面填充,*/
10	`printf("num = %08d\n", num);`	/*在数的前面填充0，直到字符满8位*/
11	`printf("f = %.3f\n", f);`	/*保留小数后3个数字，四舍五入*/
12	`getch( );`	/*暂停*/

```
13    return 0;                                    /*返回*/
14  }                                              /*主函数完*/
```

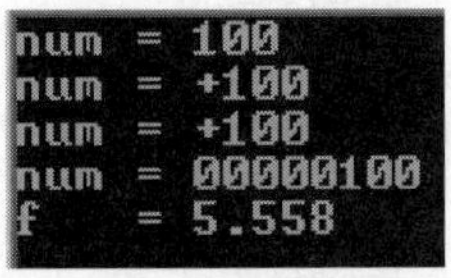

```
num = 100
num = +100
num = +100
num = 00000100
f   = 5.558
```

图 3.3　格式控制字增加修饰
符后的输出结果

【代码解析】　代码第 7 ～ 11 行，就是对格式控制字增加格式修饰符。

【运行效果】　编译并执行程序，其结果如图 3.3 所示。

注意：格式修饰符可以多个同时使用，例如："%+08d"这样的编写也是有效的。

3.2.3　标准错误流

标准错误输出是 C 语言中另一种输出流，典型用于程序输出错误消息或诊断。其独立于标准输出流且可以分别导向，通常目的地为终端，即屏幕显示。在 stdio.h 头文件中，stderr 代表标准错误流输出。由于本书是介绍 C 语言程序开发的入门教程，故此处不做详细讲解。如有需要，请读者朋友们查阅其他相关书籍。

3.3　读取键盘输入

介绍完数据的输出，现在再请大家来看一看 C 语言程序中有哪些函数能够对键盘的输入进行处理。

3.3.1　用 getchar( ) 函数输入字符

输入函数中，最简单的函数就是 getchar（）函数，其作用是等待用户的输入，读取字符的数值，并显示相应的字符到屏幕上。在用户按下回车键以后才返回相应的第一个输入字符的数值到调用函数。该函数的原型声明如下所示：

```
int getchar(void)
```

其中，函数名前的 int 表示函数的返回值是 int 型的数值，"（）"中的 void 表示没有输入参数。

【实例 3.5】　使用 getchar（）函数得到用户输入的字符，并打印该字符及其对应的 ASCII 码值，如示例代码 3.5 所示。

示例代码 3.5　使用 getchar( ) 函数

```
01 #include "stdio.h"                              /*包含系统函数头文件*/
02
03 int main( )                                     /*主函数*/
04 {
05     char c;                                     /*声明字符型变量char*/
06     printf("please input char : ");             /*提示用户输入字符*/
07     c = getchar( );                             /*得到用户输入的字符显示出来并等待回车*/
08     printf("input char is %c : value %d\n", c, c);
```

```
09      getch( );                                      /*暂停*/
10      return 0;                                      /*返回*/
11 }                                                   /*主函数完*/
```

【代码解析】 代码第 7 行，是调用 getchar（）函数得到用户输入的字符。在这个示例中，当用户输入"ABC"字符串，并按下回车后，getchar（）函数就只把"A"的这个 ASCII 码值 65 保存到字符变量 c 中，其他两个字符并不理会。从结果图中也可以得到印证。代码第 8 行，是把字符变量 c 的值进行字符（%c）和数值（%d）输出。

【运行效果】 编译并执行程序后，其结果如图 3.4 所示。

注意：getchar（）函数就算用户输入了一个字符串，其也只取其中的第一个字符。

```
please input char : ABC
input char is A : value 65
```

图 3.4　getchar( )函数示例输出结果

3.3.2　用 getch( )和 getche( )函数输入

getch（）函数相信读者朋友们已经不陌生了，因为其在前面的很多地方笔者都已经使用过了。不过在使用的时候，并没有将这个函数的返回值进行保留，而是当作暂停在使用（原因将在后面说明）。该函数的原型如下：

```
int getch(void)
```

其函数结构与前面的 getchar（）函数一样，就不再详细说明了。

getch（）的作用是从键盘只接收一个字符，而且并不把这个字符显示出来，也不用按下回车键就返回到调用函数。换句话说，当用户按了一个键后，其并不在屏幕上显示用户按的是什么，就继续运行函数后面的代码；而在用户不按任意键时，就一直等待用户输入（这也是能够当暂停用的原因）。

【实例 3.6】 使用 getch（）函数得到用户输入的字符，并打印该字符及对应的数值，如示例代码 3.6 所示。

示例代码 3.6　使用 getch( )函数

```
01 #include "stdio.h"                             /*包含系统函数头文件*/
02
03 int main( )                                    /*主函数*/
04 {
05      char c;                                    /*声明变量c*/
06      printf("please input char : ");
07      c = getch( );                              /*得到用户输入的字符，不显示出来也不回车
                                                   */
08      printf("input char is %c : value %d\n", c, c);
09      getch( );                                  /*暂停*/
10      return 0;                                  /*返回*/
11 }/*主函数完*/
```

【代码解析】 代码第 7 行是调用 getch（）函数，得到用户输入的一个字符并保存到变量 c 中，但不显示出来。代码第 9 行，正是由于其不显示的特性，被当作暂停使用。

【运行效果】 编译并执行程序后，结果如图 3.5 所示。

从图 3.5 中也可以看到，当用户输入 B 以后，并没有回车换行，而是直接在上次打印的字符串后面增加下一句打印字符。

getche（ ）函数与 getch（ ）函数作用相同，也是从键盘只接收一个字符，也不用按下回车键就返回到调用函数，但这个字符会被显示出来。

【实例 3.7】 使用 getche（ ）函数得到用户输入的字符，并打印该字符及对应的数值，如示例代码 3.7 所示。

示例代码3.7 使用getche( )函数

```
01  #include "stdio.h"                          /*包含系统函数头文件*/
02
03  int main( )                                 /*主函数*/
04  {
05      char c;                                 /*定义变量*/
06      printf("please input char : ");
07      c = getche( );                          /*得到用户输入的字符，要显示但不用回车*/
08      printf("input char is %c : value %d\n", c, c);
09      getch( );                               /*暂停*/
10      return 0;                               /*返回*/
11  }                                           /*主函数完*/
```

【代码解析】 代码第 7 行是调用 getche（ ）函数，得到用户输入的字符并显示出来，然后赋值给变量 c，继续后面的代码。第 8 行是打印该输入字符和字符数值。

【运行效果】 编译并执行程序后，结果如图 3.6 所示。

图 3.5 getch( )函数示例输出结果

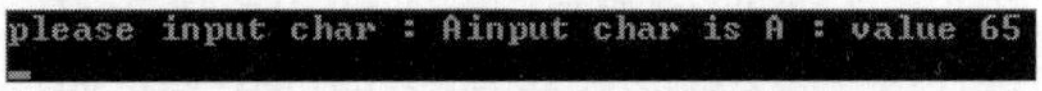

图 3.6 getche( )函数示例输出结果

从图 3.6 中可以看到，当用户输入"A"以后，这个字符"A"是被显示出来的，然后程序又在这个字符之后打印"input …."字符串。

注意：getch（ ）和 getche（ ）函数只接受一个字符，而且不需要输入回车。

3.3.3 格式化输入函数 scanf( )

前面所说的输入函数，都只能接受一个字符。那有没有能够接收多个字符或者数据的函数呢？当然是有的。这就是 scanf（ ）函数。scanf（ ）函数是一个标准库函数，能够同时接收多个不同数据类型的数据，并分别保存到相应的变量或者数组之中。其函数原型如下：

scanf(格式控制字符串,&参数1,&参数2,…,&参数n);

其中，格式控制字符串与前面很多程序中用到的 printf（ ）函数类似。但要注意其不能显示非格式字符串，也就是说不能显示提示字符串，需要 printf（ ）函数加以合作才能进行互动。

这里的参数也是由地址运算符"&"后跟变量名组成的。这里所说的地址就是编译系统在内存中给变量分配的存储空间的地址（将在第 9 章详细介绍）。

scanf（ ）函数在本质上就是给变量进行赋值操作，但其要求必须写变量的地址，所以就必须用"&"加上变量名，例如"&a"。但要注意同样是赋值操作，这两者在形式上是不同的。"&"是一个取地址运算符，"&a"就是一个表达式，其功能是求变量的地址。下面就是几个正确的 scanf（ ）函数的应用。

```
scanf("%d  %d", &a, &b);                    /*&a,&b分别表示变量a和变量b 的地址*/
scanf("%c", &c);                            /*取字符型数据赋值给变量c*/
scanf("%f", &f);                            /*取浮点型数据赋值给变量f*/
```

在这里的格式控制字符串与printf（）函数中的使用方式相同，都可以用"%d""%o""%x""%c""%s""%f""%e"，但没有"%u"格式。

注意：在使用scanf（）函数时，最后不能加"\n"，加上是不合理的。

【实例3.8】 使用scanf（）函数接收不同类型的数据，并保存到相应的变量中，其如示例代码3.8所示。

示例代码3.8　使用scanf( )函数接收数据

```
01 #include "stdio.h"                       /*包含系统函数头文件*/
02
03 int main( )                              /*主函数*/
04 {
05     int a;                               /*声明变量*/
06     int b;
07     float f;
08     char c;
09     printf("please input 1 char : ");    /*提示用户输入*/
10     scanf("%c", &c);                     /*接收用户输入的字符*/
11     printf("please input 2 int num :");  /*提示用户输入*/
12     scanf("%d %d", &a, &b);              /*接收用户输入的整数*/
13     printf("please input 1 float num :");/*提示用户输入*/
14     scanf("%f", &f);                     /*接收用户输入的浮点型数据*/
15     printf(" a = %d b = %d, c= %c, f = %f\n",
16         a,b,c,f);                        /*打印接收到的数据结果*/
17     getch( );                            /*暂停*/
18     return 0;                            /*返回*/
19 }                                        /*主函数完*/
```

【代码解析】 代码第9～14行，就是使用scanf（）和printf（）函数结合来提示和接收用户输入的数据。

【运行效果】 编译并执行程序，其结果如图3.7所示。

在使用scanf（）函数时，有如下4点需要注意。

① 如果在"格式控制字符串"中除了格式说明以外还有其他的字符，则在输入数据时应输入与这些字符相同的字符。例如：

```
please input 1 char : Y
please input 2 int num :110 8888
please input 1 float num :3.5
a = 110 b = 8888, c= Y, f = 3.500000
```

图3.7　使用scanf( )函数接收数据

```
scanf("%d,%d",&a,&b);
```

那么在输入这些数据时，也应当把"，"加上。输入时如下所示：

```
88, 10
```

88与10之间的逗号应与scanf（）函数中的"格式控制字符串"中的逗号相对应，输入其他符号都是不对的。

【实例3.9】 使用scanf（）函数接收用户输入的整型数据，在格式控制字符串中有符号"，"，但在输入时使用空格" "来隔开，看一看效果。

示例代码3.9　使用scanf( )函数接收用户输入整形数据

```
01 #include "stdio.h"                          /*包含系统函数头文件*/
02
03 int main( )                                  /*主函数*/
04 {
05     int a;                                   /*声明变量*/
06     int b;
07     printf("please input 2 int num :");      /*提示用户输入*/
08     scanf("%d,%d", &a,&b);                    /*按格式接收用户输入数据到变量*/
09     printf("a = %d, b = %d\n", a,b);
10     getch( );                                /*暂停*/
11     return 0;                                /*返回*/
12 }                                            /*主函数完*/
```

【代码解析】 代码第 8 行是接受用户输入的数据，并保存到变量 a 和 b 的地址中。注意这里在两个 "%d" 中，有一个 ","。正因为有了这个 ","，所以在输入时也要按照要求输入，否则就会导致最后输出的数据错误。

【运行效果】 在执行程序时，输入数据为 100 333，最后输出的结果如图 3.8 所示。而如果按正确格式输入的话，如图 3.9 所示。

图3.8　输入不符合要求的数据格式后的结果 　　　图3.9　输入符合要求的数据格式后的结果

② 在用 "%c" 格式输入字符数据时，空格 " " 字符和转义 "\" 字符都会被作为有效字符输入。例如：

```
scanf("%c%c%c", &c1,&c2,&c3);
```

如果输入的字符是下列这种：

```
y e s
```

那么最后输出时，c1 中保存的就是字符 "y"，c2 中保存的是字符空格 " "，而 c3 保存的是字符 "e"。

③ 可以指定输入数据所占列宽，scanf( ) 函数会自动按其指定的列宽，截取所需要保存的数据。例如：

```
scanf("%2d%4d",&num1,&num2);
```

如果输入的数据如下：

```
123888
```

那么最后变量 num1 中保存的数值是 "12"，而变量 num2 中保存的数值是 "3888"。

④ 如果输入浮点型数据时，不能规定其数据精度。例如：

```
scanf("%.3f", &f);
```

这时如果执行程序，会发现 scanf( ) 函数根本就不会要求用户输入数据。因为这是一个无效的格式控制字符串，当然可以被编译成功，但是不起效果而已。

注意：虽然 C 语言中允许在使用 scanf( ) 函数之前不必包含 stdio.h 文件，但为了严谨和代码的可移植性，建议还是包含该文件。

3.4　输入输出综合示例

了解了 C 语言中的输入与输出函数后，现在笔者就通过一个实例程序来综合前面所介绍的相关知识。

【实例 3.10】　任意输入两个整数，求两个整数的和（+）、差（-）、积（*）、商（/）和余（%），并打印结果，如示例代码 3.10 所示。

示例代码3.10　两个整数的混合运算求解

```
01  #include "stdio.h"                        /*包含函数头文件*/
02
03  int main( )                               /*主函数*/
04  {
05      int a = 0;                            /*定义变量*/
06      int b = 0;
07      printf("please input a,b value, but b !=0 :");
08      scanf("%d,%d", &a, &b);               /*接收用户输入*/
09      printf("a + b = %d\n",  a+b);         /*打印数据+结果*/
10      printf("a - b = %d\n",  a-b);         /*打印数据-结果*/
11      printf("a * b = %d\n",  a*b);         /*打印数据*结果*/
12      printf("a / b = %d\n",  a/b);         /*打印数据/结果*/
13      printf("a %% b = %d\n", a%b);
14      getch( );                             /*暂停*/
15      return 0;
16  }
```

【代码解析】　代码第 8 行是接收用户输入两个数字，并保存到变量 a 和变量 b 中，但要求用户第 2 个数字不能输入 0，因为当使用除法时，除数不能为 0。代码第 9 ~ 13 行是进行各种运算，并把结果打印出来。

【运行效果】　编译并执行程序后，其结果如图 3.10 所示。

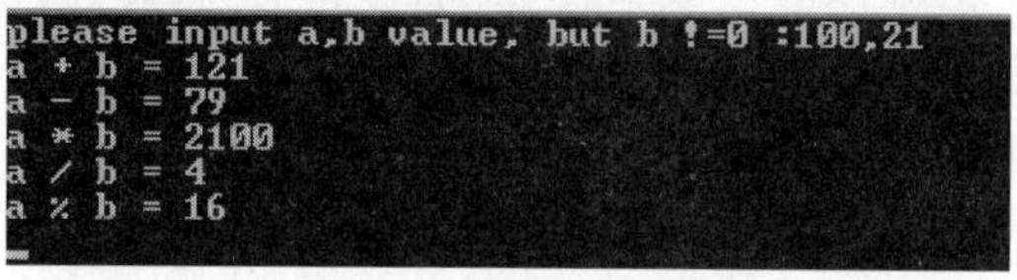

图3.10　两个整数的混合运算输出结果

3.5　操作系统和应用程序

操作系统这门课程，一般是在学习了 C 语言程序设计之后学习的。为了让读者更好地理解程序执行的原理，这里提前做一些知识补充。毕竟会编写程序的，不知道程序运行的一些基本原理，有点说不过去。

3.5.1　应用程序在 Windows 中是如何被执行的

我们以最常见的 Windows 为例来说明。

我们启动硬盘上的任何一个程序时，Windows 会启动一个应用装载程序，给应用程序分配一定的物理内存空间，把应用程序从硬盘中导入到内存中，然后把应用程序的运行权交给应用程序。可以想象成一个跳转语句跳转到内存中应用程序的某个位置，让下一条指令从这个位置开始执行就行。

Windows 是一个多任务操作系统，我们执行某个应用程序的时候，可以切换到另外一个应用程序。这是如何做到的呢？

简单地说，CPU 每过一个很短的时间，就会收到一个"定时中断"。这个中断发生的时候，任何程序的执行都会被暂时停止。启动时间片中断处理程序，这个处理程序会很自然地把 CPU 的控制权交给 Windows，Windows 看看自己在内存中管理的应用程序列表，根据优先级，把下一个时间片占有 CPU 并执行其代码的权限交给优先级最高的应用程序。然后应用程序执行，直到下一个时间中断的到来。

虽然每个时间片很短，但是 CPU 的速度足够快，每一个时间片可以执行很多的代码，所以一般用户是感觉不到各个应用和系统之间的切换的。今天的 CPU 非常非常快了，相比 Windows NT 内核刚刚被开发出来的时候，可以说有上百倍的提升。

这样快的 CPU，有时候是用户鼠标切换到另外一个应用程序上了，系统会收到类同一个软中断的信号或者说事件，Windows 也会做相对应的应用程序执行权的切换。

你看，应用程序并不是独占 CPU 和操作系统的。但我们写代码的时候，为什么不用考虑这一点呢？这里面有一个虚拟机的概念，操作系统给应用程序分配内存，按时间片、按权限给应用程序占用 CPU 的权限，应用程序执行的时候，自己不断执行下一条指令就行，就算被中断了，当时 CPU 中的代码地址寄存器和各个数据寄存器也瞬间被保存在了内存中，然后再一次被 Windows 选中执行，也是瞬间恢复这些寄存器的状态，应用程序是感觉不到自己曾经被置换出 CPU，被中断过执行的。它以为它独占一个计算机在运行呢！这个应用程序认为的计算机，我们称之为虚拟机。每一个应用程序都有自己的内存空间、CPU 和自己的代码，所以就有若干个虚拟机、操作系统，在这些虚拟机中调度，不断把真实 CPU 的执行权限交给这些虚拟机。虚拟机以为自己一直在按步骤执行呢！

3.5.2　Windows API 和 C 运行时库

如果应用程序中所有代码都自己构建，那也太累了。至少有两类代码不用自己构建，一类是和 Windows 系统相关的，另一类是 C 语言自己的库函数。我们拿来用就行了。

第一类就是 Windows API，全部在 Windows.h 中。

第二类包含在符合 C 标准的若干头文件中，比如：<stdio.h>，<math.h>。

Windows 自己的 API，我们调用即可，微软提供了一个 *.dll 文件，运行的时候，这个 dll 文件肯定是在系统内存中的，不用担心。但是库函数不一样，它经过编译链接之后，就成了应用程序中的代码，这个你要搞清楚区别。另外，VC6 还提供了多种 C 程序代码的运行时支持库，大家知道有这个东西就行，学完本书之后，如果想深入学习，可以在网上研究相关文档。

符合 C 标准的库函数我们后面还会学习，但 Windows 的 API 函数，我们只会在一些和 Windows 控制台相关的代码中才会用到，为了保证本书的代码可以移植到 LINUX 等平台，我们尽量不用 Windows 的 API 函数。

本章小结

本章中对表达式语句和复合语句两个概念以及简单的字符输入和输出进行了介绍，同时对于格式化输出 printf（）和格式化输入 scanf（）函数进行了详细的讨论和实例操作。希望各位读者能够通过对这些实例代码的学习，掌握 C 语言输入输出函数的使用方法。有两点需要提醒各位读者注意：

① 不要忘记每个 printf（）函数后面的 "；"，其是用于表示语句的结束而使用的。

② 不要忘记在 scanf（）函数中，在变量前必须有 "&" 取地址运算符。

在下一章中，笔者将介绍选择结构的程序设计，其是让程序具有 "思考" 功能的核心。相信大家一定会非常喜欢的。

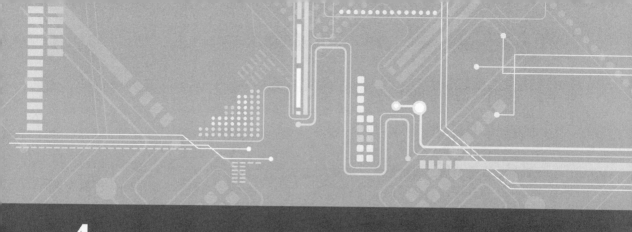

第4章
使用选择结构编写程序

相信读者在生活中都遇到过同样的情况：外出旅游，如果路途比较远，就可以选择坐飞机；如果路途近，就可以选择坐汽车或者火车。这种根据给定的条件，即路途的远近来选择所走的路线，就是一种条件选择结构。

在 C 语言中也提供了这种条件选择结构，根据给定的条件来决定执行哪些语句，不执行哪些语句。电脑就是依靠对逻辑和关系的运算来推导出事件的结果，从而使电脑具有了一定智能。

本章主要涉及的内容有：

❑ 逻辑运算符的使用：介绍如何使用逻辑运算符来实现选择结构程序设计。

❑ if 选择结构语句：介绍 if 语句的使用方法。

❑ 条件运算符的使用：介绍条件运算符的概念及其使用方法。

❑ 多分支条件选择语句的使用：介绍多分支条件选择语句的结构及其使用。

4.1 用逻辑运算符实现选择结构

C 语言中的逻辑运算由逻辑运算符来支持，其主要用于对程序中各种逻辑结果进行真假值的运算。但由于 C 语言中没有用于存储逻辑值的布尔变量（很多程序设计语言有，比如PASCAL，可参考），所以一般用整型来存储逻辑值：其中用数值 0 表示假，其他数值则表示真。C 语言的这种方法，简单好用，如果读者想学习更多的逻辑运算知识，可以翻阅一些相关的数学书和数字电路类图书，增加见识的同时，还可帮助你理解 C 语言的这种语法和用法。

4.1.1 逻辑运算符的使用

C 语言中提供了三种不同的逻辑运算符。

（1）逻辑与运算符（&&）

逻辑与运算符的作用就是把 2 个或者多个条件进行逻辑组合。在 C 语言中用"&&"符号来表示，注意其操作数必须是 2 个或者 2 个以上。运算方法为：当两个操作数都为真时，结果为真（非 0），如果有一个操作数为假，则结果为假（0）。表 4.1 给出了逻辑与运算当中，对 2 个操作数的值进行不同组合时所取的值，这张表也被称为真值表。

表 4.1 逻辑与真值表

操作数1	操作数2	结果
真	真	真
真	假	假
假	真	假
假	假	假

（2）逻辑或运算符（||）

逻辑或运算符的作用同逻辑与运算符的作用差不多，也是把 2 个或者多个条件进行组合，不过其运算方法是不同的：当 2 个操作数都为假时，结果为假（0），如果有一个操作数为真（非 0），结果就为真（非 0）。在 C 语言中用"||"作为逻辑或运算符。逻辑或运算符的真值表如表 4.2 所示。

表 4.2 逻辑或真值表

操作数1	操作数2	结果
真	真	真
真	假	真
假	真	真
假	假	假

（3）逻辑非运算符（!）

逻辑非运算符的作用就是把 1 个操作数（注意是 1 个操作数）的值取反。运算方法是：当操作数值为真（非 0）时，结果为假（0）；当操作数值为假（0）时，结果为真（非 0）。其真值表如表 4.3 所示。

表 4.3 逻辑非真值表

操作数1	结果
真	假
假	真

注意：逻辑运算符中逻辑非只能是 1 个操作数，其他两个运算符都可以是 2 个或者多个运算符。

4.1.2 逻辑运算符的优先级与结合性

逻辑运算符与前面所讲到的各种运算符一样，也是有优先级与结合性的，读者可查阅本书第 2 章中的表 2.12。结合性是"&&""||""!"都为右结合。

也正是由于这种优先级和结合性的特点，在使用时读者朋友需要多加注意，例如：

```
a == b && x > y
c > a || b > c
!x && y >z
```

其相当于是：

```
(a==b)&&(x>y)
(c>a) || (b>c)
(!x)&&y||z;
```

技巧：在使用逻辑符时，尽量使用圆括号"（）"将操作数括起来，这样既好看，又不会使程序运算的顺序搞错。

4.1.3 使用逻辑运算符的程序举例

根据三种不同的逻辑运算符的特点，现在用其来进行各种不同的逻辑运算举例，并且与关系运算符同时操作。

【实例 4.1】 计算如表 4.4 所示的各种逻辑与关系的结果值。其中各变量的初始值为：变量 a = 5，变量 b = 1，变量 c = 0。如示例代码 4.1 所示。

表4.4 需要计算的逻辑与关系

参与的变量	参与的运算	表达式
a,b,c	&&、||	a && b || c
a,c	!、&&	!a && !c
a,b,c	>,||	(a>b) || c
a,b,c	>, &&	b<(a && c)

示例代码4.1 逻辑与关系运算举例

```
01 #include "stdio.h"                                    /*包含系统函数头文件*/
02
03 int main( )                                           /*主函数*/
04 {
05         int a = 5;                                     /*初始化变量*/
06         int b = 1;
07         int c = 0;
08         printf("a && b || c : %d\n", a && b || c);     /*逻辑运算，并打印结果*/
09         printf("!a && !c   : %d\n", !a && !c);
10         printf(" (a>b) || c : %d\n", (a>b) || c);
11         printf("b<(a && c)  : %d\n", b<(a && c));
12         getch( );                                      /*暂停*/
13         return 0;                                      /*返回*/
14 }/*主函数完*/
```

【代码解析】 代码第 8 行，是先计算 a "&&" b，其结果为真，然后再 "||" c，输出最后结果为真。代码第 9 行是先计算 a 的 "!"，其结果为假，然后 "&&" c 的 "!"，输出最后结果为假。代码第 10 行是先比较 a ">" b，其结果为真，然后再 "||" c，输出最后结果为真。代码第 11 行是先计算 a "&&" c，其结果为假，然后再比较 "<" b，输出最后结果为假。

图 4.1　逻辑与关系运算输出结果　　**【运行效果】** 编译并执行程序后，其结果如图 4.1 所示。

4.2　用 if 语句实现选择结构

C 语言中使用 if 关键字来定义条件选择结构。所谓条件选择结构，就是指根据条件的不同可以进行不同的语句执行选择。比如日常生活中说的"如果今天下班时间早，就自己在家做饭吃，否则就在外面吃"。这句话是根据"下班时间早晚"的条件，来选择在家自己做饭吃，还是在外面吃。这就构成了一个简单的条件选择结构。

4.2.1　if 语句的使用方法

在 C 中定义最简单 if 条件选择语句的格式如下所示：

```
if (条件)
        语句
```

其中，"if"是关键字。"条件"是作为判断条件使用的各种表达式。一般是关系表达式或者逻辑表达式，不过也可以是其他任意数据类型的变量或者常量。"语句"可以是单一语句，也可以是复合语句。例如：

```
if (5>3)                    /*判断条件*/
{
printf("true\n");
}                           /*条件语句的最后，不需要用到分号*/
```

注意：虽然 if 条件选择语句是一个单独语句，但其最后是不需要用到分号来表示语句结束的。

if 语句的执行过程：当条件为真时，就执行语句，否则就直接执行 if 语句后面的语句，如图 4.2 所示。

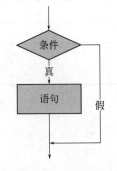

图 4.2　if 语句的执行过程

4.2.2　使用 if 语句的程序举例

【实例 4.2】 接收用户输入的 2 个数值，比较两个数的大小，输出其中最大的值，如示例代码 4.2 所示。

示例代码 4.2　比较两个数的大小

```
01 #include "stdio.h"                /*包含系统函数头文件*/
02
03 int main()                        /*主函数*/
```

```
04  {
05          int a = 0;                              /*初始化变量*/
06          int b = 0;
07          int max = 0;
08          printf("please input 2 num:");          /*提示用户输入两个数字*/
09          scanf("%d %d", &a, &b);                 /*接收用户输入的数值*/
10          max = b;                                /*先设定max的值为b的值*/
11          if(a>b)                                 /*比较a和b的值大小*/
12          {
13          max = a;                                /*如果a比b大,则再设定max的值为a*/
14          }
15          printf("max = %d\n", max);              /*输出最大值*/
16          getch( );                               /*暂停*/
17          return 0;                               /*返回*/
18  }                                               /*主函数完*/
```

【代码解析】 代码第 11 行,if 语句根据关系表达式 "a>b" 的结果,来判断是否执行 if 中的语句。当结果为真时,改变 max 的值为变量 a 的值;否则不执行,max 的值仍旧是变量 b 的值。代码第 15 行,输出 max 的值。

【运行效果】 编译并执行程序后,输入的数值分别是 1000 赋值给 a、2000 赋值给 b。其结果如图 4.3 所示。

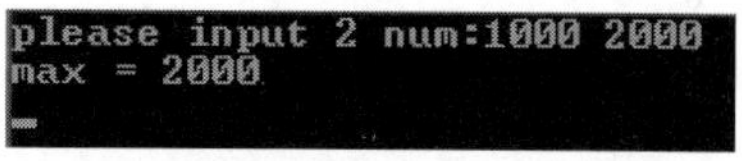

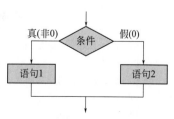

图4.3 比较两个数的大小输出结果

注意:能够作为条件的表达式,一定不能是赋值表达式,因为赋值表达式的结果永远是真,所以有可能导致程序出现意想不到的结果。

4.2.3 使用 if…else 结构实现多项选择

除了用 if 来定义选择结构外,还可以是 if(如果)加上 else(否则)组合起来实现多项选择。格式如下所示:

```
if (条件)
        语句1
else
        语句2
```

其根据 "条件" 中表达式的结果进行判断,如果其值是真(非 0),则执行 "语句 1"。执行完毕后,执行条件选择语句后的其他语句。如果其值是假(0),则执行 "语句 2"。例如:

```
if (x>y)                    /*判断条件x>y*/
{
    printf("x>y\n");        /*当条件为真时,输出x>y*/
}
else                        /*条件不为真时*/
{
    printf("x<y\n");        /*输出x<y*/
}
```

说明:上面例子中,虽然每一个 if 或者 else 语句中只有一个语句,可以不用花括号 "{}" 括起来,但为了阅读和代码一致性的要求,都建议将其括起来使用。

这种 if…else 格式的语句执行流程如图 4.4 所示。

图4.4 if…else执行流程

4.2.4 使用if…else结构的程序举例

【**实例4.3**】 接收用户输入的任意2个整型数值，并判断质数3是否是这两个值的公约数，如示例代码4.3所示。

示例代码4.3 公约数判断

```
01 #include "stdio.h"                          /*包含系统函数头文件*/
02
03 int main( )                                 /*主函数*/
04 {
05     int a = 0;                              /*初始化变量*/
06     int b = 0;
07     printf("please input a,b:");
08     scanf("%d,%d", &a,&b);                  /*接收用户输入*/
09     if((a % 3 == 0) && (b %3 == 0))         /*根据条件进行判断*/
10     {
11         printf("%d and %d contain 3\n", a, b);
12     }
13     else                                    /*当表达式条件为假时执行*/
14     {
15         printf("%d and %d not contain 3\n", a, b);
16     }
17     getch( );                               /*暂停*/
18     return 0;                               /*返回*/
   }                                           /*主函数完*/
```

【**代码解析**】 代码第9行，分别将用户输入的数值去除以3，如果都能够整除，则说明两个数都包含公约数3，执行 if 中的语句；否则执行 else 中的语句。

【**运行效果**】 编译并执行程序后，输入的值是33和43，由于43不能被3整除，所以执行了 else 中语句，输出了不包含公约数3的信息。结果如图4.5所示。

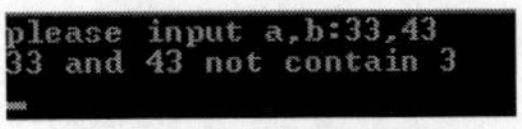

```
please input a,b:33,43
33 and 43 not contain 3
```

注意：else 语句绝对不能作为一条单独语句使用，因为其是 if 语句的一部分，必须与 if 配对使用。

图4.5 公约数判断

下面笔者再来介绍一个使用 if…else 语句的经典例子。

【**实例4.4**】 要求用户输入一个年份值，程序可以自动判断出该年份是否是闰年，并输出判断的结果到屏幕上，如示例代码4.4所示。

闰年的判断条件是：能够被4整除，但不能被100整除的年份，或者是能够直接被400整除的年份就是闰年。从闰年判断的条件可以得到如下一个逻辑表达式：

```
(year % 4 == 0 && year % 100 != 0) || (year % 400 == 0)
```

示例代码4.4 判断输入的年份是否是闰年

```
01 #include "stdio.h"                          /*包含系统函数头文件*/
02
03 int main( )                                 /*主函数*/
04 {
05     int year = 0;                           /*初始化变量*/
06     printf("please input year:");           /*提示用户输入年份值*/
```

```
07              scanf("%d", &year);                    /*接受用户输入的年份值*/
                /*根据条件判断是否是闰年*/
08              if((year % 4 == 0 && year % 100 != 0) || (year % 400 == 0))
09              {
10              printf("%d is leap year\n");            /*输出该年份是闰年*/
11              }
12              else
13              {
14              printf("%d is not leap year\n");        /*输出该年份不是闰年*/
15              }
16              getch( );                               /*暂停*/
17              return 0;                               /*返回*/
18  }                                                   /*主函数完*/
```

【代码解析】 代码第 8 行，就是根据闰年判断逻辑表达式的结果，来决定执行 if 中的语句，还是 else 中的语句。

【运行效果】 编译并执行程序后，输入的年份值是 2008，由于其符合闰年的标准，所以执行了 if 中语句，输出该年是闰年的信息。结果如图 4.6 所示。

图4.6 闰年判断输出结果

4.2.5 if 语句的嵌套使用

在日常生活中，大家除了会遇见单一条件选择以外，还会遇到多重条件选择的情况，例如，在对学生成绩进行等级分类时或者根据年龄对小区人口进行统计时。这些情况下，就需要进行多重的选择。

为此，C 语言中的 if 语句还提供了一种比较复杂的格式：其是在第 1 个 if 语句的 else 后加上第 2 个 if 语句，然后在第 2 个 if 语句的 else 后增加第 3 个 if 语句；以此类推，构成 if 语句的嵌套使用。格式如下：

```
if (条件1)
        语句1
else if(条件2)
        语句2
else if(条件3)
        语句3
...
else if(条件n-1)
        语句n-1
else
        语句n
```

这个 if 嵌套的语句是先判断"条件 1"给出的表达式的值。如果该值是真（非 0），则执行"语句 1"，执行完毕后，转到整个条件选择语句后面继续执行其他的语句。如果该值是假（0），则继续判断 else 之后的第 2 个 if 语句中的"条件 2"给出的表达式的值。

如果"条件 2"的值是真，则执行"语句 2"，执行完毕后，转到整个条件选择语句后面继续执行其他的语句。如果"条件 2"的值是假，则继续判断"条件 3"给出的表达式的值，以此类推。如果所有条件中的表达式的值都是假，则执行 else 后的"语句 n+1"。如果没有

else，则什么也不做，转到条件选择语句后面继续执行其他的语句。例如：

```
if (x>1000){
     y=1000;
}
else if (x>500){
     y=500;
}
else if (x>400){
     y=400;
}
else if (x>200){
     y=200;
}
else {                                    /*如果没有这个else,y的值将是默认的初始值*/
     y=100;
}
printf("x=%d, y=%d\n",x,y);
```

if…else if 格式的语句执行流程如图 4.7 所示。

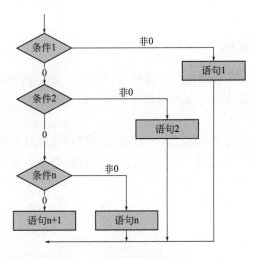

图4.7　if…else if执行流程

因为并不是所有的嵌套格式都能表示成 if…else if 格式，所以在 C 语言中，除了前面介绍的这种嵌套方式外，还支持在一个 if 语句中或者其 else 语句中嵌套另一个 if 语句。如下所示：

```
if(条件1)                                      /*当条件1为真时，执行*/
{
     语句1
     if(条件2)                                  /*嵌套在if语句的if语句*/
     {
          语句2
     }
     else
     {
```

```
                语句3
            }
    }
    else                                        /*当条件1为假时，执行*/
    {
            if(条件3)                           /*嵌套在else语句中的if语句*/
            {
                语句4
            }
            else
            {
                语句5
            }
    }
```

而且这里只是列举出了一种简单的 if 语句嵌套格式，由于 if 语句的灵活性很强，所以其格式还可以是多重嵌套的，如下所示：

```
if(条件1)                                       /*一重if语句*/
    if(条件2)                                   /*二重if语句*/
        if(条件3)                               /*三重if语句*/
        语句1
        else                                    /*与三重if语句配对的else语句*/
        语句2
```

看到这里读者肯定有一个问题："上面这个例子中，else 语句应该是与哪个 if 语句配对呢？"在 C 语言中规定，else 语句只与其最近的 if 语句配对使用。根据这个规定，那么最后这个 else 语句就只能与第三重 if 语句相配对。如果读者想要让 else 语句与第二重 if 语句相配对，可以增加一个花括号来调整一下次序。如下所示：

```
if(条件1)                                       /*一重if语句*/
{
    if(条件2)                                   /*二重if语句*/
    {
        if(条件3)                               /*三重if语句*/
        {
            语句1
        }
    }
    else                                        /*与二重if语句配对的else语句*/
    {
            语句2
    }
}
```

技巧：在多重 if 语句嵌套中，尽量使用花括号来划分每重不同的 if 语句，这样既便于阅读和理解，也显得代码流程清晰。

4.2.6 使用 if 语句嵌套的程序举例

【实例 4.5】 学生成绩评级模块，其中等级与分数对应标准见表 4.5。

表4.5　学生分数与等级对应

分数	等级
>90	优秀(A)
>80	优良(B)
>70	良(C)
>60	及格(D)
其他	不及格(E)

要求根据用户录入学生成绩后，在屏幕上显示出该学生所属的评分等级。模块的设计如示例代码 4.5 所示。

示例代码4.5　学生成绩评级模块

```
01  #include "stdio.h"                              /*包含系统函数头文件*/
02
03  int main( )                                     /*主函数*/
04  {
05      int score = 0;                              /*初始化参数*/
06      printf("student score grade system.\n");
07      printf("please input score:");
08      scanf("%d", &score);                        /*接收用户的输入*/
09      if(score > 90){                             /*判断条件>90是否为真*/
            /*输出学生当前评分的等级 A*/
10          printf("this student score level is A\n");
11      }
12      else if(score > 80){                        /*判断条件>80是否为真*/
13          printf("this student score level is B\n");
14      }
15      else if(score > 70){                        /*判断条件>70是否为真*/
16          printf("this student score level is C\n");
17      }
18      else if(score > 60){                        /*判断条件>60是否为真*/
19          printf("this student score level is D\n");
20      }
21      else{
            /*所有的条件都为假时，执行本语句，输出学生等级为E*/
22          printf("this student score level is E\n");
23      }
24      getch( );                                   /*暂停*/
25      return 0;                                   /*返回*/
26  }                                               /*主函数完*/
```

【代码解析】 代码第 8 ～ 21 行，就是 if 语句的嵌套使用。其是根据多重条件来决定执行哪个 if 中的语句，如果所有的条件都不为真，则执行最后 else 中的语句。

【运行效果】 编译并执行程序后，输入学生成绩为 50 分时，所有的条件都不满足，则执行 else 中的语句，输出如图 4.8（a）所示；当输入学生成绩为 80 分时，满足第 2 个条件，输出结果如图 4.8（b）所示。

(a) 输入50分时　　　　　　(b) 输入80分时

图4.8　输入不同分数时的输出结果

【**实例 4.6**】 学生入学管理模块，要求能够根据用户录入的学生信息，按年龄和入学考试成绩分配到不同的学习班中，最后将该学生的相关信息及分配到的学习班类别显示到屏幕上。不同学习班的入学条件见表 4.6。模块的设计如示例代码 4.6 所示。

表4.6　学习班的入学条件

入学考试成绩	年龄	学习班类别及班号
≥80	<18	未成年人学习班(1.1)
	≥18	成年人学习班(2.1)
≥70	<18	未成年人学习班(1.2)
	≥18	成年人学习班(2.2)
≥60	<18	未成年人学习班(1.3)
	≥18	成年人学习班(2.3)
<60	不予录取	

示例代码4.6　学生入学管理模块

```
01  #include "stdio.h"                          /*包含系统函数头文件*/
02
03  int main( )                                 /*主函数*/
04  {
05      int score = 0;                          /*初始化变量*/
06      int age  = 0;
07      printf("please input student score and age. format(score,age): ");
08      scanf("%d,%d",&score, &age);            /*得到用户输入的成绩和年龄*/
09      if(age < 18){                           /*判断年龄小于18时，执行*/
                    /*根据条件分配班号*/
10          if(score >= 80){
11              printf("score: %d, age: %d. class is 1.1\n", score, age);
12          }
13          else if(score >= 70){
14              printf("score: %d, age: %d. class is 1.2\n", score, age);
15          }
16          else if(score >= 60){
17              printf("score: %d, age: %d. class is 1.3\n", score, age);
18          }
19          else{
                /*成绩不合要求，不予录取*/
20              printf("sorry you are not matriculate\n");
21          }
22      }
```

```
23        else{                                      /*当年龄大于或者等于18时，执行*/
              /*根据条件分配班号*/
24            if(score >= 80){
25                printf("score: %d, age: %d. class is 2.1\n", score, age);
26            }
27            else if(score >= 70){
28                printf("score: %d, age: %d. class is 2.2\n", score, age);
29            }
30            else if(score >= 60){
31                printf("score: %d, age: %d. class is 2.3\n", score, age);
32            }
33            else{
34                printf("sorry you are not matriculate\n");
35            }
36        }
37    getch( );                                       /*暂停*/
38    return 0;                                        /*返回*/
39 }                                                   /*主函数完*/
```

【代码解析】 代码第 9 ~ 36 行，就是 if 语句和 if…else if 语句的嵌套使用。

【运行效果】 编译并执行程序，输入学生成绩为 80，年龄为 18 时，输出结果如图 4.9 所示。

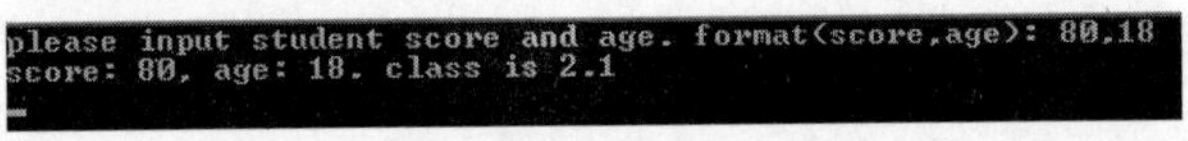

图4.9　学生入学管理模块输出结果

4.3　用条件运算符实现简单的选择结构

对初学者来说，有些 C 语言的图书，直接通过一些例子讲解 if 语句，让读者有一个直观的体验，倒也是一种不错的办法。不过本书定位于希望编程能力精进的读者，所以从逻辑运算开始讲起。本节内容更是提高篇中的提高篇，读者可以先浏览一遍，回头再来钻研。

4.3.1　CPU 只有 JUMP 指令

一般来说，CPU 只有一个简单的 JUMP 指令，完全要靠程序员根据不同的情况告诉 CPU JUMP（跳转）到哪段代码去。通过不同情况的跳转，来实现选择结构，控制代码的走向。

比如，两个寄存器的数值比大小，R1>R2，JUMP……否则，顺序执行就好了。

同样的，这个简单的 JUMP 指令，还能实现循环，设定一个寄存器作为循环计数器，一段代码执行一遍，然后跳转到开头，循环计数器减 1。当循环计数器为零的时候，就不再跳转，顺序执行下去即可。

可是，这样的汇编代码，可读性完全依赖于你对 CPU 的理解，还是面向机器的。程序员要不懂一点 CPU 原理，就没法写程序。

但是，C 语言既有机器代码的能力，又是面向程序员的。你不需要学习某个 CPU 的原理类课程，一样可以为这个 CPU 编写程序。只要你会 C 语言就行，编译器会帮你抹平 CPU 的差异。或者，编译器在某些时候，帮你提供操作 CPU 内核的能力，你也不需要用到机器指令。

4.3.2　专业程序员都会错：悬挂else引发的问题

很多公司的 C 语言代码编写手册上都会说明：虽然 C 语言因为简洁性的设计原则，if（x==y）　y = fun（）；是符合语法的写法，但我们要求就算只有一句代码，也要尽量写成：

```
if(x==y)
{
    y = fun();
}
```

为什么会要求这么做？除了软件工程的需要，提高可读性还有一个原因，就是最大限度避免悬挂 else 引发问题。

举例来说：

```
if  (x==y)
    if（1 == y）showmessage(……);
else{
    z = x+y;
    showmessage(z);
    }
```

这段代码，你的本意应该是：如果 x 和 y 两个变量的值相等，然后看看 y 是不是等于 1，如果是，显示一段信息；如果 x 和 y 两个变量不相等，然后把 x 和 y 的和赋值给变量 z，然后显示一段和变量 z 有关的信息。

实际执行的时候呢，当 x 和 y 相等，且 y 不等于 1 的时候，开始执行"z=x+y ；"了。

为什么会出现这种情况呢？这是因为，书写习惯不好，让第二个 if 语句和 else 产生了配对。

这就是所谓的 else 悬挂问题。因为 C 语言的语法规定就是这样的，没有大括号的话，else 总是和最近的一个 if 语句配对。

所以，你写成下面的样子，就没问题了。

```
if  (x==y)
    {
    if（1 == y）showmessage(……);
    }
else{
    z = x+y;
    showmessage(z);
    }
```

这种问题，很多专业的程序员，稍微不注意，都会出错。所以，我们作为初学者，一开始就要养成好的软件代码编写习惯，从开始就有软件工程意识。

网上这方面的资料很多，本书会给大家讲解一些，大家也可以注意收集。不过，大多数时候，我们在给初学者讲解 C 语言的时候，因为代码量小，更重视语法的讲解，举例子的时候，就以怎么简单怎么来为原则，特别是命名变量的时候。读者要学会具体情况具体分析，每个阶段侧重点不同。

4.3.3 这是语言特性，不是数学公式

在 C 语言中，我们用 "==" 来表示相等，而用等号 "=" 来表示赋值给一个变量，比如 "x=237;"。其实多少会给人一定的烦恼，特别是对初学者来说。

对比一下，PASCAL 语言具有独创的方式，用 " : =" 来表示给一个变量赋值，比如说 "X : =237"，可读性更好一点，特别是对很多初学者来说，都有很多年的数学学习历史，你看到 "x=y"，自然会联想到数学等号公式，一时会转不过弯来，不太容易理解，这是把变量 y 中的值，写到变量 x 中去。但是 PASCAL 语言的 "x : =y"，就显得清晰明了。

而且，PASCAL 语言中，干脆设定了逻辑变量类型，让用户明确自己是在做逻辑运算，然后根据逻辑运算的结果，来决定代码的选择语句，循环语句中的走向。这对初学者非常友好，所以，在以前，PASCAL 都是一个非常优美的教学语言。

但是，时代不一样了，毕竟 C 的应用更加广泛。我们现在都直接学 C，跨过了给初学者一个缓冲的阶段。

读者可以在这里对比琢磨下，更加深入理解 C 语言的这个特性，思考一下，直接学 C，也是没有问题的。

C 的一个要求是简单简洁，如果赋值语句，都用 " : ="，每次赋值的时候，都要多输入一个符号，而赋值语句到处都在用，其实是有悖于 C 语言的这个设计要求的。何况当年 C 语言是针对专业程序员开发的。

而且 C 语言还有一个设计理念是相信程序员，相信程序员都理解布尔变量的操作的背后原理是什么，所以，干脆就不用 BOOL 变量了，直接用 0 和 1 来替代。

而且，给了专业程序员灵活性。所以，我们会看到，为了代码的可读性，很多专业的系统程序中，首先会定义 BOOL 变量，然后使用。读者在后面的章节中会学到这种用法，这里先提一下。

最后，我们要提醒一下读者：当我们在选择语句中使用 if（x=y）的时候，要想一想，其实我们是不是想写的是 if（x==y）；或者 if（y==x）呢？你注意到了 "=" 和 "==" 在 C 语言中的区别了吗？

4.3.4 少用，但可以了解的语言特性

有的时候，由于需要判断的逻辑结构很简单，所以在 C 语言中也提供了另外一种简洁的条件运算符来实现选择结构。这个语法其实有点怪异，一般不推荐，但很多古老的代码中还是有的，读者也应该了解一下，当你成为特别专业的程序员之后，可能还会觉得简洁好用。

其格式如下：

表达式1? 表达式2：表达式3

整个条件表达式由三个子表达式所组成，其中问号 "?" 就是条件运算符，但要注意它只能是与冒号 " : " 同时使用。子表达式 1 一般是一个关系或者逻辑表达式。

条件表达式的执行顺序是：先计算表达式 1 的逻辑值，如果是真，则整个条件表达式的值取表达式 2 的结果值；如果是假，则整个条件表达式的值取表达式 3 的结果值。

例如，用if语句来比较两个数大小时，会使用如下语句：

```
if(x>y)
{
    max = x;
}
else
{
    max = y;
}
```

而如果使用条件运算符时，其格式就变成了如下所示：

```
max =(x>y)? x:y;
```

这样看上去是不是简洁多了呢？不过要注意，由于条件运算符的优先级比较低，在使用时要注意表达式的运算顺序。例如：

```
x>y?x:y-100;
```

其相当于：

```
x>y?x:(y-100)
```

而不是相当于：

```
(x>y?x:y)-100
```

注意：条件运算符必须由三个操作数所组成，但其中每个表达式的值类型可以是不同的。

【实例4.7】 输入一个字符，判断这个字符是数字还是字母，如果是数字，则直接输出到屏幕上；如果不是数字，是一个字母，则将其全部转换成大写字母输出到屏幕上。如示例代码4.7所示。

示例代码4.7　字符转换与输出

```
01 #include "stdio.h"                          /*包含系统函数头文件*/
02
03 int main( )                                 /*主函数*/
04 {
05     char ch;                                /*字符变量*/
06     printf("please input char :");          /*提示用户输入*/
07     scanf("%c", &ch);                       /*接收用户输入*/
08     if(ch >= '0' && ch <= '9')              /*判断输入的是否是数字*/
09     {
10         printf("%c is num\n", ch);          /*是数字，直接输出*/
11     }
12     else                                    /*不是数字*/
13     {
           /*条件表达式，对ch中的字母进行判断，是真，直接输出，是假，转换成大写*/
14         ch = (ch >='A' && ch <= 'Z'? ch:(ch-32));
15         printf("%c\n", ch);                 /*输出字母*/
16     }
17     getch( );                               /*暂停*/
18     return 0;                               /*返回*/
19 }                                           /*主函数完*/
```

【代码解析】 代码第 14 行，就是一个条件表达式，其中对当前输入的字母进行判断，当逻辑表达式的结果为真时，则说明输入的字母是大写，直接输出；而为假时，将小写字母转换成大写字母（小写字母的 ASCII 值比大写字母的值大 32，所以减去 32）。

【运行效果】 编译并执行程序，输入小写字母 y，输出结果如图 4.10（a）所示。而输入数字 8 时，输出结果如图 4.10（b）所示。

(a) 输入字母   (b) 输入数字

图 4.10 字符转换与输出执行结果

4.4 多分支条件选择语句：switch

现实生活中，常常会遇到很多统计分类问题，例如：对学生的成绩进行分类（90 分以上为 A，80 ~ 89 分为 B，70 ~ 79 分为 C 等等）；员工的工资统计分类；人口年龄分类；社区受教育文化程度分类等。

在前面的章节中，笔者介绍过 if…else if 的嵌套结构，虽然其能够解决这类问题，但由于这种嵌套格式层次不够清晰，所以在 C 语言中提供了另外一种结构清晰的多分支条件选择语句：switch。

4.4.1 switch 语句的结构介绍

switch 语句是多分支选择语句或者又被称为开关语句（因为其有类似开关的作用）。其一般的格式如下所示：

```
switch(表达式)
{
    case 常量表达式1:
        语句1;
    case 常量表达式2:
        语句2;
    …
    case 常量表达式n-1:
        语句n-1;
    case 常量表达式n:
        语句n;
    default:
        语句n+1;
}
```

其中，switch 是关键字，case 和 default 是子句关键字。常量表达式是指其值为字符常量或者整数常量的表达。语句可以是一条简单语句，也可以是复合语句，也可以是空语句。

注意：每一个 case 子句中的常量表达式的值必须是不相同的，否则会出现异常。

4.4.2 大多数人理解的switch语句都是错的

大多数人以为 switch 语句后面程序选择执行之后，就跳出本选择，其实不是的，C 语言设计的一个原则就是相信程序员，让程序员自己控制，如果不加上 break 语句，程序就顺序执行到下一个选择项去了。

所以，在 switch 语句中，每一个 case 语句的后面都应该加上一个 break 语句，因为当程序执行到一个 case 子句中时，如果后面的语句中都没有 break 语句，则会依次执行后续的 case 语句。break 语句在这里起退出 switch 语句的作用。加入 break 语句后，switch 语句的一般格式如下：

```
switch(表达式)
{
    case 常量表达式1:
        语句1;
        break;
    case 常量表达式2:
        语句2;
        break;
    ...
    case 常量表达式n-1:
        语句n-1;
        break;
    case 常量表达式n:
        语句n;
        break;
    default:
        语句n+1;
}
```

switch 语句的执行流程如下：

① 计算 switch 后面括号内的表达式的值。

② 用表达式的值与常量表达式 1 的值进行比较，如果不相等，再与常量表达式 2 的值进行比较，如果又不相等，则顺序比较下去，直到常量表达式 n，如果还是不相等，则执行 default 子句中的语句，如果没有 default 子句，则执行 switch 语句后的其他语句。

③ 在前面比较过程中如果有一个 case 子句中的常量表达式与条件表达式的值相等，则执行该 case 子句中的语句。执行完成后，如果没有遇到 break 语句，则执行下一个 case 子句中的语句，直到遇到 break 语句退出 switch。

④ 如果后面的语句中都没有 break 语句，则依次执行后续语句。直到 switch 语句的右括号 "}"，退出 switch 语句，执行其他语句。

【实例 4.8】 查询学生等级对应的分数模块，其中等级与分数对应标准见表 4.5，这里使用 switch 语句来表示，同时注意是不加 break 语句的。其如示例代码 4.8 所示。

示例代码4.8 查询学生等级对应的成绩模块——不加break的switch语句

```
01 #include "stdio.h"                    /*包含系统函数头文件*/
02
03 int main( )                           /*主函数*/
```

```
04 {
05      char level = 0;                             /* 初始化变量 */
06      printf("please input level (A~E) :");
07      scanf("%c",&level);                         /* 接受输入 */
08      switch(level)                               /* 根据等级值去比较后面的常量表达式 */
09      {
10          case 'A':                               /* 当等于 A 时 */
11              printf("A level score is 90~100\n");
12          case 'B':                               /* 当等于 B 时 */
13              printf("B level score is 80~89\n");
14          case 'C':                               /* 当等于 C 时 */
15              printf("C level score is 70~79\n");
16          case 'D':                               /* 当等于 D 时 */
17              printf("D level score is 60~69\n");
18          default:                                /* 其他值时 */
19              printf("E level score is 0~59\n");
20      }
21      getch( );                                   /* 暂停 */
22      return 0;                                   /* 返回 */
23 }                                                /* 主函数完 */
```

【代码解析】 代码中第 8 ~ 20 行，就是 switch 语句的使用，不过要注意其中没有 break 语句。

【运行效果】 编译并执行程序后，当用户输入 B 时，其输出结果如图 4.11 所示。读者可以从结果图中看到，由于没有 break 语句，所以程序把常量等于 "B" 后面 case 中的全部语句都执行了，就输出了这些内容，很显然这不是所期待的结果。

```
please input level (A~E) :B
B level score is 80~89
C level score is 70~79
D level score is 60~69
E level score is 0~59
```

图 4.11 查询学生等级对应的成绩模块——不加 break 的 switch 语句结果

【实例 4.9】 修改实例 4.8 中的查询学生等级对应的分数模块，其中等级与分数对应标准见表 4.5，这里使用 switch 语句来表示，但注意是加 break 语句的。如示例代码 4.9 所示。

示例代码 4.9　查询学生等级对应的成绩模块——加 break 的 switch 语句

```
01 #include "stdio.h"                               /* 包含系统函数头文件 */
02
03 int main( )                                      /* 主函数 */
04 {
05      char level = 0;                             /* 初始化变量 */
06      printf("please input level (A~E) :");       /* 提示用户输入 */
07      scanf("%c",&level);                         /* 接收用户输入 */
08      switch(level)                               /* 根据输入的值进行比较 */
09      {
10          case 'A':                               /* 当等于 A 时 */
11              printf("A level score is 90~100\n");
12              break;                              /* 增加 break 语句 */
13          case 'B':                               /* 当等于 B 时 */
14              printf("B level score is 80~89\n");
```

```
15              break;                        /*增加break语句*/
16          case 'C':                         /*当等于C时*/
17              printf("C level score is 70～79\n");
18              break;                        /*增加break语句*/
19          case 'D':                         /*当等于D时*/
20              printf("D level score is 60～69\n");
21              break;                        /*增加break语句*/
22          default:                          /*其他数值*/
23              printf("E level score is 0～59\n");
24          }
25          getch( );                         /*暂停*/
26          return 0;                         /*返回*/
27      }                                     /*主函数完*/
```

【代码解析】 代码中第 8 ～ 24 行，就是加了 break 语句的 switch 的使用。当执行任意一个 case 中的语句后，由于增加了 break 语句，就会跳出整个 switch 语句。

```
please input level (A~E) :B
B level score is 80~89
```

【运行效果】 编译并执行程序后，这时当用户输入 B 时，其输出结果如图 4.12 所示。从结果图中可以看到这才是所期望得到的结果。

图 4.12　查询学生等级对应的成绩模块——加 break 的 switch 语句结果

4.4.3　多个执行结果共用一个条件

但要注意，并不是说不增加 break 语句就一定是错误的，因为有的时候确实不需要增加 break 语句。由于多个 case 子句可以共用一组执行语句，所以多个执行结果就可以共用一个条件。这也是 switch 语句的一个特性。

【实例 4.10】 对键盘上输入的数字和字母进行分类，如示例代码 4.10 所示。

示例代码4.10　键盘输入按键分类

```
01  #include "stdio.h"                        /*包含系统函数头文件*/
02
03  int main( )                    /*主函数*/
04  {
05      char ch;                              /*定义变量*/
06      printf("please input character:");
07      scanf("%c",&ch);                      /*接收输入*/
08      switch(ch)                            /*根据变量值进行比较*/
09      {
10          case '0':                         /*等于'0'*/
11          case '1':
12          case '2':
13          case '3':                         /*等于'3'*/
14          case '4':
15          case '5':
16          case '6':
17          case '7':                         /*等于'7'*/
```

```
18          case '8':
19          case '9':                                    /*等于'9'*/
20              printf("input character is number!\n");
21          break;
22          default:                                      /*不是数字就当成字母处理*/
23              printf("input character is word!\n");
24      }
25      getch( );                                        /*暂停*/
26      return 0;                                         /*返回*/
27 }                                                      /*主函数完*/
```

【代码解析】 代码中第 10 ~ 24 行，就是在 switch 语句中，对输入的字符进行判断，如果和"0 ~ 9"中任意一个字符相同，则说明这个字符是数字；反之，就默认是字母。在这里就是多个执行结果共用一个条件。

【运行效果】 编译并执行程序后，输入数字字符时，如图 4.13（a）所示；输入字母字符时，如图 4.13（b）所示。

(a) 输入数字时　　　　　　　　　　　　　　(b) 输入字母时

图 4.13　键盘输入按键分类

4.4.4　使用 switch 语句的程序综合举例

【实例 4.11】 编写一个四则计算器，能够对四则运算进行计算，并输出结果值。如示例代码 4.11 所示。

示例代码 4.11　四则计算器

```
01 #include "stdio.h"                                    /*包含系统函数头文件*/
02
03 int main( )                                           /*主函数*/
04 {
05      int num1;                                         /*定义变量*/
06      int num2;
07      char op;                                          /*保存操作符号*/
08      printf("please input expression:");              /*提示用户输入*/
09      scanf("%d%c%d", &num1, &op, &num2);
10      switch(op)                                        /*根据输入的操作符来判断操作*/
11      {
12          case '+':                                     /*输入的+号*/
13              printf("%d + %d = %d\n", num1,num2,num1+num2);
14              break;
15          case '-':                                     /*输入的-号*/
16              printf("%d - %d = %d\n", num1, num2, num1-num2);
17              break;
18          case '*':                                     /*输入的*号*/
```

```
19              printf("%d * %d = %d\n", num1, num2, num1*num2);
20              break;
21          case '/':                               /*输入的/号*/
22              printf("%d / %d = %d\n", num1, num2, num1/num2);
23              break;
24      }
25      getch( );                                   /*暂停*/
26      return 0;                                   /*返回*/
27 }                                                /*主函数完*/
```

【代码解析】　代码中第 10 ～ 24 行，就是 switch 的使用。在其中对每种输入的操作符号进行比较，并根据操作符号的不同执行不同的 case 语句。

【运行效果】　编译并执行程序后，输入 20*133（乘法）时，输出结果如图 4.14(a) 所示；输入 38-8（减法）时，输出结果如图 4.14（b）所示。

(a) 乘法　　　　　　　　　　(b) 减法

图4.14　四则计算器输出结果

注意：default 子句不是必需的，但如果没有 default，则所有的常量表达式的值都不与表达式的值匹配时，switch 语句就不执行任何操作。

本章小结

通过本章的介绍，希望各位读者能够对于 C 语言中的逻辑运算符和条件运算符有所了解，并能够熟练地使用。同时，用动手实践来深切体会和掌握 if 语句和 switch 语句的使用方法，这对于以后程序代码编写大有裨益。

需要提醒读者注意的是，有些 C 语言图书，不讲逻辑运算，直接讲解 if 语句等选择结构的用法，如果你觉得理解逻辑运算有点困难，可以先尝试到电脑上运行本书的代码，逐步提升自己对逻辑运算的理解，然后再来仔细研读本章。

其次，选择语句的两个代码易错点是 else 的悬挂和不使用 break 语句，你都掌握了吗?

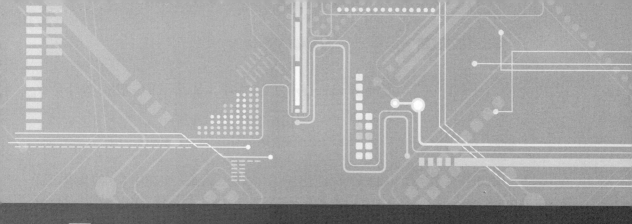

第5章
使用循环结构编写程序

在现实世界中，常常会遇到很多重复性的工作。例如，KFC 制作汉堡的过程，其制作每一个新汉堡，都与上一次制作过程一模一样。这种有规律的、重复的操作过程，如果放到计算机程序中，就体现为对特写语句的重复执行，这就是程序设计中的循环结构。

循环结构与前面讲到的顺序结构、选择结构就组成了结构化程序设计的基本结构。在 C 语言中提供了三种用于处理循环结构的语句：while、do…while 及 for 循环语句。这些循环语句各有其独自的特点，根据不同的需要进行选择。其共同的特点是根据循环条件来判断是否执行循环体中的语句。在许多情况下，其也是可以互相替代的。

本章主要涉及的内容有：

❑ while 循环语句的使用：介绍利用 while 循环实现带条件的循环语句。

❑ do-while 循环语句的使用：介绍 do…while 循环语句与 while 循环语句的差异及其实例。

❑ for 循环语句的使用：介绍 for 循环语句的特点及各种实例。

❑ 高级流程控制语句：介绍 goto、continue 及 break 语句对程序流程的控制。

5.1 用while实现带条件的循环语句

while 循环语句可以实现带条件判断的循环结构，是循环语句中比较常用的语句之一。本节将对其进行详细介绍。

5.1.1 while循环语句的结构和功能

在循环语句中，while 循环是结构最简单的循环语句，用关键字 while 来声明。while 单词英文意思就是"当……就……"，所以也称 while 循环为当型循环。while 语句的一般格式如下所示：

```
while(条件)
{
    循环体
}
```

其中，"while"是循环语句的关键字，用于向编译器表明这是一个循环语句的开始。"条件"可以是条件表达式、关系表达式或者常量表达式等等。而"循环体"可以是简单的一条语句，也可以由复合语句所组成。

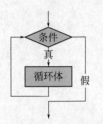

图 5.1　while 循环语句执行流程

注意：条件中的是表达式，不是语句，很多初学者常常会在表达式的后面加上一个分号，这样是不对的。

while 循环语句执行流程如图 5.1 所示。

当型 while 循环语句的执行流程为：

① 先计算出"条件"中的表达式的值，如果值为真（非 0），则执行循环体，即语句；如果值为假（0），则退出循环并执行循环后面的语句。

② 执行完一次循环体后，再次计算"条件"中的表达式的值。

③ 如果其值仍为真（非 0），则再次执行循环体，直到"条件"中的表达式的值为假（0），退出循环，执行后面的语句。

5.1.2　while 循环语句的程序实例

为了让各位读者能够很容易地掌握 while 循环语句的特点及其使用方法，现在来看一个很简单的实例程序。

【实例 5.1】 利用 while 循环语句求 1 ～ 100（不含 100）中全部整数相加的结果值，并输出到屏幕上。如示例代码 5.1 所示。

示例代码5.1　用while循环语句求1～100中全部整数相加的结果

```
01 #include "stdio.h"                    /*包含系统函数头文件*/
02
03 int main( )                           /*主函数*/
04 {
05     int i = 1;                        /*初始化循环值*/
06     int sum = 0;                      /*初始化累加值*/
07     while(i<100)                      /*比较i的值是否小于100*/
08     {
09         sum += i;                     /*累加1~100中每个数的值*/
10         i++;                          /*循环递增*/
11     }
12     printf("1~100 sum is %d\n", sum); /*输出累加值*/
13     getch( );                         /*暂停*/
14     return 0;                         /*返回*/
15 }                                     /*主函数完*/
```

【代码解析】 代码第 7 ～ 11 行，就是利用循环语句 while 来计算 1 ～ 100 中整数的累加值。其执行顺序如下：

①判断变量 i 的值是否小于 100。如果是，则进入循环体；否则不进入。

②把 i 中的数值与 sum 相加，并保存到 sum 变量中。

③对 i 的值进行递增。

④判断 i 的值是否仍然小于 100，如果是，则继续执行循环体中的语句（即 1～3 步）；否则转第 5 步。

⑤当 i 的值到达 100，条件值为假，退出循环体。

【运行效果】　编译并执行程序后，其结果如图 5.2 所示。

在了解并理解了前面的循环累加示例程序后，请各位读者再来看一个在现实中非常实用的实例程序。

【实例 5.2】　输入任意两个正整数，求这两个数的最大公约数和最小公倍数，如示例代码 5.2 所示。

`1~100 sum is 4950`

图 5.2　求 1～100 中整数累加的值

示例代码5.2　求任意两个正整数的最大公约数和最小公倍数

```
01  #include "stdio.h"                           /*包含系统函数头文件*/
02
03  int main( )                                  /*主函数*/
04  {
05      int a = 0;                               /*初始化变量*/
06      int b = 0;
07      int num1 = 0;
08      int num2 = 0;
09      int temp = 0;
10      printf("Input a,b:");                    /*提示用户输入变量值*/
11      scanf("%d,%d",&num1,&num2);              /*接收用户输入数值*/
12      if(num1>num2)                            /*找出两个数中的较大值*/
13      {
14          temp=num1;                           /*交换两个整数*/
15          num1=num2;
16          num2=temp;
17      }
18      a=num1;                                  /*把小值赋值给a*/
19      b=num2;                                  /*把大值赋值给b*/
20      while(b!=0)                              /*采用辗转相除法求最大公约数*/
21      {
22          temp=a%b;
23          a=b;
24          b=temp;
25      }
        /*输出最大公约数*/
26      printf("The GCD of %d and %d is: %d\n",num1,num2,a);
        /*输出最小公倍数*/
27      printf("The LCM of them is: %d\n",num1*num2/a);
28      getch( );
29      return 0;
30  }
```

【代码解析】 代码第 20 ~ 25 行，是利用循环语句来辗转相除求两个数的最大公约数。代码第 27 行，是利用两个数相乘得到某个公倍数，然后用其去除以最大公约数，求出最小公倍数的值，并输出。

【运行效果】 编译并执行程序后，输入的数值分别是 20 赋值给 a，把 30 赋值给 b。其结果如图 5.3 所示。

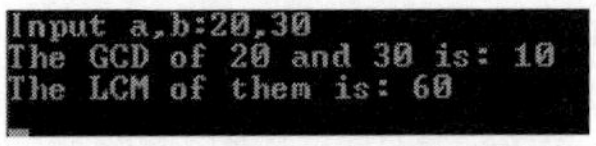

```
Input a,b:20,30
The GCD of 20 and 30 is: 10
The LCM of them is: 60
```

图5.3 最大公约数和最小公倍数

注意：在使用 while 循环语句时，条件值一般应该是在循环体中进行改变的，不然会导致程序一直在循环体中执行，无法退出。除非特殊需要的情况下，才不这样做。

5.2 另一种带条件的循环语句：do…while

在 C 语言中，有两种可以带条件判断的循环语句：一种是前面介绍的 while 条件循环语句；另一种就是本节将介绍的 do…while 条件循环语句。

5.2.1 比较 do…while 与 while 的差异

do…while 循环语句的一般格式如下所示：

```
do
{
    循环体
}while(条件);
```

其中，do 和 while 是关键字，表明这是一个 do…while 循环语句。"条件"可以是条件表达式、关系表达式或者常量表达式等等。而"循环体"可以是一条简单的语句，也可以由复合语句所组成。

注意：在 do…while 语句的最后，必须有一个分号";"表示整个语句的结束。这一点很多初学者很容易忽略。

do…while 与 while 循环语句虽然看上去区别不大，但其执行流程却是天差地别的。do…while 循环语句执行流程如图 5.4 所示。

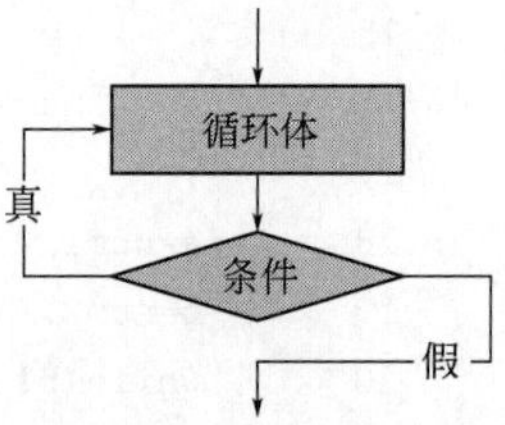

do…while 循环语句的执行流程为：

① 直接执行一次 do 后面的循环体。

② 判断条件表达式中的逻辑值的真假。如果值为真（非 0），则再次执行循环体，即语句；如果值为假（0），则退出循环并执行循环后面的语句。

图5.4 do…while循环语句执行流程

do…while 循环语句中，不管条件表达式中的值如何，都要自动执行一次循环体中的语句。就是说，即使在初始条件表达式的值为假时，也会至少执行一次循环体中的语句。而 while 语句是先判断条件表达式的值，如果其初始值为假，则什么都不执行了。

5.2.2 用 do…while 循环的程序实例

通过前面的介绍，已经很明确了 do…while 和 while 循环语句的一些区别，但其主要的功能却是相同的。

【实例 5.3】 利用 do…while 循环语句，要求接收用户输入的一个正整数 n，程序会打印出 0 到这个数之间的全部单数。其如示例代码 5.3 所示。

示例代码5.3　打印0～n之间的全部单数

```
01  #include "stdio.h"                         /*包含系统函数头文件*/
02
03  int main( )                                /*主函数*/
04  {
05      int n = 0;                             /*初始化变量*/
06      int i = 0;
07      printf("please input num : ");         /*提示用户输入*/
08      scanf("%d", &n);                       /*接收用户输入*/
09      do
10      {
11          if(i % 2 != 0)                     /*判断单数*/
12          {
13              printf("%d\n", i);
14          }
15          i++;                               /*增加i的值*/
16      }while(i<n);                            /*判断条件,i是否小于n*/
17          getch( );                          /*暂停*/
18          return 0;                          /*返回*/
19  }                                          /*主函数完*/
```

【代码解析】 代码第 9 ～ 16 行，是利用 do…while 循环语句来寻找 0 ～ n 中的每一个单数，并输出到屏幕上。

【运行效果】 编译并执行程序后，输入数字 14 为 n 的值，最后输出结果如图 5.5 所示。

图5.5　打印0 ～ 14之间的单数

5.3　用for语句实现循环

很多时候循环条件的变化总是有一定规律性的，所以人们总是把对循环条件进行初始值设定、起止判断条件和改变循环条件放在一起。这样既便于管理和控制，也能使程序员一目了然地知道当前的循环语句在什么条件下开始执行，什么条件下结束循环跳出。

在 C 语言中，for 循环语句就能实现这样的功能，而且 for 语句是循环语句中最常用到、形式最多、功能最强的。

5.3.1　for循环的结构与功能介绍

for 循环语句与前面的循环语句有所不同，其有几种格式结构，但也有一个标准的格式，如下所示：

```
for(表达式1;表达式2;表达式3)
{
     循环体
}
```

其中，for 是关键字，表明这是一个 for 循环语句。各表达式中间用分号"；"分隔。一般情况下，表达式 1 是对循环条件进行初始值设置；表达式 2 是对循环终止条件进行判断，如该表达式的值为真，则执行循环体，否则退出整个循环；表达式 3 是对循环条件的值进行改变，即为循环变量增加或者减少运算。而"循环体"则可以是一条简单的语句，也可以由复合语句所组成。

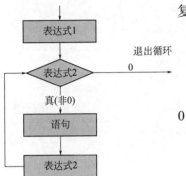

for 循环语句的执行流程如图 5.6 所示。

for 循环语句的执行流程为：

① 计算表达式 1 的值，一般是赋值、初始化或者为空表达式。

② 计算表达式 2 的值，判断是否执行循环体，如果其值为 0，则退出循环，执行循环后的语句，否则执行一次循环体。

③ 计算表达式 3 的值，即改变循环变量的值。

④ 回到第 2 步执行。

图 5.6 for 循环语句的执行流程

由前面的 for 语句执行流程可以看出，其实 for 循环也可以用 while 循环来替代，因为 for 循环语句中表达式 1 只计算一次，可以放在 while 循环体外面，而表达式 3 每执行完循环体后计算一次，可以放在循环体中，表达式 2 变成 while 循环的条件，于是 for 循环语句可以变为 while 语句的如下格式：

```
表达式1;
while (表达式2)
{
     语句
     表达式3;
}
```

5.3.2 使用for循环的程序实例

由于 while、do…while 和 for 语句都是 C 语句中的循环语句，所以其都具有相似的功能。用 while 语句能实现的，for 语句也可以实现。

【实例 5.4】利用 for 循环语句求 1 ～ 100（不含 100）中全部正整数相加的结果，并输出到屏幕上。其如示例代码 5.4 所示。

示例代码5.4　用for循环语句求1～100中全部正整数相加的结果

```
01  #include "stdio.h"              /*包含系统函数头文件*/
02
03  main( )                         /*主函数*/
04  {
05      int sum = 0;                /*初始化累加变量值*/
06      int i =0;
07      for(i=1; i<100; i++)        /*for循环语句*/
08      {
```

```
09        sum += i;                        /*累加i的值*/
10    }
11    printf("sum = %d\n", sum);           /*输出结果*/
12    getch( );
13 }
```

【代码解析】 代码第 7～10 行，是利用 for 循环语句来寻找 1～100 中的每个整数，然后进行累加。其执行顺序如下：

① 初始化变量 i 的值为 1。

② 判断 i 的值是否小于 100。如果小于，执行第 3 步；如果不小于，则跳出整个循环，执行第 11 行代码。

③ 把 i 的值与 sum 的值相加，并保存到 sum 变量中。

④ 执行 i++，使 i 的值增加，转到第 2 步执行。

代码第 11 行是输出结果值到屏幕上。

【运行效果】 编译并执行程序后，最后输出结果如图 5.7 所示。其与示例代码 5.1 中最后输出的结果是一样的。

图5.7 for语句求 1～100 累加结果

5.3.3 for循环的几种不同的格式

除标准格式外，由于 for 循环语句中各个表达式可以省略一个、两个甚至全部，所以这里笔者只列举出几种 for 循环语句常见的省略格式。

（1）省略表达式 1 的 for 语句

省略表达式 1 的 for 语句，必须在 for 语句之前给循环变量赋初值，但格式中分号不能省略。格式如下所示：

```
for(;表达式2;表达式3)
{
      循环体
}
```

【实例 5.5】 利用 for 循环语句（省略表达式 1）求 1～100 中的整数相加的结果，如示例代码 5.5 所示。

示例代码5.5　省略表达式1的for循环语句

```
01 #include "stdio.h"                      /*包含系统函数头文件*/
02
03 main( )                                 /*主函数*/
04 {
05    int sum = 0;                          /*初始化累加变量值*/
06    int i =0;                             /*初始化循环变量值*/
07    for(; i<100; i++)                     /*for循环语句*/
08    {
09        sum += i;                         /*累加i的值*/
10    }
11    printf("sum = %d\n", sum);            /*输出结果值*/
12    getch( );
13 }
```

【代码解析】 代码第 7 行的 for 循环语句，省略了表达式 1，所以不能进行循环变量 i 的初始化工作，而是在代码第 6 行进行初始化的，其数值是 0。这与前面示例代码 5.4 是有所不同的（在 for 语句中被初始为 1），只是多循环一次，并不影响结果值。

【运行效果】 编译并执行程序后，最后输出结果与图 5.7 相同。

（2）省略表达式 1 和 3 的 for 语句

省略表达式 1 和 3 的 for 语句就相当于 while 语句。其格式如下所示：

```
for(;表达式2;)
{
        循环体
}
```

【实例 5.6】 利用 for 循环语句（省略其中表达式 1 和 3）求 1 ~ 100 中的整数相加的结果，如示例代码 5.6 所示。

示例代码5.6　省略表达式1和3的for循环语句

```
01 #include "stdio.h"                      /*包含系统函数头文件*/
02
03 main( )                                 /*主函数*/
04 {
05     int sum = 0;                         /*初始化累加变量值*/
06     int i =0;                            /*初始化循环变量值*/
07     for(; i<100;)                        /*for 循环语句*/
08     {
09         sum += i;                        /*累加 i 的值*/
10             i++;                         /*增加循环变量的值*/
11     }
12     printf("sum = %d\n", sum);           /*输出结果值*/
13     getch( );
14 }
```

【代码解析】 代码第 6 行是进行循环变量初始化的工作。第 7 行的 for 循环语句，省略了表达式 1 和 3，只保留了表达式 2。相当于

```
while(i<100)                               /*与for(;i<100;)功能相同*/
```

当程序执行到这里时，其流程如下：

① 省略表达式 1，直接转第 2 步。

② 判断循环变量 i 的值是否小于 100，如果小于，执行第 3 步；如果不小于，则跳出整个循环。

③ 执行循环体中语句，即代码第 9 行和第 10 行。第 10 行是将循环变量的值 i 增加。

④ 转到第 2 步继续执行。

【运行效果】 编译并执行程序后，最后输出结果与图 5.7 相同。

（3）省略表达式 2 和全部表达式的 for 语句

省略表达式 2 的 for 语句格式如下：

```
for(表达式1;;表达式2)
{
        循环体
}
```

省略全部表达式的 for 语句格式如下：

```
for(;;)
{
    循环体
}
```

这两种 for 语句，都不判断循环终止条件，表达式的值恒为真。这就要求循环体中一定要有能跳出循环的语句（将在 5.4 节进行介绍），否则程序将无终止地循环执行下去。其与 while（1）具有同样的功能。但由于从格式上看，省略全部表达式的 for 语句更醒目，所以，很多程序员喜欢用 for 语句来表示无限循环。

技巧：在使用循环语句时，根据需求进行不同的格式编写，不仅会提高阅读时的效率，更会提升编写优质程序代码的能力。

5.3.4 在for语句中添加逗号运算符

由于 for 语句的使用灵活性，所以在使用 for 语句时，常常还可以在 for 语句中添加逗号运算符。逗号运算符可以将多个表达式连接起来组成一个表达式。一般情况下，会在表达式 1 和表达式 3 中使用逗号表达式。

【实例 5.7】 某菲波那契（Fabonacci）数列的前 2 个数为 1，1。求其后的 20 个数（所谓菲波那契数列是指数列中前面相邻两项之和，构成了后一项。例如：1，1，2，3，5 就是一个菲波那契数列的前 5 项），并把这个包含 20 项的菲波那契数列中的每个数，按 5 个一行打印出来。其如示例代码 5.7 所示。

示例代码5.7　求菲波那契数列前20个数

```
01  #include "stdio.h"              /*包含系统函数头文件*/
02
03  int main( )                     /*主函数*/
04  {
05      int a = 1;                      /*初始化数列前2项值*/
06      int b = 1;
07      int c,i,n;
08      printf("%10d%10d", a,b);        /*输出前2项*/
09      for(n=3;i=3;i<=20;i++,n++)  /*由逗号表达式组成的for语句*/
10      {
11          c = a+b;                /*计算前2项之和*/
12          printf("%10d", c);
13          if(n%5==0)              /*当输出5个数后,输出换行*/
14          {
15              printf("\n");       /*输出换行符*/
16          }
17          a = b;                  /*把数列向后移项*/
18          b = c;
19      }
20      getch( );                   /*暂停*/
21      return 0;                   /*返回*/
22  }                               /*主函数完*/
```

【代码解析】 代码第 9 行，是 for 语句，其表达式 1 是逗号表达式，对两个变量 i 和 n 的值进行初始化。表达式 3 也是一个逗号表达式，是对两个变量 i 和 n 的值进行改变（类似的用法在实际中会常常遇到）。代码第 13 ～ 16 行，是计量输出个数的值达到 5 后，就输出一个换行符，这样输出的数字就会是格式化的，比较好看和清晰。

【运行效果】 编译并执行程序后，最后输出结果如图 5.8 所示。

图 5.8　菲波那契数列前 20 个数

注意：逗号运算符是从左到右计算，但结果的类型和值是右操作数的类型和值。

5.4 高级流程控制语句

循环语句是不是只能在循环条件为假的情况下才能退出循环呢？答案是否定的。其实在 C 语言中，还有三种高级流程控制语句起到 JUMP 的作用，用于对程序流程走向进行控制。

5.4.1 用 goto 语句在程序中任意跳转

在 C 语言中最为灵活的语句莫过于 goto 语句，这个语句从英文字义上就可以看出，其就是能够在程序中任意跳转执行的语句。但是，在结构化程序中却不提倡使用 goto 语句，这是因为 goto 语句任意跳转会破坏程序代码的结构性。在这里只是对其进行简单介绍，目的是让读者能够读懂别人写的包含 goto 语句的程序代码。

goto 语句的一般格式是：

```
goto 标号;
```

其中，goto 是语句的关键字，表明这是一个跳转语句，而标号的作用是指定需要跳转到的程序代码位置。标号同变量名一样，用标识符来表示，不同的是其后必须加上一个冒号"："来定义。标号要加到想用 goto 语句跳转去执行的语句前面。

goto 语句一般使用在多重循环嵌套（将在下一节介绍）的最内层一下跳转到最外层的地方。当然也可以直接写在代码中，但这样做意义不大。

【实例 5.8】 使用 goto 语句进行程序跳转，改变程序执行流程，打印 2 行字符串。如示例代码 5.8 所示。

示例代码 5.8　goto 程序跳转

```
01 #include "stdio.h"                              /*包含系统函数头文件*/
02
03 int main( )                          /*主函数*/
04 {
05       printf("print first string\n");           /*打印一行字符串*/
06       goto label;                               /*跳转到label标号处*/
```

```
07              printf("Hello World\n");                    /*打印一行字符串*/
08              printf("This is goto Test\n");              /*打印一行字符串*/
09  label:
10              printf("print second string\n");            /*打印一行字符串*/
11              getch( );                                    /*暂停*/
12              return 0;                                    /*返回*/
13  }                                                        /*主函数完*/
```

【代码解析】 代码第 5～10 行，一共有 4 处打印字符串的地方，但由于代码第 6 行，出现一个 goto 语句，所以当程序执行到这里时，自动跳转到后面第 9 行的 label 处，继续执行后面的代码，所以最后本程序只会打印 2 行字符串，而不是全部 4 行字符串。

【运行效果】 编译并执行程序后，最后输出结果如图 5.9 所示。

注意：goto 语句只能转到 goto 所在的函数内的标号上，不能转到函数外去。如果在程序中使用 goto 越多，那么程序也就变得越难以理解。所以，一般我们在非常小心的情况下，才会使用 goto 语句。这是软件开发的一个常识，望周知！

图 5.9　打印两行字符串

5.4.2　用 break 语句中断循环

在循环语句中，有时候一些特殊情况需要直接退出循环语句。那么这种时候应该怎么办呢？在前面 4.4.2 节中已经介绍过 break 语句在开关语句 switch 中就能起到中断开关语句 switch 并执行后续语句的作用。

其实，break 语句的功能不仅限于此，还可以在循环语句中，用来中断当前循环，跳出并执行循环体后面的语句。其格式如下：

```
break;
```

【实例 5.9】 利用 break 语句，只输出 1～1000 中前 30 个能够被 17 整除的数，如示例代码 5.9 所示。

示例代码 5.9　只输出 1～1000 中前 30 个能够被 17 整除的数

```
01  #include "stdio.h"                                     /*包含系统函数头文件*/
02
03  int main( )                                             /*主函数*/
04  {
05      int i=0;                                            /*初始化循环变量*/
06      int n=0;                                            /*初始化计数变量*/
07      for(i=1; i<1000; i++)                               /*循环语句*/
08      {
09          if(i%17 == 0)                                   /*判断当前数是否能被17整除*/
10          {
11              n++;                                        /*计数器增加*/
12              printf("%6d ", i);                          /*输出能够被17整除的数*/
13              if(n%10 == 0)                               /*当有10个数后，输出换行*/
14              {
15                  printf("\n");                           /*输出换行*/
16              }
```

```
17              if(n%30 == 0)                    /*当输出30个数后*/
18              {
19                  break;                       /*跳出当前循环*/
20              }
21          }
22      }
23      printf("Loop end\n");                    /*循环结束后执行的语句*/
24      getch( );                                /*暂停*/
25      return 0;                                /*返回*/
26 }                                             /*主函数完*/
```

【代码解析】 代码第 9 行判断当前变量 i 的值是否能够被 17 整除，判断整除使用取余运算，当值正好是 17 的整数倍时，运算结果为 0，条件表达式为真。第 11 行计数器增加 1，表示找到一个可以被 17 整除的数。第 17 行当找到第 30 个可以被 17 整除的数时，进入 if 语句中执行 break 语句，提前中断执行 for 循环语句。

【运行效果】 编译并执行程序后，从最后的输出可以看出当前变量 i 值只是 510，而不是 1000，并不满足循环终止条件，但因为使用了 break 语句，所以可以中断当前循环语句。输出结果如图 5.10 所示。

图 5.10 只输出 1～1000 中前 30 个能够被 17 整除的数

注意：break 语句不能用于循环语句和 switch 语句外的任何其他语句之中。

5.4.3 用 continue 语句跳出当前循环

C 语言的高级流程控制语句中，除了 break 外，还有一种流程控制语句——continue，其作用是跳过循环体中 continue 下面尚未执行的语句，直接进行下一次循环条件的判定。即只结束本次循环。其格式如下：

```
continue;
```

【实例 5.10】 利用 continue 语句，输出 1～100 中不能够被 7 整除的数，其如示例代码 5.10 所示。

示例代码5.10 输出1～100中不能够被7整除的数

```
01 #include "stdio.h"                            /*包含系统函数头文件*/
02
03 int main( )                                   /*主函数*/
04 {
05      int i = 0;                               /*初始化循环变量*/
06      int n = 0;                               /*初始化计数器*/
07      for(i=1;i<100;i++)                       /*循环语句*/
08      {
09          if(i%7==0)                           /*当i的值整除7时*/
10          {
```

```
11              continue;                      /*中止当次循环*/
12          }
13          n++;                               /*计数器增加*/
14          printf("%6d ",i);                  /*输出当前i的数值*/
15          if(n%5 == 0)
16          {
17              printf("\n");                  /*每5个输出换行*/
18          }
19      }
20      printf("Loop End\n");                  /*循环结束后，执行语句*/
21      getch( );                              /*暂停*/
22      return 0;                              /*返回*/
23  }                                          /*主函数完*/
```

【代码解析】 代码第 9 行，当变量 i 的值能被 7 整除时，进入 if，执行第 11 行 continue 语句，这时，程序会马上结束本次循环[这里要注意是本次循环，而不是整个循环（即跳过后面的第 13 ~ 18 行代码的执行）]，回转到第 7 行的 for 语句中的表达式 2 执行。如果不能被整除时，不进入 if 语句，直接执行第 13 ~ 18 行代码，输入变量 i 的值，并且每输出 5 个，就输出一个换行符。

【运行效果】 编译并执行程序后，输出结果如图 5.11 所示。从图中可以看出，只要是 1 ~ 100 中是 7 的倍数的数值都没有被输出。但整个 1 ~ 100 的循环是执行完成的。

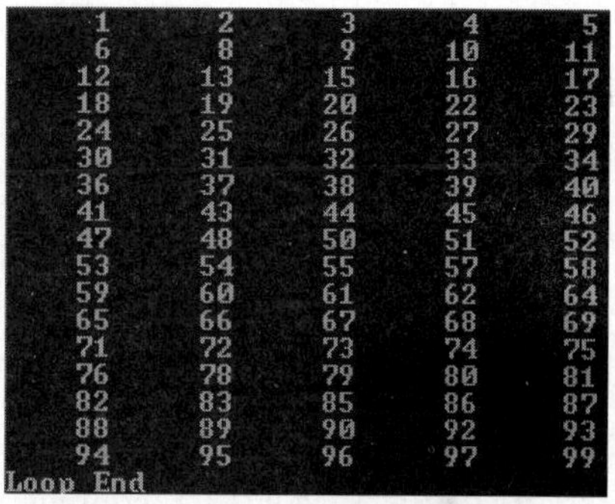

图 5.11 输出 1 ~ 100 中不能够被 7 整除的数

continue 和 break 语句是有区别的：continue 语句只跳过循环体中剩下的语句，直接进入循环判定，而不是终止整个循环的执行。而 break 语句是结束循环体，不再进行循环判定，终止整个循环的执行。如下列的循环语句中包含两种不同的转向语句，其转向流程也是不同的。

（1）while 循环中包含的 continue 语句，代码如下：

```
while (表达式1)
{
    ...
    if (表达式2)
    {
        continue;                      /*continue语句*/
    }
    ...
}
```

（2）while 循环语句中包含的 break 语句，代码如下：

```
while (表达式1)
{
    ...
    if (表达式2)
    {
        break;                         /*break语句*/
    }
```

```
    ...
}
```

这两段代码的流程如图 5.12 所示。请注意图中表达式 2 为真时，整个流程的转向。

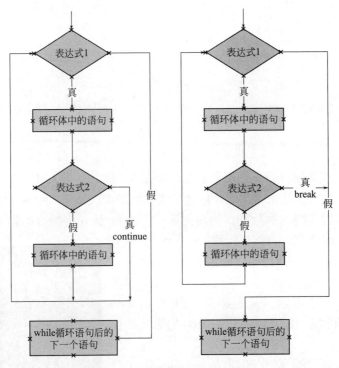

图 5.12　两种不同的转向语句流程

现在读者应该明白了 continue 语句和 break 语句的不同吧，在实际程序开发中要仔细地区分，才能保证程序流程的正确性。

5.5　各种循环语句的嵌套使用

前面介绍所有循环语句，都可以在循环体中包含另外一个循环语句，而且在内嵌的循环中，还可以再包含另一个循环语句，构成多层循环结构，这种结构被称为循环语句的嵌套。不过要注意的是，无论是哪种循环语句的嵌套，内嵌的循环都必须是一个完整的循环语句。

循环语句的嵌套有如下几种形式：

① while 语句的自身嵌套，代码如下：

```
while( )                              /*第一层while循环*/
{
    ...
    while( )                          /*第二层while循环*/
    {
        ...
    }
```

```
}
```

② for 语句的自身嵌套，代码如下：

```
for(;;)                                     /*第一层for循环*/
{
    ...
    for(;;)                                 /*第二层for循环*/
    {
    ...
    }
}
```

③ do…while 语句的自身嵌套，代码如下：

```
do                                          /*第一层do…while循环*/
{
    ...
    do                                      /*第二层do…while循环*/
    {
    ...
    }while( );
}while( );
```

④ for 语句循环内嵌套 while 循环，代码如下：

```
for(;;)                                     /*第一层for循环*/
{
    ...
    while( )                                /*第二层while循环*/
    {
    ...
    }
}
```

⑤ while 语句循环内嵌套 for 循环，for 循环又自身嵌套，代码如下：

```
while()                                     /*第一层while循环*/
{
    ...
    for(;;)                                 /*第二层for循环*/
    {
    ...
        for(;;)                             /*第三层for循环*/
        {
        ...
        }
    }
}
```

⑥ do…while 语句内嵌套 while 循环，while 循环中嵌套 for 循环，代码如下：

```
do                                          /*第一层do…while循环*/
{
    ...
    while( )                                /*第二层while循环*/
    {
```

```
    ...
        for(;;)                                    /*第三层for循环*/
            {
                ...
            }
        }
    }while();
```

还有很多其他各种各样的循环嵌套，这里就不再——列举。

图5.13 指定打印的图形

【实例 5.11】 打印如图 5.13 所示的图形示例程序来说明循环的嵌套的用途，如示例代码 5.11 所示。

示例代码5.11　打印指定的图形

```
01  #include "stdio.h"                             /*包含系统函数头文件*/
02
03  int main( )                                    /*主函数*/
04  {
05      int n, m, i;
06      for(n=1; n<10; n++)                        /*第一层循环，用于打印数字*/
07      {
08          for(m=1; m<10-n; m++)                  /*第二层循环，用于打印数字从右起的空格*/
09          {
10              printf(" ");
11          }
12          for(i=0; i<n; i++)                     /*第二层循环，根据行号打印当前行的数字*/
13          {
14                  printf("%d", n);
15          }
16          printf("\n");                          /*第一层循环，进行换行*/
17      }
18      getch( );                                  /*暂停*/
19      return 0;                                  /*返回*/
20  }                                              /*主函数完*/
```

【代码解析】 代码第 6 ～ 17 行，演示了 for 语句的双重自身嵌套。其中第 8 ～ 11 行用于打印数字从右起的空格。代码第 12 ～ 15 行是根据行号打印当前行的数字。

【运行效果】 编译并执行程序，其结果与图 5.13 一样。

本章小结

本章主要介绍了 for、while、do…while 循环语句的使用方法，并对其差异性进行了比较。另外还介绍了各种循环语句的嵌套及高级流程控制语句的使用。希望各位读者通过这些知识的介绍，能够掌握如何使用循环结构设计 C 语言程序，这是以后开发重复工作控制程序的基础知识。另外，专业的程序员，会使用 while（1）{…} 这样的几乎无限循环的程序结构，直到碰到意外情况才跳转和结束，读者可以思考一下为什么这么做。

第3篇
能力提高

　　了解完前面的基础篇后，读者朋友们就已经可以做一些简单的程序设计了，但与实际程序设计相比还有较远的差距。前两篇只是为了让各位读者建立起 C 语言程序设计的基础，而本篇开始，才是 C 程序设计的精华部分。

　　本篇分为 3 章，用图片、表格和实例讲解等方法，系统地介绍了 C 语言中函数、数组和字符串处理函数，让读者熟悉并掌握好 C 语言程序设计的细枝末节。

　　从本篇开始，请各位读者一定要有耐心和信心，认真学习和实践各章节中介绍的实例，因为这些实例都有一定的真实性和实用性，也只这样才能真正地提高自己的编程能力，成为一名标准的 C Coder。

C

语言零起点精进攻略

——C/C++入门·提高·精通

第6章
用函数把程序分块

在前面的章节中，介绍的都是只有一个函数的 C 语言程序，这些程序大都比较简单。但在现实之中较大的程序一般由很多个程序模块所组成，每一个模块用来实现一个特定的功能。这种程序模块被称为子程序，而 C 语言就用函数来实现子程序。

在本章中，将详细介绍 C 语言中的函数、函数的使用及如何将函数结合起来的方法。

本章主要涉及的内容有：

❑ 函数的概念：简单介绍什么是函数、函数的优点及 C 语言中的主函数。
❑ 函数的定义：介绍如何定义一个函数、函数的参数及返回值。
❑ 函数的调用：介绍函数的调用及其几种不同的方式。
❑ 递归函数：介绍什么是递归函数及其使用方法。
❑ 变量的作用域和存储类别：介绍全局和局部变量及其作用域。

6.1　函数的概念

函数是 C 语言的重要组成部分，本节就对其概念、优点及 C 语言中的 main（ ）函数进行简单的介绍。

6.1.1　明白什么是函数

假设你是一位小老板，每天都需要去和各种各样的公司客户进行沟通、送资料和签合同等。但随着公司的市场越来越大，就不可能亲自去和所有客户进行沟通了。这个时候就得找一些经理来帮你做，只要最后把合同拿回来就行了。

本来与客户沟通、送资料和签合同这些事情是由你来做的，但现在这些任务分派给了经理，由其再与客户进行沟通并签合同。实际上其究竟是怎么与客户进行沟通的，对你来说是不可见的。而对方的经理又是如何审查和签合同的，对你方的经理来说，也是不可见的。所知道的一切只不过是当你把任务分派给经理后，经理最后返回的结果。这些处理问题的经理在 C 语言程序中就被称为"函数"，每个函数怎样实现功能对其外部来说都是不可见的。

函数是由能完成特定功能的独立程序代码块组成的，可与其他函数结合起来产生最终的输出，函数内部的实现对程序的其他部分是不可见的。现在读者应该清楚函数的概念了吧！

6.1.2　使用函数的好处

函数封闭了一些程序代码和数据，实现了更高级的数据抽象。在程序设计中，常常把程序分成多个函数（子程序）来实现。这样做不仅可以封装或隐藏具体实现的细节问题，实现更高级的抽象，让使用者的精力集中在函数的接口外面，而且还实现了参数化和结构化。因此函数抽象的实现，具有有利于数据共享、节省开发时间、增强程序的可靠性和便于管理等优点。

6.1.3　main（）函数的概念及用途

应用程序除了拥有很多功能性子函数外，还必须有一个总的函数来管理和分派任务给子

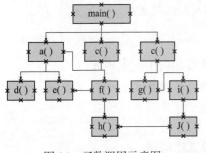

图 6.1　函数调用示意图

函数。在所有 C 语言程序中都包含一个叫作 main（）的主函数，其就是程序中的总函数，是所有 C 语言程序的一个集中入口点。

一个 C 语言程序是由一个主函数 main（）和其他若干个子函数组成的。由主函数调用其他函数，其他函数再互相调用，其函数调用（将在 6.3 节进行介绍）示意图如图 6.1 所示。

注意：同一个函数可以被一个或者多个函数调用任意多次，但主函数 main（）是不能被其他函数调用的。

6.2　函数的定义

知道了什么是函数及其优点后，下面就将介绍如何定义一般函数、有参函数，函数的参数及返回值等相关知识。

6.2.1　自己定义一个函数

在介绍如何定义一个 C 语言中的函数之前，先来看一个示例程序。

【**实例 6.1**】 打印如图 6.2 所示的字符图形到屏幕上。如示例代码 6.1 所示。

图6.2 指定打印出来的字符图形

示例代码6.1 打印如图6.2所示的字符图形到屏幕上

```
01 #include "stdio.h"                                      /*包含系统函数头文件*/
02
03 int main( )                                   /*主函数*/
04 {
05     printf("*******************************\n"); /*打印星号*/
06     printf("This is C Program\n");              /*打印字符串*/
07     printf("*******************************\n"); /*打印星号*/
08     printf("Hello World\n");
09     printf("*******************************\n"); /*打印星号*/
10     getch( );                                   /*暂停*/
11     return 0;                                   /*返回*/
12 }                                               /*主函数完*/
```

【**代码解析**】 代码第 5 ~ 9 行，就是实现打印指定字符图形的功能。

【**运行效果**】 编译并运行程序后，其结果如图 6.2 所示。

示例代码 6.1 虽然能够实现打印字符图形的功能，但其中有两部分的代码是重复的（即打印星号行），增加了代码占用的电脑内存。而如果面对的是需要打印几百行星号，那么是不是每一行都要在主函数中一一实现呢？显然这样也不利于节省开发时间。所以 C 语言中引入函数来解决代码重复利用的问题，以节省开发时间。

在 C 语言中定义一个无参函数的格式如下：

```
函数类型  函数名( )
{
    函数实现
}
```

其中，函数类型定义了函数处理完成后，返回值的结果类型；函数名，是由合法标识符所组成的函数的名称，类似于变量名。但要注意，函数名后必须有圆括号"( )"才能表明这是一个函数；函数实现和循环体相同，可以是单一语句，也可以由单一语句组成复合语句。

【**实例 6.2**】 打印如图 6.2 所示的字符图形到屏幕上，但采用函数形式，其如示例代码 6.2 所示。

示例代码6.2 用函数打印如图6.2所示的字符图形到屏幕上

```
01 #include "stdio.h"                                      /*包含系统函数头文件*/
02
03 void printstar( )                                 /*定义打印星号函数*/
04 {
05     printf("***************************\n");
06 }
```

```
07
08   int main( )                                      /*主函数*/
09   {
10       printstar( );                                /*调用打印星号函数*/
11       printf("This is C Program\n");
12       printstar( );                                /*调用打印星号函数*/
13       printf("Hello World\n");
14       printstar( );                                /*调用打印星号函数*/
15       getch( );                                    /*暂停*/
16       return 0;                                    /*返回*/
17   }                                                /*主函数完*/
```

【代码解析】 代码第 3 ~ 6 行，就是将示例代码 6.1 中的打印星号这个功能变成一个独立的函数，函数名为 printstar（ ）。代码第 10、12、14 行分别调用了打印星号函数来打印星号行。

【运行效果】 编译并运行程序后，其结果还是与图 6.2 相同。

正因为 C 语言中有了函数这种抽象，就可以使得用户只关心一个函数是做什么的，即函数的功能，例如：printstar（ ）函数是打印星号行的，而不用去关心函数内部是如何实现的。这样不仅解决重复代码利用的问题，而且还提高了程序的可靠性和开发效率。

注意：一般函数的命名最好做到"见其名便知意"。例如：前面所讲解的 printstar 函数名，看其名字就可以一眼就知道，是用于打印"*"的，也可以用 printStr 作为函数名，表示打印字符串等。

6.2.2 定义一个有参函数

除了无参函数外，C 语言中还可以定义有参函数，其格式如下：

```
函数类型  函数名 (参数表)
{
    函数实现
}
```

其中，只是多了一个参数表。表中的参数可以是一个也可以是多个，但每个参数之间都必须用逗号分开。

下面列举了无参函数与有参函数的比较。

（1）无参函数

如前面的函数 printstat（ ）就是无参函数。在调用无参函数时，主调函数并不将数据传送给被调函数，一般用来执行指定的一组操作，如 printstat（ ）只是打印一行星号字符。无参函数可以有返回值，也可以没有返回值，但一般以无返回值的无参函数居多。void 放在参数表中表示函数无参，比如 void printstar（void）。这是一个代码编写的好习惯，但其实是不加任何参数，与 void printstar（ ）表示的意思一样。本书为了不给读者增加阅读上的负担，前面的章节都没有在参数表中使用（void），后面为了让大家建立软件工程的常识，有一个代码编写的好习惯，慢慢开始使用（void）参数。

（2）有参函数

在调用函数时，在主调函数和被调函数之间有参数传递，主调函数可以把数据传给被调函数使用，被调函数中的数据也可以返回来给主调函数使用。就像如果给经理提供更多的人力或者关系资源，其就能做更多的事情一样。

【**实例 6.3**】 定义一个求两个数中最小值的函数，然后将结果打印到屏幕上，如示例代码 6.3 所示。

示例代码6.3　求两个数中最小值

```
01 #include "stdio.h"                      /*包含系统函数头文件*/
02
03 void min(int x, int y)                   /*定义求最小值函数*/
04 {
05     int m = y;                           /*初始化变量值*/
06
07     if(x<y)                              /*比较最小值*/
08     {
09         m = x;
10     }
11     printf("min is %d\n", m);            /*输出最小值*/
12 }
13
14 int main( )                              /*主函数*/
15 {
16     int a, b;
17     printf("please input 2 num: ");      /*提示用户输入*/
18     scanf("%d %d", &a,&b);               /*接收用户输入*/
19     min(a,b);                            /*调用求最小值函数*/
20     getch( );                            /*暂停*/
21     return 0;                            /*返回*/
22 }                                        /*主函数完*/
```

【**代码解析**】 代码第 3 ~ 12 行定义了一个有参函数，实现求两个数中最小值的功能。代码第 19 行，调用了求最小值函数，输出两个数中较小的那个数值。

【**运行效果**】 编译并运行程序后，输入 10 和 20，其结果如图 6.3 所示。

```
please input 2 num: 10 20
min is 10
```

注意：C 语言中规定，不能在一个函数的内部再定义一个函数，另外，在同一程序中函数名必须唯一。

图6.3　求两个数中最小值

6.2.3　函数的参数

在一般情况下调用函数时，主调函数和被调函数之间是有数据传递关系的。这就是前面所说的有参函数。在定义函数时，函数名后面的圆括号"（ ）"中的变量名被称为"形式参数"，简称"形参"。而在调用函数时，函数名后面的圆括号"（ ）"中的表达式的值称为"实际参数"，简称"实参"。图 6.4 就是实参与形参之间的值传递的关系。

以下是几点关于形参和实参的说明，请读者一定要记住。

① 在定义和声明函数中指定的形参变量，在未被其他函数调用之前，其并不占用内存中的存储空间。只有函数被调用时，才会被分配内存空间。在调用结束后，形参变量所占用的空间也会被释放。

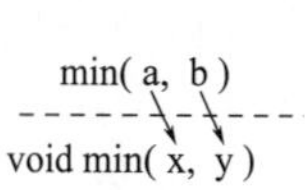

```
min( a, b )
void min( x, y )
```

图6.4　实参与形参的传递

如示例代码 6.3 中 min 的形参 x 和 y，在调用时才会分配空间。

② 实参可以是常量、变量或者表达式，不过其必须要有确定的值，在调用时才能将实参的值赋给形参变量。如示例代码 6.3 中调用 min 时的实参 a 和 b 就是变量，也有确定的值。

③ 在定义和声明函数中，必须指定形参的类型。

④ 实参和形参的数据类型应该一致。如代码 6.3 中实参 a、b 和形参 x、y 都是 int 型的，这才是合法的。但如果是不同数据类型，就会发生数据类型的转换，虽然编译时不会出错，但有可能导致数据丢失。

⑤ 函数中的参数列表可以是一个或者多个参数，多个参数中使用逗号进行分隔，但如果被调函数不需要从主调函数那里获得数据，则被调函数的参数列表应该为"空"，可以用"void"来标示，也可以不用。例如：

```
void min(int x,int y);
void fun(int a, int b, int c, int d);
void fun1(void);
void fun2( );
```

注意：void 表示空或者无数值的意思。如果函数前没有函数类型，则 C 语言规定默认为 int 型的。

⑥ 实参和形参的个数应该一致。

⑦ 实参对形参变量的数据传递是"值传递"（将在 6.3 节中进行讲解），即单向传递，只由实参传给形参，而不能由形参传回给实参。

6.2.4　函数的返回值

在程序中，通过调用一个函数进行运算后，主调函数能得到一个确实的值，这就是函数的返回值。要获得函数的返回值，被调函数中必须有 return 语句。返回函数值的 return 语句有如下两种格式：

① 格式 1：包含表达式的返回。

```
return 表达式;
```

② 格式 2：不包含表达式的返回。

```
return;
```

一般，格式 1 用于带有返回值的被调用函数中，函数的返回值便是返回语句后面表达式的值。具有表达式的返回语句的实现过程如下：

① 先计算出表达式的值。

② 如果表达式值的类型与函数的类型不相同，则将表达式的类型自动转换为函数的类型，这种转换是强制性的，可能会出现数据丢失的情况。函数值的类型在定义函数时是指定的。例如：

```
int max(int x, int y);                      /*函数值为整型*/
char getchar( );                            /*函数值为字符型*/
float min(float a, float b);                /*函数值为单精度实数型*/
```

③ 将计算出的表达式的值返回给主调函数作为被调函数的值，该值可以赋值给变量，也可以直接使用。

④ 结束被调函数，并执行主调函数后面的语句。

【实例 6.4】　定义求解两个数中最小值的函数，并且使用有表达式的返回语句，其如示例代码 6.4 所示。

示例代码6.4　函数的返回值

```
01  #include "stdio.h"                              /*包含系统函数头文件*/
02
03  int min(int x, int y)                           /*定义min函数，其返回值类型为int*/
04  {
05      return(x<y?x:y);                            /*返回小的一个数*/
06  }
07
08  int main( )                     /*主函数*/
09  {
10      int a,b,c;                                  /*定义变量*/
11      printf("please input 2 num: ");
12      scanf("%d %d",&a,&b);
13      c = min(a,b);                               /*调用min函数，并得到返回值放入c*/
14      printf("%d and %d min is %d\n", a,b,c);
15      getch( );                                   /*暂停*/
16      return 0;                                   /*返回*/
17  }                                               /*主函数完*/
```

【代码解析】　在代码的第 3 ～ 6 行定义函数返回值为 int 型的函数 min，在第 13 行调用了函数 min，通过运算后，min 把结果返回给主调函数，并存入变量 c 中。函数的返回值是通过函数中的 return 语句获得的。return 语句将被调用函数中的一个确定值带回主调函数中去。其传递关系如图 6.5 所示。

从图 6.5 中可以看出，变量 c 最后存放的是表达式（x>y?x：y）的值，即两个数中最小数的值。

【运行效果】　编译并运行程序后，输入 333 和 555，其结果如图 6.6 所示。

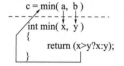

图6.5　return 语句返回函数值

```
please input 2 num: 333 555
333 and 555 min is 333
```

图6.6　函数的返回值结果

使用无表达式的返回语句格式 2 时，只是结束当前被调函数，然后才能执行主调函数后面的语句。为了明确表示函数没有返回值，必须用"void"把函数定义为"无类型返回"。

"void"类型的函数中可以有无表达式的 return 返回语句，也可以没有 return 语句，当函数中没有 return 语句时，执行到函数体最后一条语句，返回主调函数，相当于函数体的右括号"}"有返回的功能。例如：

```
void min(int x,int y)
{
    ...
    return;
}
void fun(int a, int b, int c, int d)
```

{ ... }

注意：函数中可以有多个 return 语句，多数是出现在 if 语句中，当程序执行到这里时，就结束被调函数，并返回主调函数。

6.2.5 空函数

当函数实现是由 0 条语句表达式组成的时候，这个函数被称为空函数。而空函数并不是没有意义的。虽然调用此函数时，什么工作也不做，但其是为将来扩充功能做准备的。在程序设计之初，不可能所有的函数都是已经写好的，所以在需要扩充的地方写上一个空函数，先占好位置，等以后用编好的函数代替。这样做可以使程序结构清楚，可读性好，扩充也方便，对程序结果影响不大。例如：mySleep( ) 就是一个空函数。

```
void mySleep( )
{
}
```

注意：无论函数体内有多少条语句，花括号是不可省略的。

6.3 函数的调用原理与声明

一个函数在定义以后，如何才能使用？这就是本节所要介绍的函数调用原理。在前面的示例中，已经遇到过很多函数的调用。

6.3.1 函数的声明

对函数的声明是用来指明函数的名字，方便该函数将在以后的程序体中调用和定义。在 C 语言中规定函数和变量有一些性质是一样的，如果一个函数定义在前，调用在后，调用之前可以不必说明。但如果一个函数定义在后，调用在前，那么调用之前就必须先声明（函数原型）。

按照上述规定，凡是被调用的函数都在调用之前定义时，可以不对函数进行声明。但这样做要在程序中安排函数的顺序上费一些精力，在复杂的调用中，一定要考虑好谁先谁后，否则将发生错误。

注意：如果函数声明与函数定义不一致，将会导致编译错误。

一般情况下，为了避免确定函数定义的顺序，并且使得程序设计上逻辑结构的清楚，常常将主函数放在程序头，并在主函数之前对被调用函数进行声明。函数的声明格式如下：

数据类型 函数名(参数表)；

显然，这种声明的格式和定义函数时的函数头差不多，但需要注意声明最后有一个 "；"，声明里包括了函数的类型、函数名以及参数表（也可以省略）。包含用来详细说明函数的功能代码（即函数体）的叫函数定义，不包含的叫函数声明。例如：

```
int fun1( );                              /*函数的声明*/
int fun1( ) {···}                         /*函数的定义*/
```

【实例 6.5】 编写一个求圆面积的函数，要求输入圆的半径就能得到圆的面积，最后输出圆的面积值，如示例代码 6.5 所示。

示例代码6.5 声明并定义一个求圆面积的函数

```
01 #include "stdio.h"                              /*包含系统函数头文件*/
02
03 float getarea(float r);                         /*声明求圆面积函数*/
04
05 int main( )                          /*主函数*/
06 {
07     float area, r;                              /*定义变量*/
08     printf("please input r:");
09     scanf("%f", &r);
10     area = getarea(r);                          /*调用求圆面积函数*/
11     printf("area = %f\n", area);
12     getch( );                                   /*暂停*/
13     return 0;                                   /*返回*/
14 }                                               /*主函数完*/
15
16 float getarea(float r)                          /*定义求圆面积函数*/
17 {
18     float pi = 3.14;                            /*定义pi的值*/
19     return  pi*r*r;
20 }
```

【代码解析】 代码第 3 行是对求圆面积函数进行声明，如果没有这一行代码，那么本程序在编译时就会产生错误。读者可以自己试一试。

【运行效果】 编译并运行程序后，输入 5.5，其结果如图 6.7 所示。

注意：函数声明以分号结尾，而位于函数定义头部的函数名却不以分号作为结尾。

图6.7 输入半径后得到的圆的面积

6.3.2 函数调用表达式

函数的调用是用函数调用表达式来进行的。一般调用表达式格式如下：

函数名(实参表);

其中，实参表是由 0 个、1 个或者多个实参组成的，多个参数之间用逗号隔开，每一个参数可以是变量，也可以是表达式。但实参的个数是由形参的个数决定的。实参在调用函数时给形参进行初始化，所以实参的个数和类型要和形参的个数和类型一致。实参对形参初始化是按其位置对应进行，即实参表的第一实参值赋给形参表第一个形参，第二个实参值赋给第二个形参，依此类推。

函数的调用是一种特殊的表达式，函数名后的圆括号可以理解为函数调用运算符。函数调用表达式的值就是前面讲到的 return 语句的返回值。表达式值的数据类型是函数的数据类型。

注意，函数调用表达式最后还有一个分号 ";"。

6.3.3 函数调用的方式

其实函数的调用除了采用前面介绍的函数调用表达式外，还有另外两种方式，如下

109

所示：

① 函数调用表达式出现在另外一个表达式中。函数表达式的值作为一个确定的值参与另一个表达式的运算。

【**实例 6.6**】 定义一个求和功能函数，这个函数调用表达式出现在另外一个表达式中。如示例代码 6.6 所示。

示例代码6.6　函数调用表达式出现在另外一个表达式中

```
01 #include "stdio.h"                   /*插入系统函数声明头文件*/

02 int add(int x, int y);               /*声明求和函数*/
03 int main( )                          /*主函数*/
04 {
05        int t = 10+add(10, 30);        /*函数add是表达式的一部分*/
06        printf("t=%d\n", t);
07        getch( );
08        return 0;
09 }
10 int add(int x, int y)                 /*求和函数定义*/
11 {
12        return x+y;
13 }
```

【**代码解析**】 代码第 5 行，函数 add（ ）是表达式的一部分，运算顺序是先计算函数 add（ ）的返回值，即 40，然后加上 10，最后赋值给变量 t，其数值为 50。

图 6.8　函数调用表达式出现在另外一个表达式中结果

【**运行效果**】 编译并执行程序后，其结果如图 6.8 所示。

② 函数调用表达式作为另一个函数调用的实参也是可以的，因为函数的参数本来就可以接受表达式形式。

【**实例 6.7**】 仍然是使用示例代码 6.6 的求和函数，只是调用方式不同。如示例代码 6.7 所示。

示例代码6.7　函数调用表达式作为另一个函数调用的实参

```
01 #include "stdio.h"                   /*插入系统函数声明头文件*/
02
03 int add(int x, int y);               /*声明求和函数*/
04 int main( )                          /*主函数*/
05 {
06     int t = add(20,add(10, 30));      /*函数add的参数又是函数add的返回值*/
07     printf("t=%d\n", t);
08     getch( );
09     return 0;
10 }
11 int add(int x, int y)                 /*求和函数定义*/
12 {
13     return x+y;
14 }
```

【**代码解析**】 代码第 5 行的 add（20，30）是一个函数调用，其返回值作为第 1 个 add

函数的实参。变量 t 的值是 20+30+10 的和，即 60。

【运行效果】　编译并执行程序后，其结果如图 6.9 所示。

注意：调用函数时，函数名必须与所调用函数的名字完全一致才能调用。

图6.9　函数调用表达式作为另一个函数调用的实参结果

6.3.4　不加（）的函数调用会出现什么

函数调用的时候，经常会有两种错误。

① 一种是函数名字写错了。比如你调用一个 sayHello（）函数，少写了个别字母，写成 sayHelo（）了，编译的时候，编译器会提醒你："error C2065：'sayHelo'：undeclared identifier"，没有定义或声明的标识符，意思是没有发现这个标识符，提醒你书写错误。注意，这是一个错误提醒，系统会停下来。但是，如果你写错了函数的名字，刚好代码中还定义了这个 sayHelo（）函数，编译器是不会认为你写错了，直接调用你写错的 sayHelo（）函数了。所以啊，我们在定义各种函数，给函数起名字的时候，一定要区别开来，至少好几个字母不相同，有些初学者，特别喜欢用 print1（）、print2（）、…、print9（）函数来表示显示不同的提示，这种做法，就很容易出问题。建议一开始就养成好习惯啊。

② 另外一种情况是忘了给函数名后面加上参数，或者直接（）都忘了写。系统只给一个警告："warning C4551：function call missing argument list"。但是程序还是可以执行的，以默认参数值来执行，大多数时候，执行的结果不是你想要的。所以啊，从一开始，就要养成仔细的习惯，函数调用的时候，千万记得把参数给出来，把（）加上。这里，我们也是想说明，C 编译器的警告和错误级别是一样的，但你也不要忽视各种警告，除非，你对这个警告的原因非常清楚。顺便说一下，编译器也是人开发的，免不了有错，不要迷信。笔者的开发历史中，发现过十来个编译器的错误，确认之后，开发程序的时候，避开这些场景即可。

6.3.5　嵌套调用

虽然在 C 语言中规定，所有的函数的定义都是平行、独立的。一个函数内部不能再包含其他函数的定义，但可以嵌套调用函数。即在调用 A 函数的过程中，可以调用 B 函数，在调用 B 函数的过程中，又可以调用 C 函数……当 C 函数调用结束后，返回 B 函数执行，当 B 函数调用结束后，返回到 A 函数执行。

【实例6.8】　简单的两重函数嵌套调用：输出两段字符串到屏幕上，如示例代码 6.8 所示。

示例代码6.8　简单的函数嵌套调用输出两段字符串到屏幕

```
01  #include "stdio.h"                    /*包含系统函数头文件*/
02
03  void dispstr_1( );                    /*声明第一段字符串函数*/
04  void dispstr_2( );                    /*声明第二段字符串函数*/
05
06  int main( )                      /*主函数*/
07  {
08      dispstr_1( );                     /*调用显示第一段字符串函数*/
09      getch( );                         /*暂停*/
```

```
10        return 0;                                      /*返回*/
11 }                                                     /*主函数完*/
12
13 void dispstr_1( )                                      /*定义打印第一段字符串函数*/
14 {
15       printf("this is first string!\n");
16
17       dispstr_2( );                                    /*嵌套调用打印第二段字符串函数*/
18 }
19
20 void dispstr_2( )                                      /*定义打印第二段字符串函数*/
21 {
22       printf("this is second string!\n");
23 }
```

【代码解析】 代码第 8 行在主函数中调用了 dispstr_1（）函数，然后在函数 dispstr_1（）中嵌套调用了 dispstr_2（）函数。这种调用关系就是函数的嵌套调用。其调用过程如图 6.10 所示。图中的 1，2，…，9 表示嵌套调用的执行过程。

【运行效果】 编译并执行程序后，其结果如图 6.11 所示。

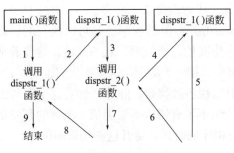

图 6.10　两重嵌套调用过程　　　　图 6.11　简单的函数嵌套调用输出结果

6.3.6　函数在结构化程序设计中的意义

举两个例子，大家就明白了。

我们在编写程序的时候，经常需要定期在屏幕上显示一些提示文字，然后等待软件用户输入，根据用户的输入，再决定程序的下一步走向。具体到程序代码中，要先把屏幕清空，然后输出这段提示文字，接下来等待用户输入，如果用户输入错误或者不规范超出数值大小范围什么的，还要提示用户检查自己的输入，重新输入正确的数值，等等。这些代码每次都重复编写，谁都会觉得烦琐啊。当你写了两次之后发现，哦，我可以把这些代码放在一起，嗯，可以叫封装在一起，每次需要的时候，调用这个 waituserinput（）函数，整个代码是不是既简洁又明了？

还有，我们在写代码 if…else if…的时候，每个分支如果都是一堆代码，是不是代码清晰度不够？如果我们把每个分支的代码都做成一个函数，写成如下的形式：

```
if（条件1）
        函数1
else if（条件2）
```

```
        函数 2
else if(条件 3)
        函数 3
…
else if(条件 n-1)
        函数 n-1
else
        函数 n
```

是不是简洁明了得多，可读性强多了？如果每个条件下都是一堆代码，回头你对应关系都找不到，换一个人完全不可读。

而且，经常这些不同情况其实代码都是一样的，只不过参数不一样，所以，往往真实的代码是这样的：

```
if (条件 1)
        函数（参数 1）
else if(条件 2)
        函数（参数 2）
else if(条件 3)
        函数（参数 3）
…
else if(条件 n-1)
        函数（参数 n-1）
else
        函数（参数 n）
```

这样的代码非常清晰，换一个人来，也非常容易维护。

所以总结一下，函数的第一个功能，其实就是让一个大程序可以分成很多模块，让整个程序的逻辑性更强，也变得简洁可读。第二个功能是，通过代码的封装和耦合，我们大量使用已经被验证过的、运行可靠的代码，提高了代码的重复使用程度，提高了开发效率，也让程序的稳定性和可靠性大大地提高了。

6.4　递归函数

C 语言中还有一种特殊的函数，其就是提高代码的可读性，使代码看起来简洁的递归函数。

所谓递归函数，是指调用一个函数的过程中直接地或者间接地调用该函数自身。在调用 fun1（）函数的过程，又调用了 fun1（）函数，这种调用被称为直接递归调用。例如：

```
fun1(x)
{
    …
    fun1(x);
}
```

而在调用 fun1（）函数的过程中，调用了 fun2（）函数，而在调用 fun2（）函数的过程中又调用了 fun1（）函数，这种调用被称为间接递归调用。例如：

```
fun1(x)
{
    …

    fun2(x);

}
fun2(x)
{
    …

    fun1(x);

}
```

递归函数和我们前面所讲的"C 语言只有一个 main（）函数，然后分别调用各个函数模块，各个模块相互独立不关联，减少耦合性"有点冲突，所以，大家第一遍学习的时候，可以先跳过。包括后面几节，都可以先浏览一遍，了解大概，等以后代码编写熟练了，再回来仔细琢磨，这也是一种学习方法。

在实际生活中，有许多问题可以采用递归调用来解决，例如：求一个正整数 4 的阶乘的问题，即 4!。其可以分解为 4×3!，而 3! 可以分解为 3×2!，而 2！可以分解为 2×1!，而 1!分析为 1×0!，0! 等于 1。所以 4! 为 4×3×2×1×1=24。这就是一个简单的用递归调用解决问题的例子。

可以使用递归调用解决的问题有这样共同的特征：原有的问题可以分解为一个新的问题，而新问题又是用到原有的问题的解法。

递归的目的是简化程序设计，使程序易读，但递归增加了系统开销。时间上，执行调用与返回的额外工作要占用 CPU 时间。空间上，随着每递归一次，栈内存就多占用一截。相应的非递归函数虽然效率高，但比较难编程，而且相对来说可读性差。现代程序设计的目标主要是可读性好。随着计算机硬件性能的不断提高，程序在更多的场合优先考虑可读而不是高效，所以，鼓励用递归函数实现程序思想。

递归调用解决问题的过程分为两个阶段：

① "递推"阶段：将原有问题不断地分解为新子问题，把问题从未知向已知方向递推，最终使子问题变成有已知的解，即到达递归结束条件，递推阶段结束。

② "回归"阶段：从已知的条件出发，使用逐一求值回归的方法，最后到达递推的开始处，结束回归阶段，完成递归调用。

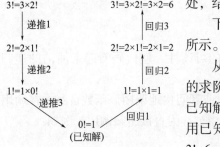

图 6.12 求 3! 的递归调用过程

下面以求 3! 为例，用图展示出递归的全过程，如图 6.12 所示。

从图 6.12 可以看到，每递推一次得到的新问题仍是原来的求阶乘问题，但是求阶乘的数变小了，直到求 0!，而 0! 是已知解，即值为 1，这就是递推的结束条件。进入回归阶段，用已知解 0! 的值 1，依次去求出 1!、2!、3! 和值，最后得到 3!=6。于是求 3! 的问题得到一个解，即 3!=6。

像这样一个递归调用，就是有意义的有限递归调用，也只有有限递归调用才是有意义的，无限递归调用在实际中是没有用处的。因为无限递归调用只会使内存空间全部被消耗完，最后造成程序崩溃而已。

关于递归的概念，可能有些初学者还是感到不好理解，下面再用两段实例代码来说明。

【实例 6.9】 用递归调用求任意输入的两个正整数的最大公约数，如示例代码 6.9 所示。

示例代码6.9　求两个数的最大公约数

```
01 #include "stdio.h"                        /*插入包含系统函数声明的头文件*/
02
03 int gcdt(int x, int y);                    /*求最大公约数函数*/
04
05 int main( )                                /*主函数*/
06 {
07     int a,b,n;                             /*初始化变量*/
08     printf("please input 2 num: ");
09     scanf("%d %d", &a,&b);
10     n = gcdt(a, b);                        /*调用最大公约数函数*/
11     printf("%d, %d gcdt = %d\n", a, b, n);
12     getch( );
13     return 0;
14 }
15 int gcdt(int x,int y)                      /*求最大公约数的递归函数*/
16 {
17     if(x%y==0)
18     {
19         return y;
20     }
21     return gcdt(y,x%y);                     /*调用函数自身，形成递归调用*/
22 }
```

【代码解析】 代码第 15 ～ 22 行定义了递归函数 gcdt（ ）来求两个数的最大公约数。其中，第 21 行是调用函数自身，形成了直接递归调用。

用递归法求最大公约数的算法分为如下 4 步：

① 用操作数 1 对操作数 2 取余，得到余数 1。判断这个余数如果为 0，则操作数 2 为最大公约数。否则转第 2 步。

② 用操作数 2 继续对余数 1 取余，得到余数 2，如果其为 0，则余数 2 为两操作数的最大公约数。否则转第 3 步。

③ 用余数 1 继续对余数 2 取余，依次类推。

④ 最后用余数 n-1 对余数 n 取余，得到余数 n+1，则 n+1 等于 0 时，两个操作数最大公约数为余数 n。

【运行效果】 编译并执行程序后，输入 120 和 64，其结果如图 6.13 所示。

```
please input 2 num: 120 64
120, 64 gcdt = 8
```

图 6.13　求两个数的最大公约数输出结果

如果前面这个求任意两个数的最大公约数的递归算法不是太好理解的话，笔者再来介绍一个最常用的求 20 以内任意正整数阶乘的实例。

【实例 6.10】 从键盘上接收一个不大于 20 的正整数，求其阶乘，如示例代码 6.10 所示。

示例代码6.10　求小于20的任意正整数的阶乘

```
01 #include "stdio.h"                        /*插入包含系统函数声明头文件*/
02
03 int factorial(int x);                      /*声明求任意数阶乘函数*/
04
```

```
05  int main( )                                      /*主函数*/
06  {
07      int n, m;                                    /*定义变量*/
08      printf("input one num < 20: ");
09      scanf("%d", &n);
10      if(n>=0 && 0<=20)                            /*判断n是否是小于20的正整数*/
11      {
12          m = factorial(n);                        /*调用求阶乘函数*/
13          printf("%d!=%d\n", n,m);                 /*显示结果*/
14      }
15      else
16      {
17          printf("input num is error\n");          /*输出错误提示*/
18      }
19      getch( );                                    /*暂停*/
20      return 0;
21  }

22  int factorial(int x)
23  {
24      int t;                                       /*定义变量*/
25      if(x==0)
26      {
27          t=1;                                     /*如果是求0!,则t=1*/
28      }
29      else
30      {
31          t=x*factorial(x-1);                      /*否则分解为x*(x-1)!,并调用函数本身*/
32      }
33      return t;
34  }
```

图 6.14　输入 6 时求出的阶乘结果

【代码解析】 代码第 22 ~ 34 行定义了求任意正整数阶乘的实现函数。其算法在前面已经介绍过,这里就不再复述。

【运行效果】 编译并执行程序后,输入 6,其结果如图 6.14 所示。

6.5　变量的作用域和存储类别

变量的数据存储类别,是指数据在内存中存储的方法,由存储分类符定义。选用适当的存储分类符不仅能提高变量的访问速率,而且还能使内存的存储空间更高效。所以有必要搞清楚存储分类符和作用域的意义。

6.5.1　什么是变量的作用域

与存储分类符紧密相关的就是作用域,又被称为作用范围。其是指程序中变量和函数能够起作用的范围。在这些范围中，变量和函数是可以被访问和存取的，但在范围外，变量和函数就不能被访问和存取了。就像座机只能用来接打电话，如果你一定要用来做其他事情的话，就没有任何作用。

一般作用域根据从小到大的范围可分为 4 种：分程序块级、函数级、文件级和程序级。

① 分程序块级的作用域范围为在有定义的分程序中、if 语句中、switch 语句中以及循环语句中从定义开始到语句结束为止。

② 函数级的作用域范围都在其所定义的函数体内，从函数内的定义开始到该函数结束为止。

③ 文件级的作用域范围仅在定义其的文件内。

④ 程序级的作用域范围最大，其包含着组成该程序的所有文件。这类变量和函数在某个文件中被定义，在程序的其他文件中都可以访问，但一般在访问前需要加以声明。

6.5.2 块结构

在 C 语言中，以花括号"{}"括起来的复合语句都属于块结构，在块内可以对变量进行定义，在独立的块内定义的变量其作用域仅限于块内。如果块内的变量定义的名称与块外定义的变量名相同，则其代表的是不同的两个变量。

6.5.3 局部变量和局部变量的作用域

变量因为其作用范围较小，一般在函数或者分程序块中定义的，就被称为局部变量。其定义和作用域示例如下：

```
int fun1(int a)                    /*定义函数fun1*/
{
    int b, c;                      /*定义局部变量*/
    …
}                                  /*fun1函数结束*/

char fun2(char x, y)               /*定义函数fun2*/
{
    int n, j;                      /*定义局部变量*/
    …
}                                  /*fun2函数结束*/

int main()                         /*定义主函数*/
{
    int m;                         /*定义局部变量*/
    …
}                                  /*主函数结束*/
```

其中，变量 a、b 和 c 只在 fun1（ ）函数中有效；变量 x、y、n 只在 fun2（ ）函数中有效；变量 m 虽然是定义在主函数中的，但也不能特殊，只能在主函数中有效。而且主函数也不能访问和使用其他函数中定义的这些变量。

注意：形式参数属于局部变量。如果在分程序中有相同的变量名，则在分程序中不起作用。

6.5.4　全局变量和全局变量的作用域

程序级和文件级的变量，因为其作用范围大，所以也被称为全局变量。下面就来看一个关于全局变量作用域的示例。

【实例 6.11】 将用户输入的任意 3 位正整数，分解为百位、十位和个位分别输出。并打印到屏幕上。如示例代码 6.11 所示。

示例代码6.11　将用户输入的任意3位正整数进行分解

```
01  #include "stdio.h"                              /* 包含系统函数头文件 */
02
03  int hundreds   = 0;                             /* 全局变量 */
04  int tens       = 0;
05  int units      = 0;
06
07  void parsenum(int num)                          /* 定义解析函数 */
08  {
09      hundreds = num / 100;
10      tens    = num % 100 / 10 ;
11      units   = num % 10;
12  }
13
14  int value = 0;                                  /* 全局变量 */
15
16  int main( )                                     /* 主函数 */
17  {
18      printf("please input num: ");
19      scanf("%d", &value);
20      parsenum(value);
21      printf("%d hundreds = %d, tens = %d, units = %d\n",
22              value, hundreds, tens, units);
23      getch( );                                   /* 暂停 */
24      return 0;                                   /* 返回 */
25  }                                               /* 主函数完 */
```

【代码解析】 代码第 3 ～ 5 行和第 14 行分别定义了 hundreds、tens、units 和 value 等全局变量，但其作用范围却是不同的。其中 hundreds、tens 和 units 的作用范围是从第 3 ～ 25 行。而 value 的作用范围是从第 14 ～ 25 行。

```
please input num: 829
829 hundreds = 8, tens = 2, units = 9
```

图 6.15　输入 829 后的输出结果

【运行效果】 编译并执行程序后，输入 829，其结果如图 6.15 所示。

一般设置全局变量的作用是增加函数间数据联系的渠道。因为全局变量在同一文件中所有的函数都可以访问，相当于各个函数间有了直接的传递通道。同时由于函数调用只能返回一个值，因此有时可以利用全局变量增加与函数联系的渠道，从函数中得到一个以上的返回值。

注意：在一个函数中既可以使用本函数的局部变量，也可以使用有效的全局变量。这就好比国家宪法与地方法规的关系一样。

6.5.5　变量的存储类别

前面已经从变量的作用域（空间）方面介绍过全局和局部变量。本节再从另外一个角度，从变量保存的数值的存在时间（生存期）来介绍。

在 C 语言中，变量的存储类别可以分为两种：

① 静态存储变量：是指在程序运行期间存储空间固定的方式。

② 动态存储变量：是指在程序运行期间根据需要进行动态地分配存储空间的方式。

一般内存中供用户使用的存储空间分为程序区、静态存储区和动态存储区三个部分，如图 6.16 所示。

数据分别存放在静态存储区和动态存储区。例如，全局变量就是存放在静态存储区中，在程序开始执行时给全局变量分配存储区，程序执行完毕就释放。在程序执行过程中始终占据固定的存储单元，而不是动态地分配和释放的。

图6.16　内存用户区

而在动态存储区中一般存放如下数据：

① 函数的形参变量，在调用函数时分配空间。

② 局部变量（未加 static 关键字的）：在定义时分配空间。

③ 函数调用时的现场保护和返回地址等。

在 C 语言中，每个变量和函数都属于数据类型（int，char 等）和数据的存储类别（static、auto 等）。

6.5.6　静态变量存储

静态变量根据其作用域范围不同被分为内部静态变量和外部静态变量。静态变量在定义时都是有默认值的，int 型的为 0，float 的为 0.0，char 型的为空。

（1）内部静态变量

内部静态变量的作用域是在函数体内或者块结构内有效，当内部静态变量离开作用域时，即跳出函数体时，其值仍然保持不变，当程序又调用内部静态变量所在的函数时，内部静态变量中的值是上一次保存的值。其生存期为整个程序执行期间。定义内部静态变量的格式如下：

```
{
    static int i;                       /*内部静态变量，默认值为0*/
    …
}
```

其中，static 是关键字，表明这是一个静态变量。int 表明这是一个整数的变量。

【实例 6.12】　内部静态变量的作用域及生存期演示如示例代码 6.12 所示。

示例代码6.12　内部静态变量的作用域及生存期演示

```
01 #include "stdio.h"

02 void func( );

03 void main( )
```

```
04 {
05      static int i = 10;                       /*声明i为内部静态变量*/
06      func( );
07      printf("in main( ),i = %d\n", i);
08      func( );
09      printf("in main( ), i= %d\n",i);
10      getch( );
11 }
12 void func( )
13 {
14      static int i=1;                          /*声明i为内部静态变量*/
15      i+=3;
16      printf("in func( ), i = %d\n", i);
17 }
```

【代码解析】 代码第 5 行声明内部静态变量 i，其作用域在 main（ ）函数中，初始值为 10。代码第 14 行也声明内部静态变量 i，其作用域在 func（ ）函数中，初始值为 1。当程序执行在 main（ ）函数中，输出 i 值为 10，调用 func（ ）函数后，使用函数中的 i 值，运算后输出为 4，返回到 main（ ）函数后，使用 main（ ）函数中的 i 值，输出为 10，然后再调用 func（ ）函数，这里函数中变量 i 值保存的是上次的 4，运算后输出 i 值为 7，再返回 main（ ）函数，输出函数中的 i 值为 10。

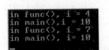

图 6.17 内部静态变量的作用域及生存期演示结果

【运行效果】 编译并执行程序后，其结果如图 6.17 所示。

注意：如果函数中有静态变量，一定要记住，其是可以保留上次调用时变量的值的。

（2）外部静态变量

外部静态变量的作用域为文件级，只能在本文件内被访问和存取。如果当前 C 程序只有一个源代码文件，其相当于前面讲解的全局变量。外部静态变量可以被当前文件的所有函数访问和存取。其生存期为整个程序执行期间。在所有函数体外定义外部静态变量用关键字 static，定义如下：

```
static int i;                                /*在所有函数体外定义的外部静态变量*/
函数名( )
{
    ...
}
```

【实例 6.13】 外部静态变量的作用域及生存期演示如示例代码 6.13 所示。

示例代码6.13　外部静态变量的作用域及生存期演示

```
01 #include "stdio.h"
02
03 static int i;                                /*定义一个外部静态变量*/
04 void func( );
05
06 void main( )                                 /*主函数*/
07 {
08      printf("1: i = %d\n", i);
09      func( );                                 /*调用func( )函数*/
```

```
10        printf("2: i = %d\n", i);
11        i+=10;                                    /* 增加外部静态变量 i 的值 */
12        printf("3: i = %d\n", i);
13        getch( );
14    }                                             /* 主函数结束 */
15  void func( )
16  {
17        i+=4;                                     /* 增加外部静态变量 i 的值 */
18  }
```

【代码解析】 代码第 8 行直接访问外部静态变量 i，并输出 i 值为 0，第 9 行调用函数后，在函数中增加 i 值变为 4，第 11 行 i 值又被改变为 14，最后输出，可见其外部静态变量作用域是在整个文件内，本文件内的所有函数都可以修改和访问。

【运行效果】 编译并执行程序后，其结果如图 6.18 所示。

注意：如果外部静态变量在当前文件的函数中被修改，本文件其他函数中的对这个变量的访问也会受到影响。

图 6.18　外部静态变量的
作用域及生存期演示

6.5.7　自动变量存储

存储空间的分配和释放工作由编译系统自动完成的变量，被称为自动变量。在 C 语言中用关键字 auto 来定义自动变量，但在函数内部一般声明或者定义自动变量时可以省略其关键字。例如：

```
{
    auto int i;                               /* 自动变量 */
    int n;                                    /* 自动变量（省略关键字的默认形式)*/
    …
}
```

前文定义变量 n 时前面就没有关键字"auto"，但通过上下文被隐式地定义为"自动变量"。其和明确定义为自动变量的 i 是等价的。以前所介绍的所有变量也都没有存储分类符，所以都被隐式地定义为自动变量了。

自动变量的作用域是函数级和块级，属于局部变量。该变量在其所在的程序块或者该程序块内部的分程序中可以被访问和存取。其生存期为跳出函数体或者块结构，自动变量所占用的空间就被系统释放了。

【实例 6.14】 自动变量的作用域演示如示例代码 6.14 所示。

示例代码6.14　自动变量作用域演示

```
01  #include "stdio.h"
02
03  void main( )
04  {
05      int num1 = 2008;                      /* 默认的自动变量 */
06      int num2 = 8;
07      int num3 = 100;                       /* 把声明从分程序中移动出来 */
08      printf("1: num1 = %d\n", num1);
09      printf("1: num2 = %d\n", num2);
```

```
10      printf("1: num3 = %d\n", num3);
11      {                                       /*块结构*/
12          printf("2: num1 = %d\n", num1);
13          printf("2: num2 = %d\n", num2);
14          printf("2: num3 = %d\n", num3);
15      }
16      printf("3: num1 = %d\n", num1);
17      printf("3: num2 = %d\n", num2);
18      printf("3: num3 = %d\n", num3);
19      getch( );
20  }                                           /*main 结束*/
```

【代码解析】 变量 num1、num2 和 num3 都是默认为自动变量，其是在函数内部中定义的，所以只能在整个函数内部中进行存取。

【运行效果】 编译并执行程序后，其结果如图 6.19 所示。

图 6.19　自动变量作用域演示输出结果

注意：自动变量的作用域是在函数内，而不包括函数外。

6.6　内部函数与外部函数

前面讲的都是变量的作用域和存储分类，其实 C 语言中函数也是有作用域和存储分类的。下面笔者将向读者介绍与函数相关的存储分类。函数按其存储可以分为两类：一类是内部函数，另一类是外部函数。

6.6.1　内部函数

内部函数是指定义当前文件中可以被文件中其他函数调用的，而不能被其他文件中的函数调用的函数。定义内部函数用关键字 static，格式如下：

```
static 数据类型 函数名(参数表)
{
    函数体
}
```

其中，数据类型可以是基本数据类型，因其使用了关键字 static 来定义，所以内部函数也可以被称为静态函数。

【实例 6.15】 内部函数的定义和调用演示如示例代码 6.15 所示。

示例代码6.15　内部函数的定义和调用演示

```
01 #include "stdio.h"
02
03 int n = 15;                          /*定义外部变量*/
04 static int func1( );                 /*声明内部函数*/
05 static int func2(int x);             /*声明内部函数*/
06 static int func3(int x);             /*声明内部函数*/
07 static int func4(int n);             /*声明内部函数*/
```

```
08  void main()
09  {
10      int n = func1( );                      /*定义自动变量n在函数内有效,外部变量无效*/
11      int i = 0;
12      for(i=0; i<4; i++)
13      {
14          printf("%d,%d,", n, i);
                                                /*调用func1,func2,func3*/
15          printf("%d,%d,%d\n",func2(i),func3(i),func4(i+n));
16      }
17      getch( );
18  }
19  static int func1( )
20  {
21      return n;                              /*返回外部变量n的值*/
22  }

23  static int func2(int x)
24  {
25      x+=n;                                  /*形参加上外部变量n的值*/
26      return x;
27  }

28  static int func3(int x)
29  {
30      static n = 10;                         /*重新定义n为内部静态变量,在本函数内起效*/
31      n=n+x;                                 /*更新内部静态变量n的值*/
32      return n;
33  }

34  static int func4(int n)                    /*重新定义n为自动变量的形参,在本函数内起效*/
35  {
36      int i = 25;
37      return i=i+n;
38  }
```

【代码解析】　在代码中定义了 4 个内部静态函数,第 4 ～ 7 行为其声明。请注意变量 n 在不同的函数中具有不同的存储类别,如表 6.1 所示。

表6.1　变量 n 在不同函数中的存储分类

函数名	存储类别
main	自动类
func1	外部类
func2	外部类
func3	内部静态类
func4	自动类

【运行效果】　编译并执行程序后,其输出结果如图 6.20 所示。

注意：内部函数和外部静态变量一样，只能在本文件内被其他函数调用。

图6.20　内部函数的定义和调用结果

6.6.2　外部函数

外部函数的作用域为整个程序，其可以被组成整个程序的所有源文件中的函数进行调用，只需要在调用前声明一次就可以了。外部函数的定义如下：

```
extern 数据类型 函数名(参数表)
{
    函数体;
}
```

其中，用 extern 关键字来定义外部函数，不过在一般情况下，其在定义函数时可以省略，换句话说，就是如果自定义的函数未加任何存储分类，都默认为外部函数。

【实例 6.16】 外部函数的定义和调用演示如示例代码 6.16 所示。

示例代码6.16　外部函数的定义和调用演示

源文件 main.c（文件1）

```
01 #include "stdio.h"
02
03 int n = 10;                      /*定义外部变量n*/
04 extern int func1(int x);         /*声明外部函数*/
05 int func2(int x);                /*声明外部函数，省略了extern*/
06 void main( )
07 {
08     int i;
09     for(i=0; i<2; i++)
10     {
11     /*调用外部函数func1()和func2()*/
12         printf("fun1: %d\n", func1(i));
13         printf("fun2: %d\n", func2(i));
14     }
15     getch( );
16 }
```

test1.c（文件2）

```
01 static int n = 6;                /*静态外部变量*/
02 int func1(int x)                 /*定义外部函数，省略了extern*/
03 {
04         return n+x;              /*使用外部静态变量n*/
05 }
```

test2.c（文件3）

```
01 extern int n;                    /*声明外部变量*/
02 extern int func2(int x)          /*定义外部函数*/
03 {.
04         return n+x;              /*使用外部变量n*/
05 }
```

【**代码解析**】　本代码程序由 3 个文件组成，除了 main（）函数外，其他的函数都被定义为外部函数，有一些省略了 extern 关键字，但在 main（）函数中仍然可以调用。从最后的输出结果也充分说明如果自定义的函数未加任何存储分类，都默认为外部函数。注意，由于本示例程序是由 3 个文件所组成的程序，所以必须加入工程中进行编译才可以运行。

【**运行效果**】　编译并执行程序后，其输出结果如图 6.21 所示。

注意：外部函数像全局变量一样，可以被声明多次，并且只要被声明后，就可以被程序中所有函数调用。

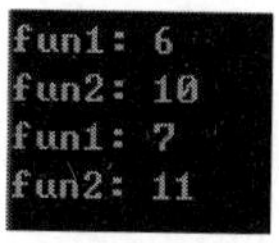

图6.21　外部函数的定义和调用结果

本章小结

　　一个实用的 C 语言程序总是由许多函数所组成的，这些函数根据实际任务，由用户自己去编写，或者调用系统中的函数。但都是从 main（）函数开始执行。所以函数是 C 语言中非常重要的内容。希望各位读者仔细阅读，并结合本章中的示例进行实践，最后掌握函数的各种特点及其使用方法。

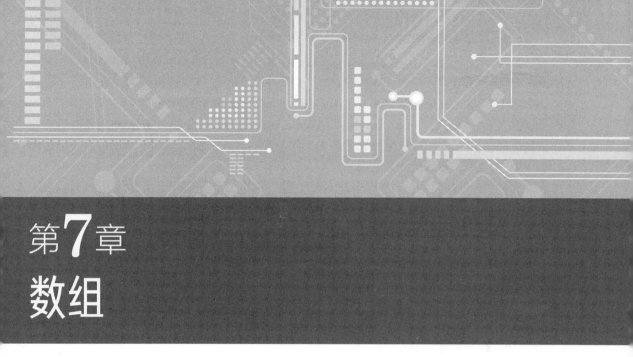

第7章
数组

在前面的内容中，已经对 C 语言中所有的简单数据类型进行了介绍。其实 C 语言中还提供了另外的构造类型的数据，包括数组类型、结构体类型和共用体类型。构造类型数据是由基本类型数据按一定规则组成的。

本章主要对其中的数组类型进行介绍，主要涉及的内容有：

❑ 数组的概念及其作用：介绍什么是数组及其主要作用是什么。
❑ 一维数组：介绍一维数组的特点、定义及如何应用。
❑ 二维数组：介绍二维数组的特点、定义及如何应用。
❑ 字符数组：介绍如何进行字符数组的定义、初始化及使用。
❑ 数组与函数的关系：介绍如何将字符数组作为函数的参数使用。

7.1 数组的概念及内存占用

在程序设计中，有时候要用到很多数据，而数据总是存放在变量中的，那么就需要很多的变量。然而，变量多了就变得难以管理了。所以 C 语言就提供数组这样的一种构造类型的数据，来解决那些类型相同、应用环境接近的同一类数组，用来减少变量名过多的烦恼。

7.1.1 数组的概念

数组是有序数据的集合，是由合法的数据类型构成的线性数据序列。数组中的每个数据被称为数组元素，而数组中的每一个元素都属于同一个数据类型。用一个统一的数组名和下标来唯一地确定数组中的元素，例如：a[0]、a[1]、a[2]……也可以这样认为：数组是一组具有同一类型的变量，只是这些变量所占用的内存空间是连续的存储单元。

一般来说，我们用"int nArray[10]；""float fArray[1001]；"这种方法来定义数组，使用的时候，就用 fArray[1000] 这种数组名 + 具体位置的方式来使用就好了，不过需要记住的是，计算机世界里，习惯从 0 开始编号。

在 C 语言中，数组是一种十分有用的数据结构，许多的问题，如果不用数组几乎难以解决。

7.1.2　数组在内存中的存储

在继续学习之前，先要了解一下数组在电脑内部是如何存储的。理解这一点很重要。主要有以下两点原因：

① 以便在使用指针（将在以后的章节学习）来存取数组元素时概念清晰。

② 新程序员常犯的错误之一就是不能正确地估计数据的大小。要么截去了数组中有意义的数值，要么覆盖掉程序的其他部分。

通过介绍，各位读者应该知道变量和数组都是放在电脑内存中的，有时候还能够听到内存地址（Address）这个词。那么地址究竟是什么意思呢？

其实在内存里，就像是一栋楼，有很多楼层，每层楼中的房间又按顺序编了号，于是在房子中，按楼层和房间的编号就能确定内存中唯一的一间房，在这里认为所有的数据在内存中都是放在房子里。电脑就是依照这个原理找到所要访问或修改的数据的。楼层号和房间的编号就称为这个房子的地址。

那么这些内存中的房子和前面所说的变量和数组是什么关系呢？在内存里的房子的大小是规定的，每间房子只能存储一个字节（Byte）的数据。有时候，一种类型的变量需要比较大的空间，比如一个浮点型的数据，一间房子是放不下的，而是需要 4 间房子的空间才能放得下。于是电脑就把空间上连起来的 4 间房子拼起来，每间房子放这个浮点型数据的一部分数据。而这连起来的 4 间房子，就构成了一个能够存放浮点型数据的变量。

同理，如果是一个有 5 个元素的浮点型数组，就需要 20 个字节的空间。现在来看看第 1 个例子：

```
int nArray[5];
```

假设在内存的起始地址是 20000，已知存放一个整型要占用 2 个字节，那么这个数组在内存中的存放方式如表 7.1 所示。

表7.1　整型数组内存示意表

数组中的位置	内存地址（仅示意）	元素值
nArray[0]	20000	0
nArray[1]	20002	0
nArray[2]	20004	0
nArray[3]	20006	0
nArray[4]	20008	0

注意：整型数据在内存中每个元素的地址以 2 为单位递增。

正如前面已经提到过的，这是因为电脑用 2 个字节的存储空间来存放一个整型数。

现在再来看看第 2 个例子：

`float lArray[5]`

起始地址还是 20000，存放一个浮点型数据要占用 4 个字节，那么这个数组在内存中的存放方式如表 7.2 所示。

表7.2 浮点型数组内存示意表

数组中的位置	内存地址（仅示意）	元素值
lArray[0]	20000	0
lArray[1]	20004	0
lArray[2]	20008	0
lArray[3]	20012	0
lArray[4]	20016	0

注意：实型数据在内存地址中每个元素都是以 4 为单位递增的。

7.1.3 数组的溢出

C 语言在设计的时候，理念上就是针对高级程序员的一种工具，有一个设计思想就是信任程序员。认定在任何时候，程序员都知道自己是在干什么。所以，才会有对内存的访问工具，才从来不会做越界检查，没有对内存的保护，坚信程序员知道自己在干什么，由程序员控制一切。

当然，这样做的好处是可以编写系统级程序，可以轻松编写黑客程序。在那个 CPU 资源紧张的时代，可以写出来和汇编程序运行效率媲美的代码。

但是，这样带来的坏处是，初学者不经意间就把程序搞崩溃了。

比如，你定义了数组"int nArray[10]；"，然后程序中写上"nArray[10]=77；"。我们说过，数组是从 0 开始编码的，在这个数组定义的时候，编译器只给分配了编号 0～9 的内存空间，nArray[10] 的访问就越界了，参考表 7-1，就是所谓的内存溢出。但 C 语言是容许这么做的，因为信任程序员嘛，万一这个数字 77 是表示 CPU 的 JUMP 指令，程序员的目的，就是想让 CPU 在运行到这个内存地址的时候，跳转（JUMP）到另外一个地方，实现黑客级程序的运行方式呢？

当然，有些编译器会给一个警告甚至出错提示。但大多数 C 程序编译器是不会强行检查的，完全信任程序员，靠程序员自己来检查自己的行为。

所以，当我们还是初学者的时候，就要小心注意自己写的数组代码，是不是有 nArray[11]=99 这种越界访问。

本节这部分内容，算是对大家仔细学习数组特性前的一个提醒，不要求完全理解。读者可以在学习完指针之后，再来复习一下，对比体会一下数组越界、内存溢出是个什么情况。

7.2 一维数组

一维数组是最普通和常用的数组，本节将对其定义及使用进行介绍。

7.2.1 一维数组的定义

定义一个一维数组与定义一个变量类似，其格式如下：

数据类型　数组名[常量表达式]；

其中，数据类型可以是任何一种合法的数据类型，如 int、char、long、float 等，也可以

是后面章节将提到的自定义的数据类型。数组名是一个有效的 C 语言标识符，而方括号 [ ] 表明这是一个数组，方括号中的常量表达式指定整个数组的大小，即可以存储多少个元素。现在来看一看如何在 C 语言程序中声明和定义一个整型和浮点型数组。

```
int nArray[100];                    /*声明一个整型数组*/
float fArray[10];                   /*声明一个浮点型数组*/
```

nArray[100] 数组在内存中的空间占用如图 7.1 所示。

注意：在定义一个数组的时候，方括号 [] 中必须是一个常量数值，不能是变量。因为数组是内存中一块有固定大小的静态空间，编译器必须在编译所有相关指令之前先能够确定要给该数组分配多少内存空间。

图7.1　数组在内存中的空间占用

7.2.2 一维数组的初始化

数组在声明以后，必须被初始化以后才能使用。因为当定义在一个函数内的数组时，除非特别指定，否则数组将不会被初始化，因此其内容在将数值存储进去之前是不确定的。

如果想在定义的时候就把数组初始化，初始化方法如下所示：

```
void main( )
{
    int nArray[4]={33,20,330,45};                /*声明时进行初始化*/
    …
}
```

注意：花括号 {} 中要初始化的元素数值个数必须和数组声明时方括号 [ ] 中指定的数组长度相符。元素之间要用逗号分开。

在上面例子中，数组 nArray 定义中的长度为 4，因此在后面花括号 {} 中的初始值也有 4 个，每个元素指定一个数值。如果要把数组中 4 个元素全部初始化为 0，初始化方法如下：

```
int nArray[4] = {0};
```

当然，也可省略数组大小的说明，直接初始化数组，声明如下所示：

```
void main()
{
    int nArray[]={18,20,30,45};
    …
}
```

注意：只有当数组需要立即被初始化时，才能这样定义。

在上面例子中，数组 nArray 声明中的大小未指定，而数组的长度将由后面花括号 {} 中数值的个数来决定。还可以采用既指定数组大小，又同时对其前几个元素进行初始化的方

法。例如：

```
int nArray[10]={1,2,3};
```

上面就是既指定了数组 nArray 的大小为 10 个元素，同时又把其前 3 个元素分别初始化为 1、2、3，数组的其他元素被初始化为 0。如果需要声明一个全局数组，则其全部元素的内容将被默认初始化为 0。在全局范围内声明一个数组如下所示：

```
int nArray[4];                              /*nArray 中的每一个元素将会被初始化为0*/
```

注意：在所有函数之外声明的数组被称为全局数组，其作用范围同全局变量。

7.2.3　一维数组元素的引用

数组在定义并初始化以后，就可以使用。C 语言中规定只能逐个引用数组元素而不能一次引用整个数组。在程序中可以读取和修改数组任一元素的数值，就像操作其他普通变量一样。格式如下所示：

数组名 [元素序列号]

注意：元素序列号又被称为下标。

继续前面的例子，数组 nArray 有 4 个元素，其中每一元素都是整型 int，引用其中第 3 个元素的方法如下所示：

```
nArray[2];
```

注意：数组是从 0 开始索引，不是从 1 开始的。

前面例子的第 1 个元素是 nArray[0]，如果写成 nArray[4]，那么是在使用第 5 个元素，因此会超出数组的长度。

注意：如前所述，在 C 语言中对数组使用超出范围的下标是合法的，这就会产生问题，因为其不会产生编译错误而不易被察觉，但是在运行时会产生意想不到的结果，甚至导致严重运行错误。超出范围的下标之所以合法的原因在后面学习指针的时候会了解。

例如，要把数值 20 存入数组 nArray 中第 3 个元素的语句为：

```
void  main( )
{
     int nArray[] = {18,20,30,45};          /*数组初始化*/
     nArray[2] = 20;                        /*赋值 nArray内容变成 {18,20,20,45}*/
     …
}
```

又例如，要把数组 nArray 中第 3 个元素的值赋给变量 a，可以这样写：

```
void  main( )
{
     int nArray[] = {18,20,30,45};          /*数组初始化*/
     int a = nArray[2];                     /*赋值给变量a ，a的值为30*/
     …
}
```

因此，在所有使用中，表达式 nArray [2] 就像任何其他整型变量一样使用。

注意：方括号 [ ] 在对数组操作中的两种不同用法：一种是在声明数组的时候定义数组的长度；另一种是在引用具体的数组元素的时候指明一个索引号（index）。不要把这两种用法混淆。

7.2.4 一维数组的应用实例

【实例 7.1】 用数组来求 Fibonacci 数列中的数，并输出结果到屏幕上。用其说明如何操作和访问数组，如示例代码 7.1 所示。

示例代码7.1　用数组求Fibonacci数列

```
01 #include "stdio.h"                                    /*包含系统函数头文件*/
02
03 int main( )                                           /*主函数*/
04 {
05     int i = 0;                                        /*定义变量*/
06     int f[20] = {1,1};                                /*定义数组并初始化前两个元素数据*/
07     for(i=2; i<20; i++)
08     {
09         f[i]=f[i-2]+f[i-1];                           /*后项的结果等于前两项之和*/
10     }
11     for(i=0; i<20; i++)
12     {
13         if(i%5 == 0)
14         {
15             printf("\n");;                            /*每5个字符输出一个换行*/
16         }
17         printf("%6d ", f[i]);                         /*输出数组的每一元素*/
18     }
19     getch( );                                         /*暂停*/
20     return 0;                                         /*返回*/
21 }                                                     /*主函数完*/
```

图 7.2　用数组求 Fibonacci 数列结果

【代码解析】 代码第 9 行就是求 Fibonacci 数列的算法，每次将该 Fibonacci 数列中数据顺序存入到数组 f 中。

【运行效果】 编译并运行程序后，其结果如图 7.2 所示。

7.3　二维数组

在日常生活中，遇到的很多数据都是二维的或者多维的，例如事物的长宽高、日期的年月日等等。如果放到程序中应该如何表示呢？为此 C 语言中就引入了二维数组。

不过，从原理的角度，二维数组只是一维数组的一个变种，我们建议初学者第一遍学习的时候，跳过二维数组这一部分的学习，抓住基本概念，先重点搞清一维数组就行了。只是从图书编撰的逻辑顺序方面考虑，我们把这部分内容放在了这里，但读者可以灵活处理。

7.3.1 二维数组的定义

顾名思义，二维数组即数组中每个元素都带有两个下标。在逻辑上可以把二维数组看成是一个具有行和列的表格或者矩阵。

二维数组的定义与定义一维数组类似，只是多了一个方括号而已。其格式如下：

数据类型　数组名[常量表达式1][常量表达式2];

其所有的性质与一维数组相似。但要注意二维数组比一维数组多了一个常量表达式，用于定义第二维的元素的存储空间大小。常量表达式的值只能是正整数。通常，可以把"常量表达式1"看成是矩阵或者表格的行数，其决定了第一维下标值的上限为"常量表达式1的值-1"；把"常量表达式2"看成是矩阵或者表格的列数，其决定了第二维的下标值的上限为"常量表达式2的值-1"。

例如，定义一个3×4大小名为array的int型数组和5×5大小名为body的int型数组：

```
int array[3][4];                    /*3×4大小名为array的int型数组*/
int body[5][5];                     /*5×5大小名为body的int型数组*/
```

其中，数组body的逻辑结构可以表现为如表7.3所示的矩阵或者表格。

表**7.3** 二维数组**body**的逻辑表达

0	1	2	3	4
body[0][0]	body[0][1]	body[0][2]	body[0][3]	body[0][4]
body[1][0]	body[1][1]	body[1][2]	body[1][3]	body[1][4]
body[2][0]	body[2][1]	body[2][2]	body[2][3]	body[2][4]
body[3][0]	body[3][1]	body[3][2]	body[3][3]	body[3][4]
body[4][0]	body[4][1]	body[4][2]	body[4][3]	body[4][4]

每个元素都有两个下标，第一个方括号中的下标代表行号，称为行下标；第二个方括号中的下标代表列号，称为列下标。

但要注意，一定不能写成这样：

```
int array[3,4];                     /*错误*/
int body[5,5];                      /*错误*/
```

在C语言中，由于采用了这样一种定义方式，大家也可以把二维数组看作是一种特殊的一维数组：其包含的每个元素又是一个一维数组。

例如：可以把array看作一个一维数组，其包含3个元素，array[0]、array[1]、array[2]，每个元素又是一个包含4个元素的一维数组，如图7.3所示。

这样，就可以把array[0]、array[1]、array[2]看作是三个一维数组的名字。这个二维数组就可以理解为定义了三个一维数组。

虽然C语言中定义的是二维数组，但并不是说其存放的内存空间也一定是一个矩形。其实在内存中，二维数组也是只占用一个连续的存储空间，并且二维数组的元素在内存中的排列顺序是按行存放，即在内存中先顺序存放第一行的元素，再存放

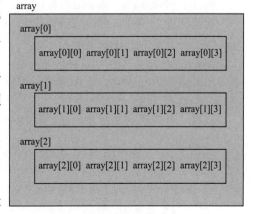

图7.3 array数组

第二行的元素，依此类推。例如 array 数组在内存中的存放空间如图 7.4 所示。

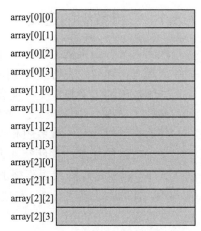

array[0][0]
array[0][1]
array[0][2]
array[0][3]
array[1][0]
array[1][1]
array[1][2]
array[1][3]
array[2][0]
array[2][1]
array[2][2]
array[2][3]

图7.4　array 数组的内存存储

7.3.2　二维数组的初始化

既然现在知道了如何定义二维数组，那可不可以和一维数组一样，在定义时初始化呢？答案是可以的，其方法如下：

```
int array[3][4]={{17,27,36,84},{64,37,68,19 },{101,13
1,12, 143}};
```

而且二维数组在初始化的时候，可以省略一维大小，只指定第二维的大小进行初始化。例如：

```
int arr[][3] =        /*这里指出第一维未知，但第二维有3个元素*/
{
    {1,2,3},
    {4,5,6}
};
```

编译器可以根据初始化元素的个数及第二维的尺寸，来推算出第一维大小，比如 6/3=2。注意：以下定义方法是错误的。

```
int arr[2][] = {1,2,3,4,5,6};是一种错误。
```

下面几点需要注意：

- ❑ 二维数组可以在定义时初始化。
- ❑ 二维数组的每个元素各用一对花括号括起来。
- ❑ 二维数组中的每一行，相当于一个一维数组。
- ❑ 数组可以是一维的、二维的，甚至维数更多，如三维或者四维。因为多于二维的数组用得很少，所以这里只讲述二维以下的数组。

7.3.3　二维数组元素的引用

在二维数组中，元素的引用和一维数组差不多，只是有一点点区别，访问方法如下：

```
数组名[一维组组下标][二维组组下标]
```

继续前面的例子，数组 array 有 3×4 个元素，其中每一元素都是 int 型，引用其中第一行、第二列元素的方法如下所示：

```
array[1][2];
```

在引用数组元素时，下标也可以为整型表达式，例如：

```
array[1+1][1*2-1];
```

但有一点问题需要注意，这也是初学者常常会出现的错误，例如：

```
void main( )
{
    int a[2][3];                        /*定义一个2×3二维数组*/
    …
    a[2][3] = 3;                        /*访问超过最大行和列下标的元素*/
}
```

其中，a 定义为 2×3 的数组，其最大可用的行下标是 1，列下标是 2。而 a[2][3] 已经超过了数组的范围。

注意：请读者一定要严格区分在定义数组时，下标是用来定义数组的维数和各维大小的。而引用数组元素时，下标是用来代表某个元素的。数组中的下标值是以 0 作为起始的，而不是以 1 起始。

7.3.4 二维数组的应用实例

【实例 7.2】 定义并初始化一个二维数组，遍历数组中的每个元素并显示到屏幕上。如示例代码 7.2 所示。

示例代码7.2 二维数组的遍历

```
01 #include "stdio.h"                    /*包含系统函数头文件*/
02
03 int main( )                           /*主函数*/
04 {
05     int i = 0;                        /*初始化变量*/
06     int j = 0;
    /*初始化二维数组*/
07     int array[][4] = {{1,2,3,4},{88,657,234,78},{99,128,77,9}};
08     for(i=0; i<3; i++)
09     {
10         for(j=0; j<4; j++)
11         {
12             printf("%6d ", array[i][j]);   /*遍历数组中的元素，并打印出来*/
13         }
14         printf("\n");                 /*遍历完一行，打印一个换行*/
15     }
16     getch( );                         /*暂停*/
17     return 0;                         /*返回*/
18 }                                     /*主函数完*/
```

【代码解析】 代码第 7 行是初始化二维数组 array。代码第 8 ～ 15 行是采用循环语句遍历数组中的元素，并显示到屏幕上。

【运行效果】 编译并运行程序后，其结果如图 7.5 所示。

通过前面的知识介绍，大家知道了二维数组与一维数组在内存中都是顺序占用存储空间的。虽然其内存存储方式是一样的，但如果要把二维数组转换为一维数组，还是要通过程序才能实现。

图7.5 二维数组的遍历结果

【实例 7.3】 将二维数组转换为一维数组，如示例代码 7.3 所示。

示例代码7.3 将二维数组转换为一维数组

```
01 #include "stdio.h"                    /*包含系统函数头文件*/
02
03 int main( )                           /*主函数*/
04 {
```

```
05        int i = 0;                                    /*初始化变量*/
06        int j = 0;
07        int array1[12] = {0};                         /*定义并初始化数组*/
08        int array2[][4] = {{1,2,3,4},{88,657,234,78},{99,128,77,9}};
09        for(i=0; i<3; i++)
10        {
11            for(j=0; j<4; j++)
12            {
13                array1[i*4+j] = array2[i][j];          /*将二维数组中的元素赋值给一维数组*/
14            }
15        }
16        for(i=0; i<12; i++)
17        {
18            printf("%d ", array1[i]);                  /*输出一维数组中的元素*/
19        }
20        getch( );                                      /*暂停*/
21        return 0;                                      /*返回*/
22 }                                                     /*主函数完*/
```

【代码解析】 代码第 13 行是通过一定的算法，把二维数组中的元素赋值给一维数组中的指定元素。例如：当 i = 0 时，其依次将数组 array1 的前 4 个元素赋值；当 i = 1 时，又会将数组 array1 第 5 ~ 8 个元素赋值，依此类推。

图 7.6　二维数组转换为一维数组输出结果

【运行效果】 编译并运行程序后，其结果如图 7.6 所示。也证明了转换是成功的。

7.4　字符数组

在前面的章节中已经提到过字符数组的一些概念。所谓字符数组，就是用来存放字符型数据的数组，字符数组中的每一个元素都只存放一个 char 型数据。

7.4.1　字符数组的定义

定义一个字符数组同定义一个整型数组一样，例如：

char str[10];

上面就是定义了一个字符数组 str，其包含 10 个 char 型元素。

注意：在 C 语言中，字符型与整型是可以互相通用的，所以字符型数组中也可以存放介于 0 ~ 255 的数值。

7.4.2　字符串与字符数组

在 C 语言中，字符串就是一个字符数组，不过字符串代表字符串常量，而字符数组代表的是变量。在字符串的最后系统会自动添加一个 '\0'，而字符数组如果初始化后有空余空间，其后系统也自动添加 '\0'。这是为什么呢？

因为 '\0' 在 ASCII 码表中代表的是 0 的字符，从 ASCII 码表可以看出，0 字符是一个不可以显示的字符，是一个空操作符，即其表示什么都不干。用其作为字符串结束符标志不会产生附加的操作或者增加有效字符，只起到一个供判别的标志。例如：

```
printf("Hello World!\n");
```

即输出一个字符串，系统在执行这句语句时，正因为内存中有了这个结束符标志 '\0'，才能知道字符串在什么地方是结束。在输出的时候，每输出一个字符就检查下一个字符是否是 '\0'。遇到 '\0' 就停止输出。

7.4.3 字符数组的初始化

对字符数组的初始化，可以采用前面介绍的对逐个元素进行赋值的方法进行。例如：

```
char str[] = {'I',' ','L','O','V','E',' ','Y','O','U'};
```

其中，省略指定数组大小。这样，初始化后的字符数组，编译器会根据后面初始值的个数生成数组大小。初始化后字符数组内存存储如图 7.7 所示。

图7.7　str字符数组内存存储

但如果在定义时，初始化指定的数据个数小于字符数组大小，则只将这些字符赋值给数组中前面那些元素，其余的元素自动定义为结束符（即 '\0'）。例如：

```
char str[6] ={'C','H', 'I', 'N','A'};                /*只指定了前5个字符*/
```

在上面的例子中，只指定了字符数组前 5 个元素的值，则生成的数组存储如图 7.8 所示。

图7.8　str字符数组最后添加了空字符

反之，如果初始值个数大于数组的大小，则在编译时会生成错误处理。

另外，由于 C 语言中支持直接用字符串来初始化字符数组，所以还可以用字符串常量来初始化字符数组。例如：

```
char str[] = "How are you?";
```

省略了花括号。这样的方法不仅直观、方便，而且符合人们一定的书写习惯。

注意：用字符串常量初始化字符数组时，由于字符串常量最后系统会自动添加一个 '\0'。因此，字符数组的大小比字符串常量中字符的个数多 1。

7.4.4 字符数组的输入和输出

对于字符数组的输入或者输出，有两种方法：

① 逐个字符地输入和输出，用格式符 "%c" 来控制输入或者输出一个字符。例如：

```
void main( )
{
    char c = 'A';
    scanf("%c",&c);                              /*接收输入一个字符*/
```

```
    printf("%c", c);                                    /*输出一个字符*/
    ...
}
```

② 一次将整个字符串输入或者输出，用格式符"%s"来控制，即输出字符串。例如：

```
void main()
{
    char str[] = "Are you sure?";
    printf("%s",str);                                   /*输出一个字符串*/
    ...
}
```

要注意的是，在输出时，由于是用字符串常量进行初始化，所以最后必定有一个结束符
'\0'，遇到时就会停止输出。输出的结果是：

```
Ara you sure?
```

除此以外，还有如下几点需要注意的地方：

① 输出的字符不包括结束符'\0'。

② 如果数组长度大于字符串实际长度，也只输出到遇到结束符结束。

③ 如果一个字符数组中包含多个结束符，则遇到第一个结束符时就停止输出。

7.4.5　使用scanf()函数接收字符串

除可以用"%s"输出字符串外，还可以在 scanf（）函数中使用"%s"来接收输出的字符串。例如：

```
void main( )
{
    char str[128];
    scanf("%s", str);                                   /*接收用户输入*/
    ...
}
```

注意：在用 scanf（）函数接收用户输入时，输入保存的为字符数组时，不用再加取地址符"&"，因为数组名就代表了该数组的起始地址。

在利用 scanf()函数接收用户输入的字符串时，系统会自动在最后添加一个结束符"\0"。

【实例 7.4】利用一个 scanf（）函数，接收多个字符串时，应该如何处理？其如示例代码 7.4 所示。

示例代码7.4　接收多个字符串

```
01 #include "stdio.h"                                   /*包含系统函数头文件*/
02
03 int main( )                                          /*主函数*/
04 {
05     char str1[6];                                    /*定义字符数组*/
06     char str2[6];
07     char str3[6];
08     printf("please input str : ");
09     scanf("%s%s%s",str1,str2,str3);                  /*接收多个字符串*/
10     printf("%s\n%s\n%s\n", str1,str2,str3);
```

```
11      getch( );                                    /*暂停*/
12      return 0;                                    /*返回*/
13 }                                                 /*主函数完*/
```

【代码解析】 代码第 9 行，即 scanf（ ）函数接收多个字符串，当其接收字符串时，每个字符串以空格自动进行分隔，赋值给不同的字符数组。

【运行效果】 编译并运行程序后，输入 "I am Lili"，其结果如图 7.9 所示。

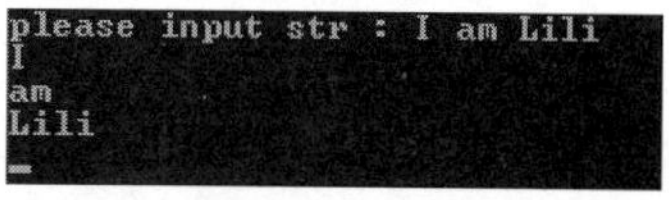

注意：在使用一个字符数组接收中间有空格的字符串时，scanf（ ）函数只会将空格前的字符串保存到字符数组中。

图 7.9　接收多个字符串输出结果

7.4.6　字符数组的应用

【实例 7.5】 接收用户输入的字符串，并删除其指定的字符，最后输出到屏幕上。如示例代码 7.5 所示。

示例代码7.5　删除指定的字符

```
01 #include "stdio.h"                               /*包含系统函数头文件*/
02
03 int main( )                                      /*主函数*/
04 {
05      char c;
06      char str[128] = {0};                        /*初始化字符数组*/
07      int  i = 0;
08      printf("Please input delete char: ");
09      scanf("%c", &c);
10      printf("Please input str : ");
11      scanf("%s",str);
12      /*查找字符串，并将符合条件的字符变成空格*/
13      for(i=0; str[i]!= '\0'; i++)                 /*结束条件为遇到结束符*/
14      {
15          if(str[i] == c)
16          {
17              str[i] = ' ';                        /*变成空格*/
18          }
19      }
20      printf("%s\n", str);
21      getch( );                                    /*暂停*/
22      return 0;                                    /*返回*/
23 }                                                 /*主函数完*/
```

【代码解析】 代码第 13 ～ 19 行，采用循环语句遍历整个输入的字符串，将其中与欲删除的字符相同字符的变成空格，一直执行到整个字符串结束。

【运行效果】 编译并运行程序，输入删除字符 "i" 和字符串 "abcediabciabcdib" 后，其结果如图 7.10 所示。

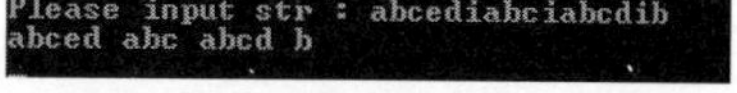

图 7.10　删除指定的字符结果

7.5 字符数组元素作为函数参数

回想一下前面介绍的章节，当向一个函数传递一个变量时，实际上传递的只是该变量的一个值，赋值给形参，是一个备份，而不是变量本身。但对于数组就不太一样了。

但有时候需要将数组作为参数传给函数。在 C 语句中将一整块内存中的数值作为参数完整地传递给一个函数是不可能的，即使是一个对齐的数组也不可能，但是允许传递数组的首元素地址。其实际作用也是一样的，但传递地址更快速有效。当数组传给函数时，处理的是数组的实际的值。

将字符数组作为函数的参数，函数定义如下所示：

数据类型 函数名（数据类型 数组名[]）;

其中，要定义数组为参数，只需要在定义或者声明函数的时候指明参数数组的基本数据类型，数组名后面再跟一对方括号 [] 就可以了。

【实例 7.6】 将字符数组作为函数的参数，传递给函数进行处理。并将字符数组中的字符全部换成大写字母输出到屏幕上。如示例代码 7.6 所示。

示例代码7.6 将数组作为参数传给函数

```
01 #include "stdio.h"                           /*包含系统函数头文件*/
02
03 void upper(char str[])                        /*转换函数*/
04 {
05     int i = 0;
06     for(i=0; str1[i]!= '\0';i++)              /*遍历整个字符数组*/
07     {
08         if((str1[i] >= 'a') && (str1[i] <= 'z'))  /*判断是否是小字字母*/
09         {
10             str1[i] -= 32;                    /*小写字母的ASCII码值大于大字字母32*/
11         }
12     }
13 }
14
15 int main( )                                   /*主函数*/
16 {
17     char str1[] = "abcDefGH";                 /*初始化字符数组*/
18     char str2[] = "bbbbbbbb";
19     upper(str1);                              /*调用转换函数，并将数组作为函数参数*/
20     upper(str2);
21     printf("str1 : %s\n", str1);              /*显示转换后字符数组*/
22     printf("str2 : %s\n", str2);
23     getch();                                  /*暂停*/
24     return 0;                                 /*返回*/
25 }                                             /*主函数完*/
```

【代码解析】 代码第 3 行，函数 upper（）的参数（char str[]）接受任何字符数组作为参数，不管其长度如何。在代码第 8 行，首先判断当前字符是不是小写字母，即介于 a 和

z之间的字符。代码第10行，如果是小字字母，则将其ASCII码的值减小32，就变成了大写字母。代码第19行和20行，就是调用upper（）函数，并将字符数组作为参数传递。在upper（）函数中修改了字符数组中元素的值，由于传递的是数组本身，所以在main（）函数中，也会受到影响。

【运行效果】 编译并运行程序，其结果如图7.11所示。

图7.11 将数组作为参数传给函数结果

7.6 数组在程序中的实际应用举例

前面的章节中，已经接触过很多数组在程序中的实际应用，现在再看两个例子，来说明数组的作用。

【实例7.7】 在用户输入某年某月某日后，程序自动输出这一天是一年当中的第几天。要注意处理闰年的问题。其如示例代码7.7所示。

示例代码7.7 输入日期求是当年的第几天

```
01  #include "stdio.h"                          /*包含系统函数头文件*/
02
03  int main( )                                 /*主函数*/
04  {
05      int dayn[2][13] = {                     /*定义每个月的天数*/
06      {0,31,28,31,30,31,30,31,31,30,31,30,31},
07      {0,31,29,31,30,31,30,31,31,30,31,30,31}
08      };
09      int year       = 0;                     /*初始化变量*/
10      int month      = 0;
11      int day        = 0;
12      int leap       = 0;
13      int i          = 0;
14      printf("please input year month day:"); /*提示用户输入数据*/
15      scanf("%d %d %d",&year,&month,&day);
        /*判断是否是闰年*/
16      if((year % 4 == 0 && year %100 != 0) ||
17          (year % 400 == 0))
18      {
19          leap = 1;                           /*是闰年*/
20      }
21      else
22      {
23          leap = 0;                           /*不是闰年*/
24      }
25      for(i=1; i<month; i++)
26      {
```

```
27          day = day + dayn[leap][i];          /*根据月份计算天数*/
28      }
29      printf("%d\n",day);                      /*输出结果*/
30      getch( );                                /*暂停*/
31      return 0;                                /*返回*/
32  }                                            /*主函数完*/
```

【代码解析】 代码第 5～7 行，是根据年类型的不同，初始化每个月的天数。

【运行效果】 编译并运行程序，输入"2010 7 20"后，其结果如图 7.12 所示。

```
please input year month day:2010 7 20
201
```

图 7.12　求某年某月的天数结果

在许多程序设计中，需要将一个数列进行排序（所谓排序就是指将一组无序的数字按一定的顺序进行排列，或从大到小，又或者从小到大），以方便统计，而冒泡排序一直由于其简洁的思想方法和比较高的效率而倍受青睐。

【实例 7.8】 用最简单的冒泡排序法对数组中的元素进行排序。其中的数值由用户任意输入，最后输出排序结果。其如示例代码 7.8 所示。

示例代码7.8　冒泡排序法进行排序

```
01  #include "stdio.h"          /*包含系统函数头文件*/
02
03  #define TRUE  1                              /*定义常量*/
04  #define FALSE 0
05
06  void bubble_sort(int a[], int len)          /*定义冒泡排序函数*/
07  {
08      int i,j,temp;                            /*定义变量*/
09      int change=TRUE;
10      for(i=0;i<len-1&&change;i++)             /*扫描数组*/
11      {
12          change=TRUE;
13          for(j=0;j<len-i-1;j++)               /*遍历数组*/
14          {
15              if(a[j]>a[j+1])                  /*发现更小数，进行交换*/
16              {
17                  temp=a[j];
18                  a[j]=a[j+1];
19                  a[j+1]=temp;
20                  change=TRUE;
21              }
22          }
23      }
24  }
25
26  int main( )                                  /*主函数*/
27  {
28      int array[10] = {0};                     /*初始化数组*/
29      int i = 0;
30      printf("please input num :");            /*提示用户输入*/
```

```
31          for(i=0; i<10; i++)
32          {
33              scanf("%d", &array[i]);               /*接收用户输入的10个数字*/
34          }
35          bubble_sort(array, 10);                   /*对数组进行排序*/
36          for(i=0; i<10; i++)
37          {
38              printf("%d ", array[i]);              /*遍历数组元素并输出*/
39          }
40          getch( );                                 /*暂停*/
41          return 0;                                 /*返回*/
42     }                                              /*主函数完*/
```

【代码解析】 代码第 6 ~ 24 行就是冒泡排序函数的实现,其原理是依次比较相邻的两个数,将小数放在前面,大数放在后面。即首先比较第 1 个和第 2 个数,将小数放前,大数放后。然后比较第 2 个数和第 3 个数,将小数放前,大数放后,如此继续,直至比较最后两个数,将小数放前,大数放后。

重复以上过程,仍从第一对数开始比较(因为可能由于第 2 个数和第 3 个数的交换,使得第 1 个数不再小于第 2 个数),将小数放前,大数放后,一直比较到最大数前的一对相邻数,将小数放前,大数放后,第二趟结束,在倒数第二个数中得到一个新的最大数。如此下去,直至最终完成排序。由于在排序过程中总是小数往前放,大数往后放,相当于气泡往上升,所以称作冒泡排序。

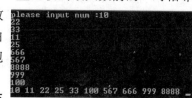

【运行效果】 编译并运行程序,输入"10 22 33 11 25 666 567 8888 999 100",其结果如图 7.13 所示。

图7.13 冒泡排序法进行排序

7.7 数组的专业用法

使用数组,往往意味着大量的数据,大量的数据,就可能涉及内存的分配。内存的分配,我们会在第 13 章专门讲解,但这些内容,逻辑上适合放到数组一章讲解。是不是会用本节所写内容,其实是你是不是专业 C 程序员的标志。读者可以在学完本书之后再来体会。

本节的内容,来自于一个开始编写一个较大项目中的总结,非常有现实意义。20 年前,我们刚刚开始学习 C 和 C++ 的时候,计算机的内存非常地紧张,即使今天,内存也非常容易溢出或者说泄漏,专业的程序员也必须学会在尽量狭小的空间里舞蹈。

在编程过程中,常常会碰到在函数里需要定义数组的情况。一般定义数组的方法有如下几种。

方法一:函数体内定义

```
#define DATA_SIZE  300

int GetResult( )
```

```
{
  short DataBuf[DATA_SIZE*2];

  ...

}
```

方法二：函数体外定义

```
#define DATA_SIZE   300

short DataBuf[DATA_SIZE*2];

int GetResult( )
{

  ...

}
```

方法三：使用 static 在函数体内定义

```
#define DATA_SIZE   300

int GetResult( )
{
static short DataBuf[DATA_SIZE*2];

  ...

}
```

方法四：使用 static 在函数体外定义

```
#define DATA_SIZE   300

static short DataBuf[DATA_SIZE*2];

int GetResult( )
{

  ...

}
```

方法五：C/C++ 中使用指针获取数组变量中的值

```
#define DATA_SIZE   300

int GetResult( )
{
  short *DataBuf;

  DataBuf= new short[DATA_SIZE*2];
```

```
    DataBuf[0] = '\0';

    …

    delete []DataBuf;
    DataBuf= NULL;
    …
}
```

方法六：C 语言中使用指针获取数组中的值

```
#define DATA_SIZE   300

int GetResult( )
{
  short *DataBuf;

  DataBuf= (short *)malloc(DATA_SIZE*sizeof(short));
  if(DataBuf==NULL)
  {
    printf("\n no memory! \n");
    return ERROR;
  }
  else
    DataBuf[0] = '\0';

  …

  free(DataBuf);
  DataBuf= NULL;
  …
}
```

在编程中，不同的定义方法会使数组存放在不同的位置。具体情况如下。

① 第一种方法，仅仅适用于数据比较小的情况，因为这种方法得到的数组是存放在栈里的，如果太大，就可能造成栈的溢出而引起死机。这种方法定义的数据的有效区域是在这个函数里，当函数结束时，这部分数据所占用的内存会被自动回收。所以这种定义方法不会引起内存的浪费。

② 第二～四种方法，得到的数组是存放在数据段里的。由于数据段也比较小，所以不能定义太大的数组。这种数组定义所占用的内存是没有办法收回的，比较浪费内存。其中第二种方法定义的数组的有效范围是在整个程序里，第三种方法定义的数组的有效范围是在这个程序文件里，而第四种方法定义的数组的有效范围则仅仅是在这个函数里。

③ 第五种和第六种方法，得到的数据是存放在堆里的，堆里一般都会留有足够的空间来运行程序，所以在这里可以定义比较大的数组，而且在不需要数组时，还可以使用程序来回收这部分内存。此种方法不会引起内存的浪费，是定义临时数组的首选。但是如果忘记回收这部分内存，就会引起内存的泄漏。当程序长时间运行时，内存的泄漏就可能引起程序的崩溃。

本章小结

希望通过本章的介绍，大家能够明白数组、元素内存占用及地址等相关概念；同时能够掌握如何定义、初始化及使用一维数组和二维数组。另外，本章对字符数组的特点、初始化和使用也进行了介绍。最后通过实例的演示，把整个数组相关的知识点进行总结，让读者去实践并验证所学习到的内容。

如果读完本书，开始编写较大项目还不能理解本章最后一节内容，读者可以去找一些x86 CPU 内存管理的书籍来辅助学习。

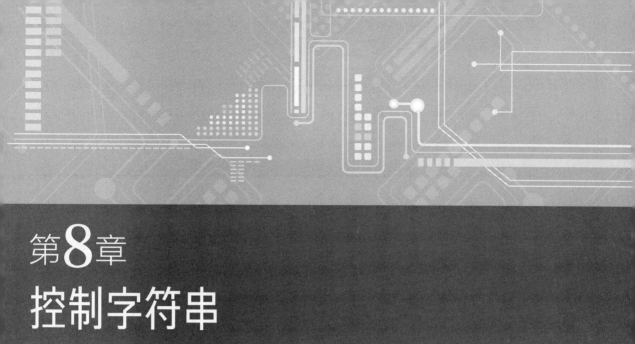

第8章
控制字符串

在第 7 章中，对字符数组进行介绍时，已经提到过字符串。字符串在程序设计中起着非常重要的作用。本章就是对控制字符串的系统函数进行介绍，带有一点参考性质，读者使用的时候，可以来本章查询用法。需要提醒一点，如果你想 C 代码水平更上一层楼，学完本章之后，可以去网上搜索开源的这些字符串函数的编写方法，让你在体验 C 代码的精妙的同时，还能学会了一些简洁的用法。本章主要涉及的内容有：

- ❑ 字符串的长度：介绍如何调用获取字符串长度的字符串处理函数。
- ❑ 字符串的拷贝：介绍如何调用进行字符串拷贝的字符串处理函数。
- ❑ 字符串的连接：介绍如何调用将两个字符串连接起来的字符串处理函数。
- ❑ 字符串的比较：介绍如何进行两个字符串的比较。
- ❑ 字符串的查找：介绍如何进行各种各样的在字符串中进行查找的函数。
- ❑ 字符串的其他：介绍字符串处理函数中的其他一些函数。
- ❑ 字符的检查：介绍如何进行字符串中字符的检查。
- ❑ 字符串的转换：介绍如何进行字符串的转换。

8.1 字符串的长度

在 C 语言中，要使用系统提供的字符串处理函数时，必须包含头文件 "string.h"。而一般用得比较多的就是如何获取字符串的长度。在 "string.h" 头文件中，声明的获取字符串长度的函数如下：

```
unsigned int strlen(char * str);
```

147

该函数用于统计字符串"str"中的字符个数，并将结果返回给调用函数。

【实例 8.1】 用 strlen（）函数获取指定字符串的长度，并将结果显示到屏幕上。如示例代码 8.1 所示。

示例代码8.1 获得指定字符串的长度

```
01 #include "stdio.h"                              /*包含系统函数头文件*/
02 #include "string.h"                             /*包含字符串处理头文件*/
03
04 int main( )                                     /*主函数*/
05 {
06     int len = 0;                                /*初始化长度变量*/
07     char * str = "hello world!";                /*初始化字符串常量*/
08     len = strlen(str);                          /*调用获取长度字符串*/
09     printf("\"%s \" len is : %d\n", str, len);
10     getch( );                                   /*暂停*/
11     return 0;                                   /*返回*/
12 }                                               /*主函数完*/
```

【代码解析】 代码第 7 行，初始化字符串 str 为"hello world!"，代码第 8 行，调用 strlen（）函数，统计 str 中的字符个数，并将结果返回给 len 变量。

图 8.1 获得指定字符串的长度结果

【运行效果】 编译并执行程序后，其结果如图 8.1 所示。

注意：strlen（）函数并不将"\0"计算在内。

8.2 使用字符串拷贝函数

在处理字符串时，除了获得字符串长度用得比较多外，另外一个用得多的就是字符串的拷贝函数。而且在系统处理函数中，提供了三个不同的函数来进行字符串拷贝。

8.2.1 strcpy( )函数的使用

strcpy（）函数的声明格式如下：

```
char * strcpy(char * dest, char * src);
```

该函数的作用是把 src 指向的字符串拷贝到 dest 中去。并且返回指向 dest 的指针（将在第 9 章进行讲解）给调用函数。但有几点需要注意：

① 字符数组（dest）必须定义得足够大，以便能够容纳被拷贝的字符串。即 dest 的大小必须大于 src。

② dest 必须是数组形式的，即不能是字符串常量形式。而 src 可以是字符串常量形式，也可以是数组形式。

③ 发现拷贝时，该函数会将 src 字符串后面的"\0"一起拷贝到 dest 中。

④ src 和 dest 所指向的内存空间不可以重叠，即不能指向同一内存空间。

【实例8.2】 复制指定字符串到字符数组中，并分别显示两个字符串的内容到屏幕上。如示例代码8.2所示。

示例代码8.2 复制指定字符串到字符数组中

```
01 #include "stdio.h"                    /*包含系统函数头文件*/
02 #include "string.h"                   /*包含字符串处理函数头文件*/
03
04 int main( )                           /*主函数*/
05 {
06     char * str1 = "this is strcpy demo";
07     char str2[128] = {0};
08
09     strcpy(str2, str1);               /*调用拷贝函数*/
10     printf("str1 : %s\nstr2 : %s\n", str1, str2);
11     getch( );                         /*暂停*/
12     return 0;                         /*返回*/
13 }                                     /*主函数完*/
```

【代码解析】 代码第9行是调用拷贝函数进行字符串拷贝。

【运行效果】 编译并执行程序后，其结果如图8.2所示。

图8.2 复制指定字符串到字符数组中结果

8.2.2 strncpy( )函数的使用

在拷贝时，如果需要指定将字符串2前面若干个字符拷贝到字符数组1中去，则必须使用strncpy（）函数。其声明格式如下：

char *strncpy(char *dest, char *src, int n);

该函数的作用是把src所指由'\0'结束的字符串前 n 个字节复制到dest所指的数组中，并返回指向dest的指针。但有几点需要注意：

① dest必须有足够的空间来容纳src的字符串。

② 如果src的长度小于 n 个字节，则以'\0'填充dest直到复制完 n 个字节。

③ 如果src的前 n 个字节不含'\0'字符，则结果不会以'\0'字符结束。

④ src和dest所指向的内存空间不可以重叠，即不能指向同一内存空间。

【实例8.3】 分别复制字符串中前 n 个字符到字符数组1和数组2中，包含两种情况：一种包含'\0'；另一种不包含'\0'。其如示例代码8.3所示。

示例代码8.3 复制字符串前 n 个字符

```
01 #include "stdio.h"                    /*包含系统函数头文件*/
02 #include "string.h"                   /*包含字符串处理函数头文件*/
03
04 int main( )                           /*主函数*/
05 {
06     char * str1 = "this is strcpy demo";    /*初始化字符串常量*/
07     char str2[128] = {0};             /*定义字符数组*/
08     char str3[] = "abcdefghijklmnopqrstuvwxyz";
```

```
09
10        strncpy(str2, str1, strlen(str1));              /*调用拷贝函数,包含 "\0"*/
11        strncpy(str3, str1, 10);                        /*调用拷贝函数,但不包含 "\0"*/
12        printf("str1 : %s\nstr2 : %s\nstr3 : %s\n",
13                              str1, str2, str3);
14        getch( );                                       /*暂停*/
15        return 0;                                       /*返回*/
16    }                                                   /*主函数完*/
```

【代码解析】 代码第10行是把整个字符串 str1 拷贝到字符数组 2 中,包含 '\0'。代码第11行是拷贝字符串 str1 的前 10 个字符(不包含 '\0')到字符数组 str3 中,但由于 str3 中原有数据长度大于 10,所以原来的字符还保留在 str3 中,从结果中也可以看到,str3 的后面剩下的字符串都输出了。

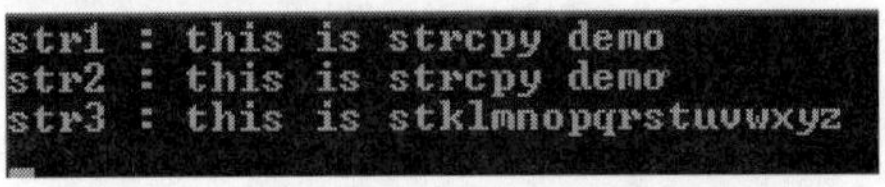

```
str1 : this is strcpy demo
str2 : this is strcpy demo
str3 : this is stklmnopqrstuvwxyz
```

图8.3 复制字符串前 n 个字符结果

【运行效果】 编译并执行程序后,其结果如图 8.3 所示。

8.3 字符串连接函数

除了拷贝字符串函数外,有时候还会将两段不同的字符串进行连接,变成一个字符串。这就需要调用字符串连接函数。

8.3.1 用 strcat( ) 连接字符串

strcat( ) 函数的声明格式如下所示:

```
char *strcat(char *dest,char *src);
```

该函数的作用是把 src 所指字符串添加到 dest 结尾处(覆盖 dest 结尾处的 '\0')并在整个字符串,即新的 dest 最后添加 '\0',返回指向 dest 的指针给调用函数。但要注意:src 和 dest 所指内存空间不可以重叠且 dest 必须有足够的空间来容纳 src 的字符串。

【实例 8.4】 将用户输入的字符串连接到字符数组的后面,并输出结果到屏幕。如示例代码 8.4 所示。

示例代码8.4 连接字符串

```
01 #include "stdio.h"                                    /*包含系统函数头文件*/
02 #include "string.h"                                   /*包含字符串处理函数头文件*/
03
04 int main( )                                           /*主函数*/
05 {
06        char str1[256] = "this is strcat demo ";       /*初始化字符数组,大小为256*/
07        char str2[128] = {0};
08        printf("please input string : ");
09        scanf("%s", str2);                             /*接收用户输入字符串*/
```

```
10          strcat(str1, str2);              /*连接两个字符串*/
11          printf("new string : %s\n",str1);  /*打印新字符串*/
12          getch( );                        /*暂停*/
13          return 0;                        /*返回*/
14      }                                    /*主函数完*/
```

【代码解析】 代码第 10 行是调用连接字符串函数,将用户输入的字符串连接到原 str1 字符数组的后面。

【运行效果】 编译并执行程序后,其结果如图 8.4 所示。

图 8.4 连接字符串结果

8.3.2 用 strncat( )连接字符串

strncat( )函数的声明格式如下:

```
char *strncat(char *dest,char *src,int n);
```

该函数把 src 所指字符串的前 n 个字符添加到 dest 结尾处(覆盖 dest 结尾处的 '\0')并在整个字符串,即新的 dest 最后添加 '\0',返回指向 dest 的指针给调用函数。

【实例 8.5】 连接指定长度的字符串到字符数组后面,如示例代码 8.5 所示。

示例代码 8.5 连接指定长度的字符串到字符数组后面

```
01 #include "stdio.h"                         /*包含系统函数头文件*/
02 #include "string.h"                         /*包含字符串处理函数头文件*/
03
04 int main( )                                 /*主函数*/
05 {
06      char str1[256] = "this is strncat demo";  /*初始化字符数组*/
07      char *str2    = "1234567890";
08      strncat(str1, str2, 5);                   /*连接str2的前5个字符到str1后面*/
09      printf("new string : %s\n",str1);
10      getch( );                                 /*暂停*/
11      return 0;                                 /*返回*/
12 }                                             /*主函数完*/
```

【代码解析】 代码第 8 行是调用 strncat( )函数,连接 str2 的前 5 个字符到 str1 后面。

【运行效果】 编译并执行程序后,其结果如图 8.5 所示。

图 8.5 连接指定长度的字符串到字符数组后面结果

8.4 使用字符串比较函数

在日常生活中,常常会遇到输入密码的时候,需要输入正确的密码才能进入相应的系统进行操作。而密码其实就是一串数字或者字母或数字和字母的组合。在处理密码时,就会用到字符串比较函数。C 语言中提供了 3 个字符串比较函数。

8.4.1　两个完整的字符串之间的比较

C 语言中，对两个完整的字符串进行比较的函数是 strcmp（ ）。其声明格式如下：

int strcmp(char *s1,char * s2);

该函数的作用是比较字符串 s1 和 s2，即对两个字符串自左向右逐个字符相比（按 ASCII 码值大小比较），直到出现不同的字符或者遇到 "\0" 为止。其返回的结果值有 3 种，说明如表 8.1 所示。

表8.1　字符串比较函数结果值说明

结果值	说明
<0	s1小于s2
=0	s1等于s2
>0	s1大于s2

【实例 8.6】 指定一个密码串（123456），然后要求用户输入密码，比较这两个字符串，并输出结果到屏幕上。如示例代码 8.6 所示。

示例代码8.6　字符串比较函数

```
01 #include "stdio.h"                           /*包含系统函数头文件*/
02 #include "string.h"                          /*包含字符串处理函数头文件*/
03
04 int main( )                                  /*主函数*/
05 {
06     char * pwd = "123456";                   /*初始化密码字符串常量*/
07     char * user[10] = {0};
08     printf("please input user password : ");
09     scanf("%s", user);                       /*接收用户输入*/
10     if(0 == strcmp(pwd, user))               /*比较两个字符串*/
11     {
12         printf("welcome!\n");                /*比较后，相等，是正确密码，欢迎用户*/
13     }
14     else
15     {
16         printf("password is error!\n");      /*比较后，不相等*/
17     }
18     getch( );                                /*暂停*/
19     return 0;                                /*返回*/
20 }                                            /*主函数完*/
```

【代码解析】 代码第 10 行，在 if 语句中调用 strcmp（ ）函数对 pwd 和 user 字符串进行比较，如果相等，则结果为 0，进入 if 语句；否则进入 else 语句。

【运行效果】 编译并执行程序后，输入正确密码 123456 后，其结果如图 8.6（a）所示。输入错误密码后，其结果如图 8.6（b）所示。

图8.6 字符串比较函数输出结果

8.4.2 两个字符串的一部分进行比较

除了可以进行两个完整字符串之间的比较外，C 语言中还支持对两个字符串的部分字符进行比较。相应的函数支持是

```
int strcmp(char *s1,char * s2,int n);
```

该函数的作用是比较字符串 s1 和 s2 的前 n 个字符。其返回的结果值还是有 3 种，如表 8.1所示。但要注意该函数在比较时，从左向右逐个字符相比，直到 n 个字符结束。

【实例 8.7】 比较用户输入的两个字符串前 5 个字符，如果相同，则输出比对成功；否则输出比对失败。如示例代码 8.7 所示。

示例代码8.7 比较用户输入的两个字符串

```
01  #include "stdio.h"                              /*包含系统函数头文件*/
02  #include "string.h"                             /*包含字符串处理函数头文件*/
03
04  int main( )                                     /*主函数*/
05  {
06      char str1[128] = {0};
07      char str2[128] = {0};
08      printf("please input str1: ");
09      scanf("%s", str1);
10      printf("please input str2: ");
11      scanf("%s", str2);
12      if(0 == strncmp(str1, str2, 5))             /*比较两个字符串前5个字符*/
13      {
14          printf("str1 and str2 is same\n");
15      }
16      else
17      {
18          printf("str1 and str2 is not same\n");
19      }
20
21      getch( );                                   /*暂停*/
22      return 0;                                    /*返回*/
23  }/*主函数完*/
```

【代码解析】 代码第 8 ~ 11 行，是接收用户输入的两个字符串。代码第 12 行是比较两个字符串前 5 个字符是否相同。

【运行效果】 编译并运行程序后，输入前 5 个字符相同的字符串，结果如图 8.7 (a) 所示；输入前 5 个字符不相同的字符串，结果如图 8.7 (b) 所示。

图 8.7   部分比较两个字符串结果

8.4.3   忽略大小写的字符串比较

前面介绍的两个比较字符串的函数在比较时，遇到大小写不同的时候，都会认为这两个字符串是不相同的。但有的时候，需要忽略大小写的差异进行两个字符串的比较，所以 C 语言中就提供了 strcmpi（ ）函数。其格式如下：

```
int strcmpi(char *s1,char * s2);
```

该函数的作用是比较字符串 s1 和 s2，但不区分字母的大小写。即从左到右比较时，遇到两个字符是大小写区别时，认为这两个字符串还是相同的。

【实例 8.8】 比较用户输入的两个字符串，但一个采用大写输入，一个采用小写输入，最后输出比较结果，如示例代码 8.8 所示。

示例代码8.8   比较用户输入的两个大小写区别的字符串

```
01 #include "stdio.h"                      /*包含系统函数头文件*/
02 #include "string.h"                     /*包含字符串处理函数头文件*/
03
04 int main( )                    /*主函数*/
05 {
06      char str1[128] = {0};             /*初始化字符数组*/
07      char str2[128] = {0};
08      printf("please input str1: ");
09      scanf("%s", str1);
10      printf("please input str2: ");
11      scanf("%s", str2);
12      if(0 == strcmpi(str1, str2))       /*比较两个字符串,忽略大小写*/
13      {
14          printf("is same\n");
15      }
16      else
17      {
18          printf("not same\n");
19      }
20
21      getch( );                       /*暂停*/
22      return 0;                       /*返回*/
23 }                                    /*主函数完*/
```

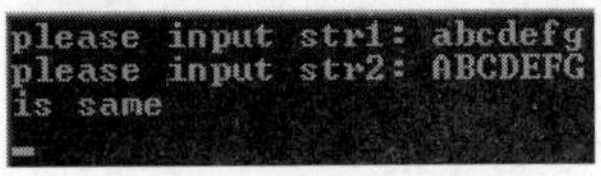

【代码解析】 代码第 8 ~ 11 行，是接收用户输入的两个字符串。代码第 12 行是比较两个字符串中全部的字符，但对大小写认定为相同。

图 8.8   比较用户输入的两个大小写区别的字符串结果

【运行效果】 编译并运行程序后，输入 "abcdefg" 和 "ABCDEFG"，其结果如图 8.8 所示。

8.5　字符串查找函数

在平时上网时，相信各位读者都使用过查找功能，在 C 语言中也有对字符串进行子串查找的系统函数。

8.5.1　用 strchr( ) 函数查找字符串

如果需要在字符串中查找一个字符，就可以使用 strchr( ) 函数，该函数的声明格式如下：

```
char *strchr(char *s,char c);
```

其中，形参 s 指向待查找的字符串，形参 c 可以赋值为需要查找的字符。当调用该函数时，其会将字符串中从左到右第一个出现字符 c 的地址返回给调用函数。如果没有找到，则返回空（NULL）。

【实例 8.9】　接收用户输入的字符，然后查找内置的字符串中是否有该字符，并给出相应提示，其如示例代码 8.9 所示。

示例代码8.9　查找用户输入的字符是否在字符串内

```
01  #include "stdio.h"                         /*包含系统函数头文件*/
02  #include "string.h"                        /*包含字符串处理函数头文件*/
03
04  int main( )                                /*主函数*/
05  {
06      char str[128] = "this is c program!";
07      char c;
08      printf("please input char: ");
09      c = getchar();
10      if(NULL == strchr(str, c))             /*在字符串中查找指定字符*/
11      {
12          printf("No Found\n");              /*未找到，输出*/
13      }
14      else
15      {
16          printf("Found\n");                 /*找到*/
17      }
18
19      getch( );                              /*暂停*/
20      return 0;                              /*返回*/
21  }                                          /*主函数完*/
```

【代码解析】　代码第 10 行，是调用 strchr（ ）函数在 str 字符串中查找指定字符，如果未找到则返回 NULL，进入 if 语句；否则进入 else，表示找到。

```
please input char: a
Found
```

【运行效果】　编译并运行程序后，输入字符 a，其输出结果如图 8.9 所示。

图8.9　查找用户输入的字符是否在字符串内结果

8.5.2 用strrchr( )函数查找字符串

用 strrchr（ ）函数查找字符串时，与前面的 strchr（ ）相反，其是从后面开始查找第一次出现的位置，如果成功，则返回指向该位置的指针，如果失败，返回 NULL。该函数的声明格式如下：

```
char *strrchr(char *s,char c);
```

由于其在使用上，只与前面的 strchr（ ）方向不同，所以这里就不再举例说明。

8.5.3 用strcspn( )函数查找字符串

strcspn（ ）函数的声明格式如下：

```
int strcspn(char *s1,char *s2);
```

该函数的作用是在字符串 s1 中搜寻 s2 中所出现的字符。返回第一个出现的字符在 s1 中的下标值，即在 s1 中出现而 s2 中没有出现的子串的长度。

【实例 8.10】 调用 strcspn（ ）函数，查找两个字符串中，第一个出现的相同的字符。如示例代码 8.10 所示。

示例代码8.10 查找两个字符串第一个出现的相同字符

```
01 #include "stdio.h"              /*包含系统函数头文件*/
02 #include "string.h"             /*包含字符串处理函数头文件*/
03
04 int main()                      /*主函数*/
05 {
06     char *s="this is c program!";
07     char *r="row";
08     int n;
09     n=strcspn(s,r);             /*查找字符串*/
10     printf("The first char both in s1 and s2 is : %c\n",s[n]);
11     getch( );                   /*暂停*/
12     return 0;
13 }
```

【代码解析】 代码第 9 行，是调用 strcspn（ ）函数在 s 字符串中查找字符串 r，并返回两个字符串第一个同样出现的字符的下标。

The first char both in s1 and s2 is : r

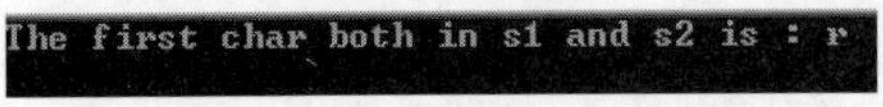

图8.10 查找两个字符串第一个出现的相同字符

【运行效果】 编译并运行程序后，其结果如图 8.10 所示。

8.5.4 用strspn( )函数查找字符串

strspn（ ）函数与前面的 strcspn（ ）函数相反，其是返回字符串中第一个在指定字符串中不出现的字符下标。该函数的声明格式如下：

```
int strspn(char *s1,char *s2);
```

简单点说，若 strspn（ ）返回的数值为 *n*，则代表字符串 s1 开始连续有 *n* 个字符都是与字符串 s2 内的字符相同。

【实例 8.11】 查找不同的字符串中与标准字符串前面相同的字符个数。如示例代码 8.11

所示。

示例代码8.11　输出各字符串中前面相同字符的个数

```
01 #include "stdio.h"                            /* 包含系统函数头文件 */
02 #include "string.h"                           /* 包含字符串处理函数头文件 */

03 int main()                                    /* 主函数 */
04 {
05     char *str  ="abcdefghijklmn";             /* 内置的标准字符串 */
06     char * str1 = "abcdef";
07     char * str2 = "abdefg";
08     char * str3 = "bcdefg";
09     printf("%d\n",strspn(str,str1));          /* 显示str1与str中前面有多少个字符相同 */
10     printf("%d\n",strspn(str,str2));          /* 显示str2与str中前面有多少个字符相同 */
11     printf("%d\n",strspn(str,str3));          /* 显示str3与str中前面有多少个字符相同 */
12     getch( );
13     return 0;
14 }
```

【代码解析】　代码第 9 ～ 11 行，是调用 strspn（ ）函数在 str 字符串中，各自查找字符串 str1、str2 和 str3 与其前面相同的字符个数。

【运行效果】　编译并运行程序后，当查找 str1 时，其与 str 字符串前面有 6 个字符相同；当查找 str2 时，其前面与 str 字符串有 2 个相同；而 str3 字符串与 str 字符串前面没有一个字符相同。其输出结果如图 8.11 所示。

图 8.11　各个字符串中
相同的字符个数

8.5.5　用strpbrk( )函数查找字符串

strpbrk（ ）函数的声明格式如下：

```
char *strpbrk(char *s1, char *s2);
```

该函数的作用是在字符串 s1 中寻找字符串 s2 中任何一个字符相匹配的第一个字符的位置，结束符不包括在内。并返回指向 s1 中第一个相匹配的字符的指针，如果没有匹配字符则返回空指针 NULL。

【实例 8.12】　strpbrk（ ）函数的使用如示例代码 8.12 所示。

示例代码8.12　strpbrk( )函数的使用

```
01 #include "stdio.h"                            /* 包含系统函数头文件 */
02 #include "string.h"                           /* 包含字符串处理函数头文件 */
03
04 int main()                                    /* 主函数 */
05 {
06     char *s="this is c program!";
07     char *r="won";
08     char *p;
09
10     p = strpbrk(s,r);                         /* 查找字符串 */
11     if(p != NULL)
```

```
12      {
13              printf("%s\n", p);                      /*输出遇到的第一个及后续字符串*/
14      }
15      else
16      {
17              printf("Not found");
18      }
19
20      getch( );                                       /*暂停*/
21      return 0;
22  }                                                   /*主函数完*/
```

【代码解析】 代码第 10 行，是调用 strpbrk（ ）函数在字符串 s 中找到与 r 中的字符相同的字符。其运算过程如下：

① 在 s 中查找 r 的第一个字符，如果找到，转到④；否则转到②。

② 在 s 中查找 r 的第二个字符，如果找到，转到④；否则转到③。

③ 继续用 r 中的后续字符进行查找，如果找到，转到 4；否则返回 NULL。

④ 返回指向这个字符及后续字符串的指针。

图 8.12　strpbrk（ ）函数的使用输出结果

【运行效果】 编译并运行程序后，其输出结果如图 8.12 所示。从这个结果可以知道，第一次查找"w"时，没有符合的，就继续找"o"，这时发现有相同的字符，就返回指向这个字符的指针，并输出后续字符串。

8.5.6　用 strstr( )函数查找字符串

在查找函数中，最常用的就是 strstr（ ）函数。其声明格式如下：

```
char *strstr(char *s1, char *s2);
```

该函数的作用是在一个字符串中查找子字符串，并返回指向这个子字符串的指针。与其他查找函数不同，该函数是整个子字符串相符合时，才会成功返回，如果只是有个别字符相同，就不会返回。

【实例 8.13】 接收用户输入的字符串，用其与内置的字符串进行比较查找，看有没有相同的子字符串，并输出相应结果，如示例代码 8.13 所示。

示例代码8.13　在指定字符串中查找子字符串

```
01  #include "stdio.h"                        /*包含系统函数头文件*/
02  #include "string.h"                        /*包含字符串处理函数头文件*/
03
04  int main( )                                /*主函数*/
05  {
06      char *s="this is c program!";
07      char *p;
08      char input[128] = {0};
09
10      printf("please input str : ");         /*提示输入*/
11      scanf("%s", input);                    /*接收输入*/
```

```
12
13        p = strstr(s,input);                        /* 查找字符串 */
14
15        if(p != NULL)
16        {
17              printf("%s\n", p);                      /* 查到，输出结果 */
18        }
19        else
20        {
21              printf("Not found");                    /* 未找到，输出结果 */
22        }
23
24        getch( );                                      /* 暂停 */
25        return 0;
26  }                                                    /* 主函数完 */
```

【代码解析】 代码第 13 行，就是在 s 字符串中查找用户输入的子字符串，看有没有完整相同的，有则返回指向该字符串的指针；没有则返回 NULL。

【运行效果】 编译并运行程序后，当输入"is"这个字符串时，在 s 字符串中有，所以其输出结果如图 8.13（a）所示。当输入"well"字符串时，在 s 字符串中没有，所以其输出结果如图 8.13（b）所示。

(a)   (b)

图8.13　在指定字符串中查找子字符串结果

8.6 其他的字符串处理函数

C 语言中除了包含支持字符串的拷贝、连接、比较、查找函数外，还包含一些特殊用途的字符串处理函数。

8.6.1 strrev( )函数的使用

当需要将一个字符串所有的字符进行颠倒时，可以使用 strrev（ ）函数，其函数声明格式如下：

```
char *strrev(char *s);
```

该函数的作用就是把字符串 s 中所有字符的顺序颠倒过来（但不包括空字符 NULL），并返回指向新字符串的指针。

【实例 **8.14**】 接收用户输入的字符串，并将该字符串进行颠倒后输出。如示例代码 8.14 所示。

示例代码8.14　颠倒输入的字符串

```
01 #include "stdio.h"                              /*包含系统函数头文件*/
02 #include "string.h"                             /*包含字符串处理函数头文件*/
03
04 int main( )                                     /*主函数*/
05 {
06     char str[128] = {0};
07     char * p;
08     printf("please input string : ");
09     scanf("%s", str);
10     p = strrev(str);                            /*颠倒字符串*/
11     printf("%s\n", p);
12     getch( );                                   /*暂停*/
13     return 0;                                    /*返回*/
14 }
```

【代码解析】 代码第10行就是调用 strrev（ ）函数将用户输入的字符串进行颠倒，并返回给字符串指针 p。代码第11行进行屏幕输出。

```
please input string : abcdefghijklmn
nmlkjihgfedcba
```

图8.14　颠倒输入的字符串结果

【运行效果】 编译并运行程序后，当用户输入"abcdefghijklmn"字符串后，其输出结果如图 8.14 所示。

8.6.2　strset( )和strnset函数的使用

如果需要将字符串中所有的字符全部变成指定字符，就需要用到 strset（ ）函数。如果想更进一步指定需要转换的字符个数，就需要用 strnset（ ）函数。

两个函数的声明格式如下：

```
char *strset(char *s, char c);
char *strnset(char *s, char c, int n);
```

注意：strnset（ ）函数是从左到右进行个数计算的。而且只能对字符数组进行改变，而不能对常量字符串进行修改。

【实例 8.15】 接收用户输入的字符串，并先将该字符串全部变成字符"a"，然后再将其前 5 个字符变成"b"。如示例代码 8.15 所示。

示例代码8.15　改变用户输入的字符串中的数据

```
01 #include "stdio.h"                              /*包含系统函数头文件*/
02 #include "string.h"                             /*包含字符串处理函数头文件*/
03
04 int main( )                                     /*主函数*/
05 {
06     char str[128] = {0};
07
08     printf("please input string : ");
09     scanf("%s", str);
10     printf("%s\n", str);                        /*输出用户输入的字符串*/
```

```
11        strset(str, 'a');                      /*设置全部变成a*/
12        printf("%s\n", str);                    /*输出改变后用户输入的字符串*/
13        strnset(str, 'b', 5);                   /*改变字符串前5个字符*/
14        printf("%s\n", str);                    /*输出用户输入的字符串*/
15        getch( );                               /*暂停*/
16        return 0;                               /*返回*/
17   }                                            /*主函数完*/
```

【代码解析】 代码第 10 行是调用 strset（ ）函数转换整个字符串的字符为 'a'，代码第 13 行是调用 strnset（ ）函数转换字符串中部分字符为 'b'。

【运行效果】 编译并运行程序后，输入 "babyacdef" 后，其结果如图 8.15 所示。

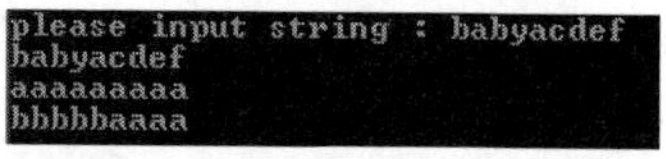

图 8.15   改变用户输入的字符串中的数据

8.7   字符检查函数

有日常使用中，有时需要对字符进行检查，来判断字符的类型，例如数字字符、字母字符等。C 语言中就提供了两个常用的字符检查函数。这些检查函数的声明在头文件 "ctype.h" 中。

8.7.1   数字检查函数 isdigit( )

如果需要判断一个字符是否是数字，可以使用 isdigit（ ）函数，该函数用于对字符是否是字母进行判断。函数的声明格式如下：

```
int isdigit(char c);
```

当 c 为数字 0 ～ 9 时，返回非零值，否则返回零。

8.7.2   字母检查函数 isalpha( )

如果需要判断一个字符是否是字母，可以使用 isalpha（ ）函数，该函数用于对字符是否是字母进行判断。函数的声明格式如下：

```
int isalpha(char c);
```

当 c 为字母 a ～ z 或者 A ～ Z 时，返回非零值，否则返回零。

8.7.3   检查函数的使用

【实例 8.16】 接收用户输入的字符，判断字符的类型，并给出相应的提示，如示例代码 8.16 所示。

示例代码8.16   字符类型判断

```
01  #include "stdio.h"                           /*包含系统函数头文件*/
02  #include "ctype.h"                           /*包含字符处理函数头文件*/
03
```

```
04   int main( )                                    /*主函数*/
05   {
06       char c[2];                                  /*定义接收用户输入的字符数组*/
07       while(1)                                     /*无限循环*/
08       {
09           printf("please input char : ");         /*提示用户输入*/
10           scanf("%s", c);                          /*接收用户输入的字符和回车符*/
11           if(isdigit(c[0]))                        /*判断输入的第1个字符是否是数字*/
12           {
13               printf("%c is number\n", c[0]);
14           }
15           else if(isalpha(c[0]))                   /*判断输入的第1个字符是否是字母*/
16           {
17               printf("%c is isalpha\n", c[0]);
18           }
19           else                                     /*既不是字母也不是数字*/
20           {
21               break;                               /*跳出循环*/
22           }
23       }
24       getch( );                                    /*暂停*/
25       return 0;                                    /*返回*/
26   }                                                /*主函数完*/
```

【代码解析】 代码第 10 行是调用 scanf（ ）函数接收用户的输入，由于一般用户输入完毕后，会有一个回车动作，所以可以用 2 个字节的字符数组来存放输入的字符。代码第 11 行是调用 isdigit（ ）函数来判断字符数组的第一个元素，即输入的字符是不是数字。第 15 行是调用 isalpha（ ）函数来判断字符数组的第一个元素是不是字母。如果都不是，就跳出整个无限循环之中。

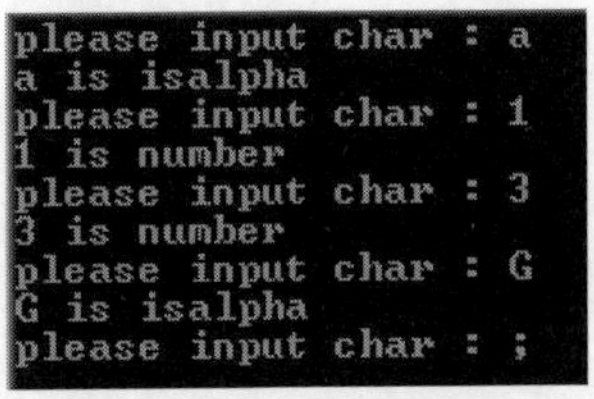

【运行效果】 编译并运行程序后，依次输入 "a" "1" "3" "G" 时，都输出了相应的字符类型提示，而如果输入的是其他字符，如符号，则跳出整个循环，如图 8.16 所示。

图 8.16 字符类型判断输出结果

注意：在使用 scanf（ ）函数接收用户输入的字符时，因为最后有回车操作，所以接收的字符最后都会多一个字符 "\n"，这就需要用字符数组来接收用户输入的数据才不会出错。

8.8 将字符串转换成数字

有一些应用中，有时需要将数字字符串转换成数字进行处理。这就需要用字符串转数字函数。在 C 语言中有两个比较常用的字符串转数字的函数：atoi（ ）和 atol（ ）函数。

两个函数的声明格式如下：

```
int atoi(char * s);
long atol(char *s);
```

这两个函数都可以将指定的数字字符串转换成为数值，并赋值给变量。不过，这两个函数也是有区别的：一个是将字符串转换成 int 型；一个是将字符串转换成为 long 型。

【实例 8.17】 接收用户输入的数字字符串，将其转换成数值，并增大 10 倍，输出结果到屏幕上，如示例代码 8.17 所示。

示例代码8.17　转换字符串为数值

```
01  #include "stdio.h"                              /*包含系统函数头文件*/
02  #include "string.h"                             /*包含字符串处理函数头文件*/
03
04  int main( )                          /*主函数*/
05  {
06      int n;
07      int m;
08      char str[128] = {0};                        /*初始化字符数组*/
09      printf("please input number string: ");
10      scanf("%s",str);                            /*接收用户输入*/
11      n = atoi(str);                              /*调用转换函数*/
12      m = n * 10;                                 /*扩大数值*/
13      printf("%d x 10 = %d", n, m);
14      getch( );                                   /*暂停*/
15      return 0;                                   /*返回*/
16  }                                               /*主函数完*/
```

【代码解析】 代码第 11 行就是调用 atoi（ ）函数，将输入的字符串转换为数字。

【运行效果】 编译并运行程序后，输入"125"，输出结果如图 8.17 所示。

图 8.17　转换字符串为数值结果

本章小结

本章主要对 C 语言中的字符串处理函数进行详细的介绍，包括获得字符串长度、拷贝、连接、比较、查找、检查、转换等等。希望各位读者通过本章的介绍，能够掌握这些字符串处理函数的特点及用途，为以后的实际应用打下基础。本章所介绍的这些函数，基本上大多数编译器都提供实现源代码，有需要的读者可以去研读一下，因为篇幅所限，我们这里就不再详细介绍了。

第4篇
C之精华

指针是 C 的精华，从指针开始的内容，也就是你成为一个优秀 C 程序员的关键了。

本篇中，指针是保证我们的代码可以直接操纵内存的关键，是编写系统级应用程序的要求；结构体，是我们用来模拟现实世界的需要；而编译预处理，是 C 语言软件工程的组织之道，是 C 当年为了开发系统级程序做的一些妥协或者说技巧，一直这么延续了下来。本篇内容，都是要成为 C 程序高手所必须跨越的。

当然，有些内容，比如编译预处理，不一定要求一次性掌握全部内容！读者可以先学个七七八八，所谓"好读书，不求甚解"。以后逐步熟悉并掌握好 C 语言程序设计的细枝末节。这是一种学习之道，你应该掌握。

C

语言零起点精进攻略

——C/C++入门·提高·精通

第9章
指针

指针是 C 语言中的精髓，其在 C 语言中被广泛地应用。理解和运用好指针可以灵活方便地处理程序中的各种复杂问题，可以轻松完成其他高级程序设计语言不便完成的任务。在前面的章节中，或多或少提到过指针，那什么是指针呢？其又有什么特点及其如何应用呢？本章中将进行详细的介绍。

本章主要涉及的内容有：

❑ 指针的概念：介绍什么是指针，什么是内存地址及其关系。
❑ 指针变量：介绍如何定义一个指针变量并进行初始化和引用。
❑ 指针变量的运算：介绍指针变量如何运算及其效果。
❑ 指针与数组：介绍什么是指针数组及其如何定义和使用。
❑ 函数与指针：介绍什么是函数指针及其如何定义和使用。

9.1 指针与地址

本节主要对指针、内存地址的概念及其之间的关系进行介绍。

9.1.1 变量的地址与指针

在前面介绍"变量"时曾提到：一个变量其实就是代表了在内存中，可以不断地被程序操作的、有名字的一块存储区域。

而电脑的内存是以字节为单位的一大片连续存储区域，每一个字节都有一个自己的编号。这个编号就被称为内存地址。这就像一个大的集装箱仓库，每个集装箱都有自己的编号，如果没有这个编号，仓库的工人就无法进行管理。

同样的道理，如果电脑中的内存没有进行编号，那么这么大的空间如何进行分配和管理就会变得没有办法。而且因为内存的存储空间是连续的，所以内存中的地址编号也是连续的。为了方便阅读和理解，笔者采用了十进制进行说明。

例如，如果定义了一个变量，系统就会根据定义的变量的数据类型不同，为其分配一个大小固定的内存空间。各种类型的分配大小空间（16 位系统）如表 9.1 所示。

表9.1　不同数据类型占用的内存空间大小

类型	大小	说明
char	1	字符型
short	2	短整型
int	2	整型
float	4	浮点型
long	4	长整型
double	8	双精度型

一般情况下，在程序中只需要引用变量名，就可以使用变量，而不用知道变量所在的内存地址，每个变量与地址的映射关系由编译系统决定。但有时候为了方便，还需要对地址进行操作，这就是下面要介绍的指针。

9.1.2　了解指针

现在假设你和朋友张三出去旅游住在宾馆里，只知道张三的朋友李四也住在同一家宾馆。你很想知道李四现在的年龄有多大，但又不知道其住在多少号房间，而张三却知道。例如，张三住在 1008 房间，如果你要想找到李四，就需要如下步骤才能找到。

① 先去 1008 房间。

② 获得李四住的房间号：2222 号。

③ 去 2222 号房间。

④ 找到李四，得到年龄 35。

如果只对姓名和房间号来简化这个事情的话，如表 9.2 所示。

表9.2　姓名、房间和信息对照表

地址	姓名	信息
1008	张三	2222
2222	李四	25

从表 9.2 可以看出，只有通过张三才能知道李四的房间号，换句话说，张三成为了找到李四的"指针"。在 C 语言中，指针就是用来指向某个变量的地址值的。

指针是一种特殊的数据类型，具有指针类型的变量称为指针变量。指针变量是用来存放某个变量的地址值的一种变量。其和一般变量是不一样的，一般变量存放的是数值，而指针变量中的数据值是某个变量的内存中的地址值。例如：前面例子中的张三，其就只知道李四的地址，并不知道李四的年龄。指针存放的那个变量的地址值，就是指向那个变量。

正因为指针是指向变量的地址值，所以只要通过指针对所指向的变量的内存区域进行操作，就可以实现对变量数据的访问和操作。指针与变量的关系如图 9.1 所示。

在 C 语言中，指针被广泛地使用，其和数组、字符串、函数间数据的传递有着密不可分的联系。而且在某些地方，指针是解决问题的唯一办法，而且指针的应用可以使得程序代码更简洁、效率更高。但是若对指针的概念不清，随意滥用，将降低程序的可读性，而且使用不当的话，将使系统崩溃。所以正确地掌握指针的概念，并正确使用指针是十分重要的。

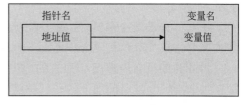

图9.1　指针与变量的关系

9.2 存放地址的指针变量

指针和变量及函数一样，也有数据类型，也可以被声明、定义和使用。本节将对这些内容进行详细的介绍。

9.2.1　定义指针变量

在 C 语言中，一个变量的地址也被称为该变量的"指针"，例如"房间 2222"是李四这个"变量"的指针。如果有一个"变量"专门用来存放另一"变量的地址（即指针）"，则称其为"指针变量"。

如果要对指针变量进行定义，就必须对指针变量的数据类型进行了解。指针变量的数据类型是由其所指向的变量的类型决定的，而不是指针本身数据值的类型决定。这与一般变量的数据类型不同。

因为任何指针本身数据值的类型都是 unsigned long 型的。由于指针的类型是由其所指向的变量的类型决定的，而所指向的变量的类型又各不相同，所以指针的类型也是各不相同的。这就好比前面说的宾馆中的房间号（指针），都是 4 个数字，但其所代表的房间（指向的变量）大小就不一定是相同的。

指针不仅可以指向各种类型的变量，还可以指向数组、数据元素、函数、文件，还可以指向指针。所以指针分为很多种，包括指向数组的指针、指向函数的指针、指向文件的指针和指向指针的指针等。

不同指针的类型，其操作的方式也是有所差异的。例如：char 型在内存中占用 1 个字节，那么读取其数据就应以 char 型读出 1 个字节；long 型在内存中占用 4 个字节，那么读取其数据时就应以 long 型读出 4 个字节。如果指针的类型与其所指向的数据类型不同，那么就有可以导致指针对数据做出错误的操作。

注意：指针变量和指针是两个概念，为了方便记忆，读者可以把指针理解为地址，指针变量则是存储地址值的变量。

定义一个指针变量与普通变量格式上差不多，也有一些小区别，其格式如下：

数据类型　*　指针变量名

其中，数据类型与普通变量一样，指的是 char、int、float、double 等数据类型。但要注意，这里的数据类型应该是与指针所指向的数据相符合的数据类型。而且在此之前，"*"是乘法符号，而在这里用其来定义指针变量。"*"表示所定义的是一个指针变量，而不是普通变量。

注意：如果这个"*"号被忽略的话，就变成声明变量，笔者当年学习 C 语言时，就常常犯这个错误，所以初学者一定要多加注意。

指针的变量名应遵循 C 语言的标识符的命名规则。如果要同时定义多个指针变量，则必须在每个指针变量名前加上"*"，格式如下所示：

数据类型　*　指针名1,* 指针名2,…;

下面列举几种常用的指针变量的声明：

```
int      * pn, *pi;          /*pn和pi是两个指向int型变量的指针*/
float    * pl;               /*pl是一个指向float型变量的指针*/
char     * pc;               /*pc是一个指向char型变量的指针*/
int      *(pf)();            /*pf是一个指向函数的指针,该函数的返回值为int型数值*/
int      * *pp;              /*pp是一个指向指针的指针,即二维指针*/
```

注意：在定义指针变量后，系统便给指针变量分配了一个内存空间，各种不同类型的指针变量所占用的内存空间的大小是相同的，因为不同类型的指针变量存放的数据值都是内存地址值，是 unsigned long 型的。

9.2.2　用变量的地址初始化指针

一旦定义了变量，则放置该变量的空间就在内存中有了地址，可以用"&"取地址操作符来获取变量的地址。对于一般的变量、数组中的元素等的地址值都可以用在变量名前加上"&"来取得，其格式如下：

数据类型　*　指针变量名 = &变量名;

通过"&"取址符就能够取得变量所在的地址值，例如：

```
int a = 10;
int b[5] = {1,2,3,4,5};
```

取变量 a 的地址值用 &a；取数组元素 b[3] 的地址值用 &b[3]。有了地址值就可以赋值给指针变量，对其进行初始化了。例如：

```
int *pa = &a;                /*将a的地址赋给存放地址的变量(指针)*/
int *pb = &b[3];             /*将b[3]的地址赋给存放地址的变量(指针)*/
```

这时，pa 中保存的是变量 a 的地址值，pb 中保存的是数组元素 b[3] 的地址。也可以说 pa 指向了变量 a，pb 指向了数组元素 b[3]。现在假定变量 a 的地址为 8000，数组元素 b[3] 的地址为 9006，那么指针和变量的关系如图 9.2 所示。

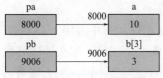

图9.2　指针与变量的关系

由于指针变量中只能保存地址，所以不要将任何其他非地址的数值赋给一个指针变量，例如下面几个赋初始值就是不合法的：

```
int *p = 100;
```

```
char * pc = a;
float * pf = 0.234;
```

除了用取变量的地址来进行初始化外，还可以通过指针变量来获得地址值。简单点说，就是把一个指针变量中的地址值赋值给另外一个指针变量，从而使这两个指针变量指向同一个地址。例如：

```
int n = 100;
int *pn = &n;                          /*pn指向变量n的地址*/
int *pm=pn;                            /*将pn中的地址值赋值给pm*/
```

通过上面的方法，就能使指针变量 pm 和 pn 都指向了变量 n。

注意：在用指针变量对指针变量进行赋值时，赋值符号的两边指针变量的数据类型必须一致才可以。

9.2.3 置"空"指针变量

在前面的变量相关的章节中已经讲过，如果变量没有被初始化，就不能直接使用，对于指针变量也是一样的。如果在定义指针变量后，没有对其进行初始化或者暂时不使用，应该将其指向一个特殊的值——NULL。

在 C 语言中 NULL 表示的意思是"空或者什么都没有"，即指针没有指向任何地址。这就好像一间房间已经建好了，但还没有装修，没有办法住人，必须标示出来一样。使用 NULL 来定义指针的方法如下：

```
int * p = NULL;
```

注意：C 语言是大小写区别对待的，所以 NULL 和 null 是不同的。在使用时必须是大写的 NULL。

9.2.4 指针变量的引用

在 C 语言中还另外规定 "*"（星号）为指针的间接访问操作符。其作用是当指针变量中存放了一个确定的地址值时，可以间接地访问指针所指向的变量或者内存空间中的数据，其调用格式为：

```
*指针变量名
```

这时 "* 指针变量名" 就可以代表指针所指向的变量或者其他数据。

【**实例 9.1**】 定义一个指针变量，并进行初始化，最后使用指针变量，间接输出指针所指向的变量数据。如示例代码 9.1 所示。

示例代码9.1 指针变量的使用

```
01 #include "stdio.h"                  /*包含系统函数头文件*/
02
03 int main(void)                      /*主函数*/
04 {
05      int num = 108;                 /*定义变量*/
06      float f = 0.5;
07      int * p = &num;                /*赋初始值*/
08      float *pf = NULL;              /*设置为空指针*/
```

```
09          printf("num = %d *p = %d\n", num, *p);
10          num += 12;
11          f = *p * f;                              /*对 *p 的访问，相当于对变量 num 的访问*/
12          pf = &f;                                 /*把 pf 指向 f 变量的地址*/
13          printf("f = %f *pf = %f\n", f, *pf);
14          getch( );                                /*暂停*/
15          return 0;                                /*返回*/
16  }                                                /*主函数完*/
```

【代码解析】 代码第 7 行，定义整型指针变量 p，并把 num 的地址赋值给 p。这里 *p 就代表的是变量 num。对 *p 的任何操作都相当于对变量 num 的操作。代码第 8 行，定义浮点型指针变量 pf，赋值为 NULL。代码第 9 行，在调用输出函数时，同时输出 num 和 *p 所代表的值，从结果看 *p 能够代表变量 num。代码第 11 行，使用 *p 与 f 变量相乘，并把结果保存到变量 f 中。代码第 12 行，将 pf 指针指向变量 f。代码第 13 行，输出变量 f 和指针 pf 所代表的数值。

```
num = 108 *p = 108
f = 60.000000 *pf = 60.000000
```

图 9.3　指针变量的使用示例结果

【运行效果】 编译并执行程序后，其结果如图 9.3 所示。从上面的例子中可以看到，间接引用指针其实和指针所指向的变量一样使用方便。

注意：间接访问符必须出现在运算对象的左边，其运算对象或者是地址或者是存放地址的指针变量。

9.3　指针变量进行算数运算

既然指针也是一种数据类型，那么其也应该有对应的操作和运算方法，正如整能做加、减、乘、除一样。但是每一种操作或者运算都应该对这种数据类型有意义。比如用乘法计算两个整数的乘积，用加法计算两个整数的和。而如果去求一个整数除以 0 的结果，这就没有意义了。

对于指针类型来说，C 语言中规定了其可以和整做加法或者减法运算，两个指针还可以做关系运算。对指针做运算相当于进行指针的移动，即使指针指向相邻的存储空间。因此，只有当指针指向一串连接的存储空间时，指针的移动才有意义。

9.3.1　指针变量的加减运算

因为内存中的存储空间都是整编号的，而不存在有半个存储空间出现的情况，即 0 与 1 之间，不存储实数 0.5。所以对指针做加减法运算与对数值做加减法是不相同的。指针只能做整的加减法运算，而不能做实数的加减法运算。

【实例 9.2】 程序在内存中定义了一个整型数组，那么这个数组在内存中的空间占用如图 9.4 所示。同时，还定义了整型指针 p 和 q，且 p 已经指向数组中的首地址（第一个元素），而 q 指向了数组中的最后

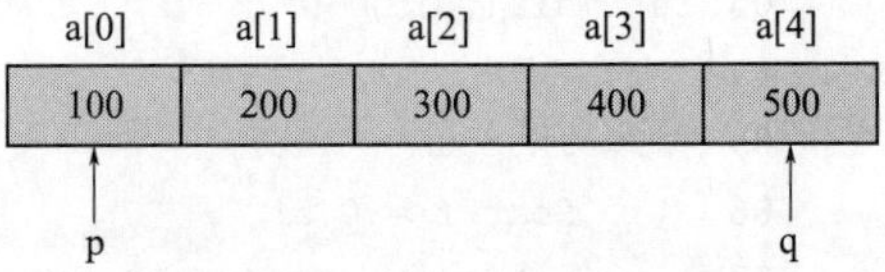

a[0]	a[1]	a[2]	a[3]	a[4]
100	200	300	400	500

p　　　　　　　　　　　　　　　　q

图 9.4　数组元素与指针的对应关系

一个元素。

数组中的数据分别为 100、200、300、400、500。现在编写程序对 *p* 指针进行增加，对 *q* 指针进行减少，查看其最后输出的内容。如示例代码 9.2 所示。

示例代码9.2 指针的加减法运算

```
01  #include "stdio.h"                           /*包含系统函数头文件*/
02
03  int main(void)                               /*主函数*/
04  {
05       int a[] = {100,200,300,400,500};        /*初始化数组*/
06       int *p = &a[0];                         /*将p指向第1个元素*/
07       int *q = &a[4];                         /*将q指向第4个元素*/
08       int i  = 0;
09       for(i=0;i<5;i++)
10       {
         /*循环移动两个指针，一个增加，一个减少，并输出其指向的数据*/
11           printf("*(p + %d) = %d, *(q - %d) = %d\n",
12                i, *(p+i), i , *(q-i));
13       }
14       getch( );                               /*暂停*/
15       return 0;                               /*返回*/
16  }                                            /*主函数完*/
```

【**代码解析**】 代码第 6 行，是把 a[0] 的地址赋值给指针变量 p。代码第 7 行是把 a[4] 的地址赋值给指针变量 q。代码第 11 和 12 行是每次循环时，给指针 p 的值增加 i，给指针 q 的值减少 i。

【**运行效果**】 编译并执行程序后，其结果如图 9.5 所示。

但要注意，虽然从结果图 9.5 中看，好像对指针的加减运算，只是移动数字"1"，但这里的"1"不再代表十进制整数"1"，而是指移动 1 个数组元素的存储空间的长度。查看表 9.1 可以得出，由于是 int 指针，那么 p 和 q 移动 1 个存储空间的长度就是位移了 4 个字节。

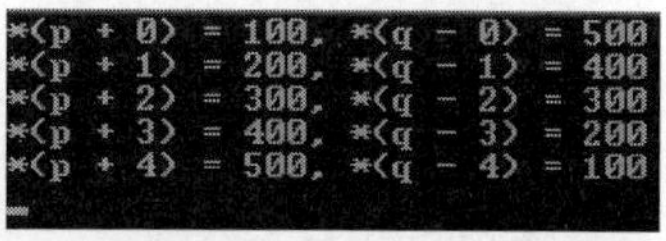

【**实例 9.3**】 分别定义 float 型指针 pf、int 型指针 pn 和 char 型指针 pc，并对其进行加法运算，每次分别输出其指向的地址和数值。其如示例代码 9.3 所示。

图9.5 指针的加减法运算结果

示例代码9.3 不同类型指针的移动

```
01  #include "stdio.h"                           /*包含系统函数头文件*/
02
03  int main(void)                               /*主函数*/
04  {
05       char s[]  = "abcde";                    /*定义字符数组*/
06       int  a[]  = {1,2,3,4,5};                /*定义整型数组*/
07       float f[] = {0.1, 0.2, 0.3, 0.4, 0.5};  /*定义浮点型数组*/
08       char * pc = &s[0];
09       int  * pn = &a[0];
```

```
10        float *pf = &f[0];
11        int n = 0;
12        for(n=0; n<5; n++)
13        {
          /*循环并分别输出不同类型的指针所指向的地址和数值*/
14            printf("*pc = %c, pc = %x\n", *pc, pc);
15            printf("*pn = %d, pn = %x\n", *pn, pn);
16            printf("*pf = %f, pf = %x\n", *pf, pf);
17            pc++;                          /*增加指针变量的值*/
18            pn++;
19            pf++;
20        }
21        getch( );                          /*暂停*/
22        return 0;                          /*返回*/
23 }                                         /*主函数完*/
```

【代码解析】 代码第 13 ~ 20 行，就是分别对不同类型的指针变量进行增加，并输出指针变量的值和该地址上的数值。可以从输出结果中看到，不同类型的指针每增加 1，其实其指向变量的数值是数组中下一个元素的数值。所以现在得到一个结论，指针同整 n 的加减法，其实是把指针向前或者向后移动 n 个对应类型的存储单元。于是可以得到如下一个公式：

新地址=旧地址±n*指针指向的变量所占用的内存字节数

在 16 位机中，每个 char 型占用 1 个字节，int 型占用 2 个字节，float 型占用 4 个字节。其不同类型的指针计算方法如下：

❑ 指针 pc，每增加 1，其实是 $1 \times 1=1$，新地址 = 旧地址 $+1 \times 1$。初始值为 0xffa2，增加 1 后变成 0xffa3。

❑ 指针 pn，每增加 1，其实是 $1 \times 2=2$，新地址 = 旧地址 $+1 \times 2$。初始值为 0xffa8，增加 1 后变成 0xffaa。

❑ 指针 pf，每增加 1，其实是 $1 \times 4=4$，新地址 = 旧地址 $+1 \times 4$。初始值为 0xffb2，增加 1 后变成 0xffb6。

```
*pc = a, pc = ffa2
*pn = 1, pn = ffa8
*pf = 0.100000, pf = ffb2
*pc = b, pc = ffa3
*pn = 2, pn = ffaa
*pf = 0.200000, pf = ffb6
*pc = c, pc = ffa4
*pn = 3, pn = ffac
*pf = 0.300000, pf = ffba
*pc = d, pc = ffa5
*pn = 4, pn = ffae
*pf = 0.400000, pf = ffbe
*pc = e, pc = ffa6
*pn = 5, pn = ffb0
*pf = 0.500000, pf = ffc2
```

图9.6   不同类型指针的移动结果

【运行效果】 编译并执行程序后，其结果如图 9.6 所示。也证明不同类型的指针增加 1 其移动长度不同。

注意：当移动指针时，数据类型为 int 型的指针只能用来指向 int 变量，不能用以指向其他类型的变量。例如：如果一定要用 int 型指针指向一串 float 型数组，当移动指针时，增加 1，还是自动按照 int 型移动 2 个字节，而不是 4 个字节。

9.3.2 指针变量的关系运算

在一定条件下，两个指针可以进行关系运算，例如：两个变量指向同一个数组中的元素，如果两个指针进行比较，在前面的元素的指针变量"小于"指向后面元素的指针变量。当两个指针相等时，说明这两个指针指向同一元素。

9.4 指针与函数的关系

在 6.3 节的函数调用中，对函数的传值调用进行了详细的介绍，现在将对函数的另外一个传地址调用进行详细介绍。

9.4.1 指针作为参数

通过 7.5 节字符数组元素作为函数参数的介绍，相信各位读者已经知道，实质上当数组作为参数时，其向函数传递的是数组的首地址。而数组名就是一个指向数组首地址的指针常量（9.5 节进行介绍）。所以，向函数传递数组其实是将指针作为参数的传地址调用。

同时由于指针就是地址，所以调用函数时，系统是将实参的地址复制给对应的形参指针，使形参指针指向实参地址。在被函数中对形参指针指向的改变，将改变实参的值。

【实例 9.4】 用指针作为函数的参数，对两个变量值进行交换，最后输出两个变量的数值。如示例代码 9.4 所示。

示例代码9.4 对两个变量值进行交换

```
01 #include "stdio.h"              /*包含系统函数头文件*/
02 void swap(int *p, int *q)       /*指针作为函数的参数*/
03 {
04     int t = *p;
05     *p = *q;                     /*交换指针指向的变量的值*/
06     *q = t;
07 }
08
09 int main(void)                   /*主函数*/
10 {
11     int a = 10;
12     int b = 20;
13     printf("a = %d, b = %d\n",a,b);
14     swap(&a,&b);                 /*调用交换函数*/
15     printf("a = %d, b = %d\n",a,b);
16     getch( );                    /*暂停*/
17     return 0;                    /*返回*/
18 }                                /*主函数完*/
```

【代码解析】 代码第 14 行调用函数 swap 时，因为函数 swap（ ）的参数是两个 int 型指针，所以调用时，只能传递给函数 swap（ ）两个实参的地址值。代码第 3 ～ 7 行，是函数 swap（ ）的实现，在其中对形参指针指向的值进行了交换。

从图 9.7 中可以看出，将指针作为函数的形参，对其指向的值的改变，也将影响实参的值。最后输出 a 和 b 的值也改变了。指针作为函数参数的时候，能够修改函数外的数据，所以指针使用起来却更灵活。

【运行效果】 编译并执行程序后，其最后输出结果如图 9.7 所示。

图9.7 对两个变量值进行交换结果

注意：也正因为指针使用起来非常灵活，可以指向内存中的任意数据，所以要谨慎对待指针作为函数参数使用。

有时候为了避免指针作为函数参数导致函数外数据被意外修改，就需要使用const来保护指针指向的数据不被意外修改。

【实例9.5】 在第8章中已经学习过字符串的拷贝函数，现在通过自己定义两个函数，来实现对整型和浮点型数组的拷贝。如示例代码9.5所示。

示例代码9.5　数组的复制

```
01  #include "stdio.h"                              /*包含系统函数头文件*/
02
03  int iCpy(int * pDest, int * pSrc, int slen);    /*声明自定义的拷贝函数*/
04  int fCpy(float * pDest, float * pSrc, int slen);
05  void idisp(int *p, int len);                    /*声明自定义的显示函数*/
06  void fdisp(float *p, int len);
07  int main(void)                                  /*主函数*/
08  {
09      int    a[]  = {1,3,5,7,9};                   /*定义int型数组*/
10      int    b[5] = {0};
11      float  fa[] = {2.5,3.1,1.4,2.8,9.9};         /*定义float型数组*/
12      float  fb[5] = {0};
13      int i      = 0;
14      iCpy(b, a, 5);                               /*调用自定义的int型拷贝函数*/
15      fCpy(fb, fa, 5);                             /*调用自定义的float型拷贝函数*/
16      idisp(a, 5);                                 /*调用自定义的int型显示函数*/
17      idisp(b, 5);
18      fdisp(fa, 5);                                /*调用自定义的float型显示函数*/
19      fdisp(fb, 5);
20      getch();                                     /*暂停*/
21      return 0;                                    /*返回*/
22  }                                                /*主函数完*/
23
24  int iCpy(int * pDest, int * pSrc, int slen)      /*自定义的拷贝函数*/
25  {
26      int i = 0;
27      for(i=0; i<slen; i++)
28      {
29          *(pDest + i) = *(pSrc + i);              /*遍历源数组的元素，并逐个赋值到目的数组*/
30      }
31
32      return i;                                    /*返回最后长度*/
33  }
34
35  int fCpy(float * pDest, float * pSrc, int slen)  /*自定义的拷贝函数*/
36  {
37      int i = 0;
38      for(i=0; i<slen; i++)
```

```
39          {
40              *(pDest + i) = *(pSrc + i);            /*遍历源数组的元素，并逐个赋值到目的数组*/
41          }
42
43          return i;
44  }
45
46  void idisp(int *p, int len)                        /*自定义的显示函数*/
47  {
48          int i = 0;
49          for(i=0; i<len; i++)
50          {
51              printf("%d ", *(p+i));                 /*显示指针指向的值*/
52  }
53          printf("\n");
54  }
55
56  void fdisp(float *p, int len)                      /*自定义的显示函数*/
57  {
58          int i = 0;
59          for(i=0; i<len; i++)
60          {
61              printf("%f ", *(p+i));                 /*显示指针指向的值*/
62          }
63          printf("\n");
64  }
```

【代码解析】 代码第 24～64 行，分别定义了 int 型拷贝、float 型拷贝、int 型显示和 float 型显示函数。其都是用指针作为函数的参数。也只能通过指针作为函数的参数，才能实现拷贝。

【运行效果】 编译并执行程序后，最后输出结果如图 9.8 所示。

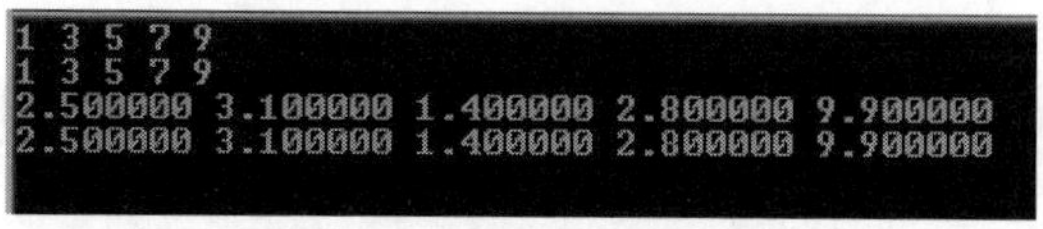

```
1 3 5 7 9
1 3 5 7 9
2.500000 3.100000 1.400000 2.800000 9.900000
2.500000 3.100000 1.400000 2.800000 9.900000
```

图9.8　数组的拷贝结果

9.4.2　指针作为返回值

一个函数既然可以返回一个整型、字符型、实型。指针作为一种数据类型，当然可以被函数返回，其间概念类似，只是返回值的类型是指针类型而已。这种返回值为指针类型的函数，一般被称为指针函数。定义一个指针函数格式如下：

```
数据类型 * 函数名(参数表)
{
    函数实现;
```

}

其和一般函数定义的要求是一样的,函数名必须是由符合 C 语言规范要求的标示符组成的。函数的返回值必须是指针。

例如:定义一个返回值为指向整型的指针函数。

```
int * func(int *a, int b)
{
    ...
    return p;
}
```

其中,函数名为 func ( ),调用其后可以得到一个指向整型数据的指针。

【实例 9.6】 比较两个数的大小,并返回较大值的指针。如示例代码 9.6 所示。

示例代码9.6 求两个数中的最大数

```
01 #include "stdio.h"                          /* 包含系统函数头文件 */
02
03 int * max(int *a, int *b)                    /* 定义求最大值指针函数 */
04 {
05     if(*a>*b)                                /* 比较两个指针所指向的数值大小 */
06     {
07         return a;                            /* a 比较大,返回 a 的指针 */
08     }
09
10     return b;                                /* b 比较大,返回 b 的指针 */
11 }
12
13 int main(void)                               /* 主函数 */
14 {
15     int a  = 0;                              /* 初始化变量 */
16     int b  = 0;
17     int *p = NULL;
18     printf("Please input 2 number: ");
19     scanf("%d %d",&a,&b);                     /* 接收用户输入的数据 */
20     p = max(&a, &b);                          /* 得到指向最大值的指针 */
21     printf("max is %d\n", *p);
22     getch( );                                 /* 暂停 */
23     return 0;                                 /* 返回 */
24 }                                             /* 主函数完 */
```

【代码解析】 代码第 3 ~ 11 行,定义和实现了求两个数最大值的指针函数。要注意的是,最后返回时,都是返回的指针变量,而不是指针变量所指向的数值。

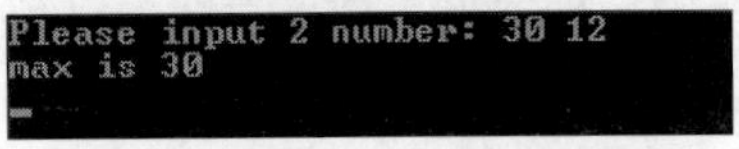

```
Please input 2 number: 30 12
max is 30
```

图9.9 求数组中最大数结果

【运行效果】 编译并执行程序后,输入"30 12"后,最后输出结果如图 9.9 所示。

注意:如果返回的指针变量是在函数内部自己定义的,那么返回给主调函数就没有任何意义,并且会出现错误。因为返回指针类型给主调函数时,只能是函数内声明的静态变量或者在函数外还起作用的变量。

9.4.3 函数指针

顾名思义，函数指针是指向函数的指针变量。因而"函数指针"本身首先应是指针变量，只不过该指针变量指向函数。这正如用指针变量可指向整型变量、字符型、数组一样，这里是指向函数。

C 语言系统在编译时，同样会为每一个函数分配一个内存地址，并且每个函数都有一个入口地址，该入口地址就是函数指针所指向的地址。有了指向函数的指针变量后，可用该指针变量调用函数，就如同用指针变量可引用其他类型变量一样，在这些概念上是一致的。函数指针有两个用途：

① 调用函数（由于本书属于初级教程，所以只对调用函数进行介绍）。

② 做其他函数的参数。

函数指针的定义格式如下：

数据类型(*指针变量名) (形参列表);

其中，数据类型说明该函数的返回类型，同时由于"( )"的优先级高于"*"，所以指针变量名外的圆括号必不可少，后面的"形参列表"表示指针变量指向的函数所带的参数列表。

例如：声明一个函数和函数指针，并将该函数的首地址赋值给指针。其如下所示：

```
int func(int x);                        /* 声明一个函数 */
int (*f) (int x);                       /* 声明一个函数指针 */
f=func;                                 /* 将 func 函数的首地址赋给指针 f */
```

赋值时函数 func 不带括号，也不带参数，由于 func 代表函数的首地址，因此经过赋值以后，指针 f 就指向函数 func（x）的代码的首地址。

【实例 9.7】 定义一个函数指针，并使用该函数指针进行函数调用，求数组中最大和最小值。最后输出结果如示例代码 9.7 所示。

示例代码9.7　求数组中的最大和最小值

```
01 #include "stdio.h"                   /*包含系统函数头文件*/
02
03 int * max(int *array,int len)
04 {
05     int * p = &array[0];             /*默认指向数组首元素*/
06     int i  = 0;
07     printf("Call max function\n");
08     for(i=1; i<len; i++)
09     {
10         if(*p< array[i])
11         {
12             p = &array[i];           /*改变指针指向最大值*/
13         }
14     }
15
16     return p;                        /*返回数组中最大值的指针给调用函数*/
17 }
18
19 int * min(int *array,int len)
```

```
20 {
21      int * p = &array[0];                    /*默认指向数组首元素*/
22      int i  = 0;
23      printf("Call min function\n");
24      for(i=1; i<len; i++)
25      {
26          if(*p> array[i])
27          {
28              p = &array[i];                  /*改变指针指向最小值*/
29          }
30      }
31
32      return p;                               /*返回数组中最小值的指针给调用函数*/
33 }
34
35 int main(void)                              /*主函数*/
36 {
37      int array[5] = {333,22,443,288,51};
38      int *(*f)(int *a, int len);             /*定义函数指针*/
39      int *p  = NULL;
40      f = max;                                /*给函数指针赋值*/
41      p = f(array, 5);                        /*调用函数*/
42      printf("max number in array %d\n", *p);
43      f = min;                                /*重新给函数指针赋值*/
44      p = f(array,5);                         /*调用函数*/
45      printf("min number in array %d\n", *p);
46      getch( );                               /*暂停*/
47      return 0;                               /*返回*/
48 }                                           /*主函数完*/
```

【代码解析】 代码第 38 行，定义了一个函数指针，该函数指针所指向的函数结构，必须是返回值为 int 型指针，并且有两个参数，一个是 int 型的指针或者数组，另一个是 int 型的变量。代码第 40 行是给函数指针赋值，指向 max（ ）函数。代码第 41 行是通过函数指针调用 max（ ）函数，求数组中的最大值。代码第 43 行是重新给函数指针赋值，指向 min（ ）函数。所以代码第 44 行，就是调用 min（ ）函数，求数组中的最小值。从结果图中也可以看到函数调用过程。

```
Call max function
max number in array 443
Call min function
min number in array 22
```

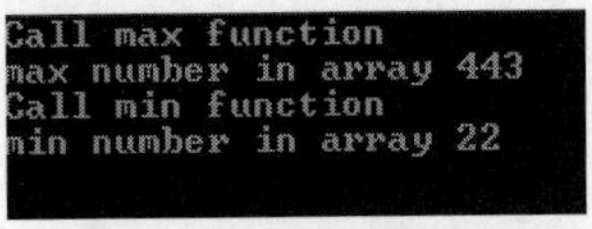

图 9.10　求数组中的最大和
　　　最小值结果

【运行效果】 编译并执行程序后，最后输出结果如图 9.10 所示。

9.5　数组与指针

在 C 语言中，由于指针是一种数据类型，所以可以用其来定义指针变量，同样，也可以用其来定义指针数组。

9.5.1 指针数组的定义和引用

指针数组的定义格式如下：

数据类型 * 数组名[大小];

其中，数据类型规定了该数组中每个元素，即每个指针指向数据类型。例如：

```
int * npArray[5];                      /*定义包含5个int型的指针元素的数组*/
float * fpArray[5];                    /*定义包含5个float型的指针元素的数组*/
```

同时，由于"[ ]"的优先级比"*"高，所以 npArray 先与 [5] 结合，形成 npArray[5] 的形式，即数组的形式，其包含 5 个元素。然后再与 npArray 前面的"*"结合，表示此数组是指针类型的，每个元素都是指针变量。

如果要引用这两个数组中的元素，可以使用如下格式：

```
npArray[0];                            /*int型指针*/
fpArray[3];                            /*float型指针*/
```

9.5.2 一维数组中元素的指针表示法

一维数组中元素的指针表示法如下：

```
int array[5];
```

其中，array 是一维数组名，其包含 5 个 int 型的元素。如果用下标的方法来表示其中的元素，如下所示。

```
array[i]                               /*其中,i=0,1,2,3,4*/
```

而如果用指针的方法来表示，如下所示。

```
*(array+i)                             /*其中,i=0,1,2,3,4*/
```

因为在 C 语言中规定，数组名就是指向数组首地址的常量指针，所以在一维数组中，数组中的第 i 个元素可以用上面的方式表示。

【实例 9.8】 用两种不同的方式来遍历数组中元素，并输出到屏幕上，如示例代码 9.8 所示。

示例代码9.8 两种方式来表示数组元素

```
01  #include "stdio.h"                      /*包含系统函数头文件*/
02
03  int main(void)                          /*主函数*/
04  {
05      int array[10] = {1,5,88,882,13,333,22,98,23,45};
06      int i = 0;
07      for(i=0; i<10; i++)
08      {
09          printf("%d ", array[i]);        /*遍历数组，用下标法输出数值*/
10      }
11      printf("\n");
12      for(i=0; i<10; i++)
13      {
14          printf("%d ", *(array+i));      /*遍历数组，用指针表示法输出数值*/
15      }
```

```
16        printf("\n");
17        getch( );                                      /*暂停*/
18        return 0;                                      /*返回*/
19   }                                                   /*主函数完*/
```

```
1  5  88  882  13  333  22  98  23  45
1  5  88  882  13  333  22  98  23  45
```

图9.11　两种方式来表示数组元素结果

【代码解析】　代码第 9 行是用下标方式来表示数组元素，第 14 行是用指针方式来表示数组元素。

【运行效果】　编译并执行程序后，最后输出结果如图 9.11 所示。

9.5.3　二维数组的指针表示法

二维数组的指针表示法如下：

```
int array[3][3];
```

其中，array 是二维数组名，其有 9 个 int 型的元素，如果用下标的方法来表示其中的元素，如下所示。

```
array[i][j]                                      /*其中,i=0,1,2; j=0,1,2*/
```

而如果用指针的方法来表示，如下所示。

```
*(*(array+i)+j)                                  /*其中,i=0,1,2; j=0,1,2*/
```

可以把一个二维数组看作是一个一维数组，其元素又是一个一维数组。对 array[3][3] 来说，可以认为其是具有 3 个元素的一维数组，暂称为行数组，而其中每个元素又是具有 3 个元素的一维数组，暂称为列数组。这样，可以把 array[3][3] 看成由 3 个元素的一维行数组和 3 个元素的一维列数组组成。

前面已经讲过了一维数组的指针表示方法。现在将二维数组的行和列的一维数组都用指针来表示，便得到前面所述的形式。如果将二维数组的行数组用下标来表示，列数组用指针来表示，可以得到如下形式：

```
*(array[i]+j)
```

【实例 9.9】　用指针变量输出二维数组中各元素的值，如示例代码 9.9 所示。

示例代码9.9　输出二维数组中各元素的值

```
01  #include "stdio.h"                                /*包含系统函数头文件*/
02
03  int main(void)                                    /*主函数*/
04  {
05      int a[3][3] = {{2,8,16},{1,5,6},{7,8,56}};
06      int *p = NULL;
07      for(p=a; p<a[0]+9; p++)                        /*用地址值来判断是否数组结束*/
08      {
09          if((p-a[0])%3 == 0)                        /*每三个元素输出一行*/
10          {
11              printf("\n");
12          }
13          printf("%3d", *p);
14      }
15      getch( );                                      /*暂停*/
```

```
16        return 0;                        /*返回*/
17 }                                        /*主函数完*/
```

【代码解析】 代码第6行定义了一个指向整型变量的指针，其可以指向整型的数组元素。
代码第7行，每次使p的值增加1，移向下一个元素。代码第9～12
行是控制一行输出3个元素后，进行换行。

【运行效果】 编译并执行程序后，其最后输出结果如图9.12
所示。

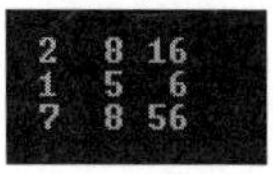

图9.12 二维数组中各元素的值输出结果

9.5.4 指针与字符串结合使用

在C语言中有两种方式实现一个字符串，如下所示。
（1）用字符数组来实现字符串
用字符数组来实现字符串的方式如下：
`char str[] = "this is C program";`
（2）用字符指针来实现字符串
用字符指针来实现字符串，不用定义字符串数组，而是直接定义一个字符指针。定义一
个字符指针的方式如下：
`char * pStr;`
在声明字符指针后，可以直接对其赋值进行初始化，即把字符指针指向字符串。其如下
所示：
`char * pStr = "this is c program";`
在前面已经做过介绍，这里就不再复述。

注意：字符指针如果指向字符串常量，其内容是不能修改的。但如果指向字符数组是可
以修改的。

【实例9.10】 将若干个字符串按首字母顺序输出到屏幕上。如示例代码9.10所示。

示例代码9.10　字符串按首字母顺序输出

```
01 #include "stdio.h"                       /*包含系统函数头文件*/
02 void sort(char * name[], int len);       /*排序函数*/
03 void print(char * name[], int len);      /*打印函数*/
04
05 int main(void)                           /*主函数*/
06 {
07     char * name[] = {"China", "Computer", "Examination",
08            "Great Wall","All right"};
09
10     sort(name, 5);                        /*调用排序函数*/
11     print(name, 5);                       /*调用打印函数*/
12     getch( );                             /*暂停*/
13     return 0;                             /*返回*/
14 }                                         /*主函数完*/
15
16 void sort(char * name[], int len)         /*排序函数实现*/
17 {
```

```
18        int i = 0;
19        int j = 0;
20        int k = 0;
21        char * temp = NULL;
22        for(i=0; i<len-1; i++)                    /*遍历字符串数组*/
23        {
24            k = i;
25            for(j=i+1;j<len;j++)
26            {
27                    if(strcmp(name[k], name[j]) > 0)
28                    {
29                        k = j;                     /*比较大小*/
30                    }
31
32                    if(k != i)
33                    {
34                        temp = name[i];            /*进行交换*/
35                        name[i] = name[k];
36                        name[k] = temp;
37                    }
38            }
39        }
40 }
41
42 void print(char * name[], int len)               /*打印函数实现*/
43 {
44        int i = 0;
45        for(i=0; i<len; i++)
46        {
47            printf("%s\n", name[i]);               /*遍历打印整个字符串数组*/
48        }
49 }
```

【代码解析】 代码第 7 行，在 main（）函数中定义字符串指针数组 name。其包含 5 个元素，每个元素指向一个字符串的首地址，如图 9.13（a）所示。代码第 16～40 行是定义 sort（）函数，其作用是把字符串进行排序，由于其参数 name 也是指针数组，所以在 sort（）函数中对 name 数组元素的改变，也会影响实参中的元素。排序后，如图 9.13（b）所示。代码第 42～49 行是定义 print（）函数，其作用是输出数组中各字符串到屏幕上。

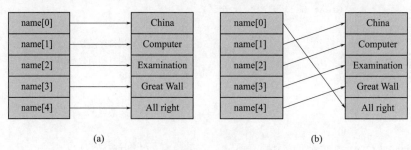

图9.13　name数组元素与字符串对应关系

【运行效果】 编译并执行程序后，最后输出结果如图 9.14 所示。

```
All right
China
Computer
Examination
Great Wall
```

图9.14 字符串按首字母顺序
输出结果

9.5.5 命令行参数

指针数组的一个重要的作用是作为主函数 main（）的形参。在前面介绍的章节中，所有的 main（）总是不带参数的，例如：

```
int main( )
{
    ...
}
```

实际上 main（）函数也是可以带上参数的。那么 main（）函数参数的值从什么地方传递过来呢？其实，就是由操作系统来传递的。

如果读者朋友用过命令行系统（单击 "Windows 开始 | 运行" 菜单栏，在弹出的对话框中输入 "cmd"，启动 Windows 命令行系统），就会知道在执行一个程序时，可以在命令行上写成如下格式：

```
程序名  参数1 参数2  … 参数n
```

这些命令行中的内容（包括程序名）都可以作为参数传给 main（）函数。这种传递给 main（）函数的参数就被称为命令行参数。

main（）函数要接收命令行传递过来的数据，就需要定义一些形参。C 语言中规定 main（）函数可以自带两个参数：

① int 型参数，用 argc 表示，其用于表示从命令行传递过来的参数个数。

② 指针数组，用 argv 表示，其用于存放各命令行参数的内容。

带有参数的 main（）函数可以写成如下格式：

```
int main(int argc, char * argv[]);
```

例如，要进行文件的重命名操作，命令行中应输入

```
rename oldname newname
```

则 main（）函数接收到的参数如图 9.15 所示。

argc 的值为 3，即表示有三个参数输入。argv[0] 总是指向命令名（rename），argv[1] 指向参数 1（oldname），argv[2] 指向参数 2（newname）。

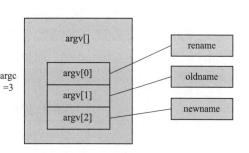

图9.15 main( )函数接收参数示意图

【实例 9.11】 编写一个输出主函数中参数值的回显函数。如示例代码 9.11 所示。

示例代码9.11 回显系统调用主函数参数值

```
01 #include "stdio.h"                        /*包含系统函数头文件*/
02
03 int main(int argc, char * argv[])         /*主函数*/
04 {
05     int i=0;
06     for(i=0; i<argc; i++)                 /*遍历参数数组*/
```

```
07        {
08            printf("%s ", argv[i]);                /*打印参数数组中的元素*/
09        }
10        printf("\n");
11        getch( );                                   /*暂停*/
12        return 0;                                   /*返回*/
13 }                                                  /*主函数完*/
```

【代码解析】 代码第 6 ~ 9 行是遍历主函数中参数数组中的元素，并把这些元素值输出。

【运行效果】 编译并执行程序后，在命令行中调用如图 9.16（a）所示，其中 11 是程序名，最后输出结果如图 9.16（b）所示。

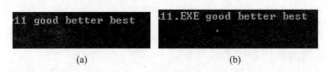

(a)   (b)

图9.16   回显系统调用主函数参数值

9.6   指向指针变量的指针

指向指针变量的指针听上去很不容易理解，其实可以这样认为：指针变量也是变量，其也是有地址值的，所以也可以用指针指向这个地址。指向指针变量的指针的定义和初始化方式如下：

```
int i = 0;                       /*定义一个变量i*/
int *p = &i;                     /*定义一个指针变量p，并赋初始值为i的地址*/
int **pp=&p;                     /*定义一个指向指针变量的指针pp，赋初始值为p的地址*/
```

上面的 int **pp 可以这样理解，其数据类型是 int* 型而不是 int 型的，所以 pp 是指向 int 型指针的指针变量。对 *pp 就是对指针变量 p 的操作。

【实例 9.12】 操作指向指针变量的指针，如示例代码 9.12 所示。

示例代码9.12   指向指针变量的指针

```
01 #include "stdio.h"   /*包含系统函数头文件*/
02
03 int main(void)           /*主函数*/
04 {
05        int n = 100;
06        int i = 188;
07        int * pn = &n;        /*把变量n的地址值赋值给pn*/
08        int **pp = &pn;       /*把指针变量pn的地址值赋值给pp*/
09        printf("n = %d\n", n);
10        printf("pn = %x\n", pn);          /*pn中是n的地址值*/
11        printf("*pn = %d\n", *pn);
12        printf("pp = %x\n", pp);          /*pp中是pn的地址值*/
```

```
13      printf("**pp = %d\n", **pp);
14      **pp = 50;                  /*对**pp操作相当于对n的操作*/
15      printf("n = %d\n", n);
16      *pp = &i;                   /*改变pp中的值,让其指向变量i*/
17      printf("pn = %x\n", pn);    /*pn中保存的地址值变成i的地址值*/
18      printf("*pn = %d\n", *pn);
19      getch( );                   /*暂停*/
20      return 0;                   /*返回*/
21 }/*主函数完*/
```

【代码解析】 代码第 8 行，把指针变量 pn 的地址赋值给 pp，这样 *pp 就代表 pn，所以 **pp 就代表 *pn。代码第 10 行输出的是 pn 中保存的地址值，即变量 n 的地址值。代码第 14 行，改变 **pp 所指向的值，也就改变了 *pn 所指向的变量 n 的值。代码第 16 行，相当于是把 pn 指向的地址值改变为变量 i 的地址值。

【运行效果】 编译并执行程序后，其最后输出结果如图 9.17 所示。图中 ffc4 就是变量 n 的地址值（是一个 16 进制数），而 ffc8 是指针变量 pn 的地址值。

图 9.17 指向指针变量的指针结果

本章小结

通过本章的指针相关知识介绍，结合实例代码的学习，希望各位读者明白，指针其实是 C 语言中非常重要的概念，是 C 语言所特有的。使用指针的优点：

① 提高程序效率。

② 在调用函数时变量改变了的值能够为主调函数使用，即可以从函数调用得到多个可以改变的值。

③ 可以实现动态分配（将在后面进行介绍）。

但同时应该看到，正因为指针使用太过灵活，对于熟练的程序员来说，用指针可以编写出有特色的、质量优良的程序，实现许多其他功能，但也十分容易出错，而且这种错误往往难以发现。因此在使用指针时，要十分小心和谨慎，多结合实例上机调试，积累开发经验。

第10章
结构体、共同体与引用

通过前几章的学习，相信读者已经基本掌握了 C 语言中的许多基本知识，也认识了 C 语言中很多数据类型，但这些数据类型都是最基本的，如 int 型、float 型、char 型等。现在将向读者介绍全新的，一种自己模拟现实世界的组合型数据类型——结构体和共同体。

本章主要涉及的知识点如下所述：

❑ 结构的概念：明白什么是结构，其特点是什么。
❑ 结构类型的声明和定义：知道如何声明结构及初始化。
❑ 结构成员的赋值方法：知道如何给结构中的成员赋值。
❑ 结构数组和结构指针：明白如何声明结构数组及结构指针。
❑ 结构与函数的关系：知道如何将结构作为函数的参数。
❑ 结构的嵌套：知道如何在结构中嵌套结构。
❑ 共用体的定义与引用：介绍如何定义共用体和引用其中的变量。
❑ 自定义一个数据类型：介绍如何用 typedef 定义一个引用变量。
❑ 枚举型数据：介绍如何定义及使用枚举型数据。

10.1　结构体的定义与引用

在程序设计中只有基本的数据类型对于某些具体的应用肯定是不够的，所以需要将不同的数据组合在一起，形成一个有机的整体，以便于使用。这些组合在一起的数据间是相互联系的。这就是本节要介绍的结构体。

10.1.1　结构体类型的定义

结构体（struct）是由一系列具有相同类型或不同类型的数据构成的数据集合，也叫结构。在 C 语言中，可以定义结构体类型，将多个相关的变量包装成为一个整体使用。在结构体中的变量，可以是相同、部分相同，或完全不同的数据类型。

在 C 语言中定义一个结构类型的格式如下：

```
struct 结构体名称
{
        成员列表
};                                          /*注意最后的分号*/
```

其中，struct 是结构体定义的关键字，不能省略，表示这是一个"结构体类型"。花括号内是该结构体中的各个成员，由这些成员组成一个结构体。对结构体中的成员都应该进行数据类型的定义。其格式为：

```
数据类型　成员名;
```

注意：对各成员都应进行数据类型声明，而且每个成员类型声明后应该用分号隔开，整个结构声明的最后也是应该有分号的。

例如：要在程序中定义一个关于学生的数据类型，这个学生包含的属性如表 10.1 所示。

表 10.1　学生的属性

属性名称	类型	说明
id	int	学号
name	char	姓名
sex	char	性别
age	int	年龄
score	float	成绩
addr	char	地址

用以前的做法定义一个学生就需要下列 6 个变量：

```
int    id;
char   name[10];
char   sex;
int    age;
float  score;
char   addr[30];
```

这样做不仅很难反映各变量之间与学生的联系，而且不方便管理。而如果用数组来表示，又因为其各自数据类型是不同的，所以也不能用数组把其存放在一起的。这时就需要一种能将不同类型的数据组合成一个有机的整体的数据集合。

如果把表 10.1 中的数据定义成结构体，其如下所示：

```
struct student
{
    int  id;                          /*学号*/
    char name[10];                    /*姓名*/
    char sex;                         /*性别*/
    int  age;                         /*年龄*/
```

```
    float score;                            /*成绩*/
    char addr[30];                          /*地址*/
}
```

这样，就定义了一个结构体类型"struct student"，表示这是一个"student"的结构体。其包含了 id、name、sex、age、score、addr 等不同类型的数据成员。

有了结构体就可以把这些数据项与一个特定的学生相联系起来。结构相当于现实中的工具箱，其把各种各样长短不一的工具（数据）全部放在一个箱子（结构）内，变成了一个整体，方便使用。例如，图 10.1 所示的结构数据类型的组合图就可用来描述学号为 11001，姓名为 LiMing 的一个学生。

注意：用 struct 来定义的数据结构是由程序设计者自己定义的，其与系统中的基本数据类型一样可以用来定义变量。

id	name	sex	age	score	addr
11001	LiMing	m	20	500	重庆市

图 10.1　学生结构体描述图

10.1.2　结构体类型变量的定义

由于结构体类型的特殊性，在使用结构体类型定义变量的数据类型时，可以使用 3 种不同的形式定义结构体类型变量。

① 先定义结构体类型，再定义变量，其格式如下所示：

```
struct 结构名 变量名;
```

由于前面已经定义过结构体类型 struct student，所以用其来定义该结构体变量时，就变成如下所示：

```
struct student sd1,sd2;
```

上面就是定义了两个 struct student 结构体类型的变量 sd1 和 sd2，其具有 struct student 类型的结构，如图 10.2 所示，数据空间占用如图 10.3 所示。

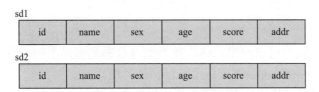

图 10.2　sd1 和 sd2 的数据结构图

注意：定义一个结构体时并不分配内存，内存分配发生在定义这个新数据类型的变量中。结构体中的成员总是按照其定义顺序分配内存空间的。

定义结构体类型的变量和定义基本类型的变量不同，不仅要求指定变量为结构体类型，而且要求指定为某一特定结构体类型，例如 struct student。不能只指定为"struct 型"，而不指定结构体名。而在定义变量为整型时，只需要定义为 int 型即可。换句话说，可以定义许多种具体的结构体类型。

② 在定义结构体类型的同时定义变量，其格式如下：

```
struct 结构体名称
{
```

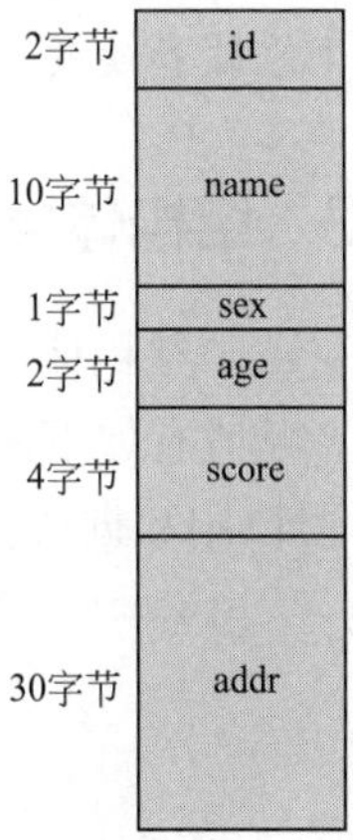

2字节	id
10字节	name
1字节	sex
2字节	age
4字节	score
30字节	addr

图 10.3　各成员数据空间占用示意

成员列表

}变量名列表;

其作用与前面的定义相同，也是用于定义结构体变量，只是在定义结构体时将变量同时定义了。例如：

```
struct student
{
    int      id;
    char     name[10];
    char     sex;
    int      age;
    float    score;
    char     addr[30];
}sd1,sd2;
```

上面的例子也是定义了两个 struct student 类型的变量 sd1 和 sd2。

③ 直接用结构体去定义该结构体变量。其格式如下：

```
struct
{
    成员列表
}变量列表;
```

该定义方法不出现结构体名称，直接用结构体去定义结构体变量。例如：

```
struct
{
    int      id;
    char     name[10];
    char     sex;
    int      age;
    float    score;
    char     addr[30];
}sd1,sd2;
```

通过 3 个定义方式，可以看出：结构体类型与普通类型是不同的概念，对结构体来说，必须先定义好结构体类型，然后才能定义该结构体类型变量。

技巧：如果程序的规模比较大，应该将结构体类型的定义放在一个头文件中（.h 文件），哪个源文件需要用到这些结构体类型，就可以用 #include 命令将该头文件包含到本源文件中，这样便于修改和使用。

10.1.3 结构体类型变量的初始化

定义一个结构体变量后，就需要对其进行初始化或者赋值才能使用，对结构体变量的初始化或者赋值有如下两种：

① 可以用数据集合对结构体变量进行初始化。

```
struct student
{
    int      id;
    char     name[10];
    char     sex;
```

```
    int          age;
    float        score;
    char         addr[30];
}sd = {10123,"LiMin",'M',16,89.5,"重庆市"};
```

类似于对数组的初始化，中间是用逗号分隔，数据个数必须和结构体成员个数相同，而且数据的类型必须与所对应的成员的数据类型一致。

② 逐个对成员进行赋值。

```
struct student
{
    int          id;
    char         name[10];
    char         sex;
    int          age;
    float        score;
    char         addr[30];
}sd;

sd.id = 10123;
strcpy(sd.name, "LiMin");                    /*字符数组不能直接赋值，只能使用字符串复制函数*/
sd.sex='M';
sd.age=16;
sd.score=89.5;
strcpy(sd.addr, "重庆市");
```

注意：结构体成员名与程序中变量名可相同，不会被混淆。

10.1.4 结构体类型变量的引用

一旦定义好相应结构体变量，分配了内存空间后，就可以使用结构体成员操作符"."来访问结构体中的成员。其访问格式如下：

结构体变量名.结构体成员名

结构体变量名，即使用结构体类型定义的变量名；结构体成员名，即结构体定义的成员名。但在引用时，有几点需要注意：

① 不能将一个结构体变量作为普通变量进行输入与输出。例如：

已经定义好 struct student 结构体及其变量 sd，并且所有的成员都已经初始化过。但在使用时，不能像如下所示的使用：

```
printf("%d,%s,%c,%d,%f,%s\n", sd);
```

而只能够对结构体中每个成员进行分别输出。

```
printf("%d,%s,%c,%d,%f,%s\n, sd.id, sd.name, sd.sex,sd.age,sd.score,sd.addr");
```

② 对成员变量可以像普通变量一样进行各种运算。例如：

```
sd.id = 10001;                               /*将id号改变成10001*/
sd.age ++;                                   /*增加学生变量的年龄*/
sd.score += 9.5;                             /*增加学生成绩*/
```

③ 可以引用成员的地址，也可以引用结构体变量的地址。例如：

```
scanf("%d", &sd.age);                        /*输入学生变量sd的age*/
printf("%x", &sd);                           /*输出结构体变量的地址*/
```

【实例 10.1】 下面用程序来说明对结构体成员的访问和存取，如示例代码 10.1 所示。

示例代码10.1 对结构体成员的访问和存取

```
01  #include "stdio.h"                               /*包含系统函数头文件*/
02  #include "string.h"                              /*包含字符串处理函数头文件*/
03
04  struct student                                   /*定义结构体*/
05  {
06      int        id;                               /*定义结构体成员*/
07      char       name[10];
08      char       sex;
09      int         age;
10      float      score;
11      char       addr[30];
12  };
13
14  int main(void)          /*主函数*/
15  {
16      struct student sd = {{0}};                   /*定义结构体变量并初始化*/
17
18      printf("Please input student info (id,name,sex,age,score,addr) : \n");
        /*接收用户输入的数据*/
19      scanf("%d %s %c %d %f %s", &sd.id, sd.name, &sd.sex, &sd.age,
20          &sd.score, sd.addr);
        /*显示一下用户输入的数据*/
21      printf("%d,%s,%c,%d,%0.2f,%s\n",
22              sd.id, sd.name,sd.sex,sd.age,sd.score,sd.addr);
23      sd.id++;                                     /*修改id号*/
24      sd.age += 2;                                 /*增加年龄数*/
        /*再次显示一下用户输入的数据*/
25      printf("%d,%s,%c,%d,%0.2f,%s\n",
26              sd.id, sd.name,sd.sex,sd.age,sd.score,sd.addr);
27      getch( );                                    /*暂停*/
28      return 0;                                     /*返回*/
29  }                                                /*主函数完*/
```

【代码解析】 代码第 16 行定义并初始化 struct student 结构体的变量 sd。代码第 23 和 24 是把结构体变量 sd 的成员 id 和 age 进行运算操作。

【运行效果】 编译并执行程序后，最后输出结果如图 10.4 所示。

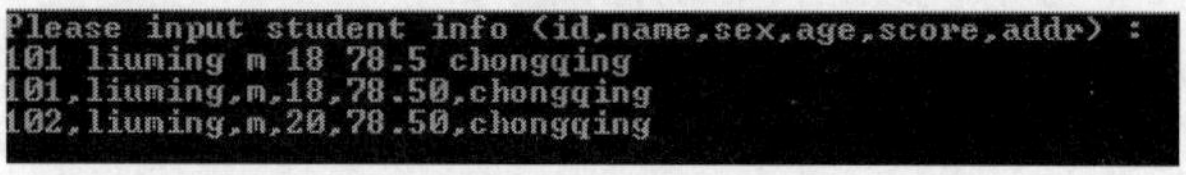

图10.4 结构体成员的访问和存取

10.1.5 结构体类型的指针

由于结构体类型的变量也是分配了内存空间的，既然有内存空间，当然就会有地址，有地址自然就可以定义指向结构体类型的指针。在程序中定义指向结构体类型的指针有着非常实际的意义，并且被广泛使用。其中比较重要的应用有三个：

① 通过结构体指针来描述程序中的链表、堆栈、树、图等复杂数据结构（会在后面的章节进行介绍）。

② 通过结构体指针用于动态分配结构体对象。通过动态分配的一组相连的结构体对象还可以用于进行动态数组的分配。

③ 通过结构体指针用于按地址传递结构体参数给函数进行处理。

定义一个结构体指针与结构体变量相似，其格式如下：

`struct 结构名 *指针变量名;`

或者是在定义结构体时，定义结构体变量和结构体指针变量，其格式如下：

```
struct 结构名
{
    成员列表
}结构体变量，*结构体指针变量名;
```

例如：定义一个 struct student 结构体指针。

```
struct student
{
    int      id;
    char     name[10];
    char     sex;
    int      age;
    float    score;
    char     addr[30];
}sd, *psd;                                    /*定义结构体变量和结构体指针变量*/
```

其中，注意"*"必须在指针变量名前。有了结构体指针后，可以通过取地址"&"操作，得到结构体变量的地址。例如：

`psd = &sd;`

结构体指针 psd 指向结构体变量 sd 的地址示意图如图 10.5 所示。

而如果要用结构体指针来访问其成员变量，必须通过"->"来进行。其格式如下：

`结构体指针变量名->成员名;`

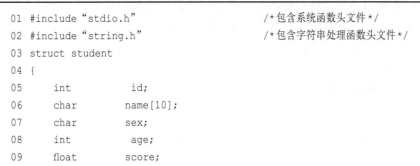

图10.5 psd指向结构体变量sd示意图

【实例 10.2】 定义一个 student 类型的结构体变量和指针变量，然后用指针变量来进行成员的访问和存取，如示例代码 10.2 所示。

示例代码10.2　结构体指针变量访问和操作成员

```
01 #include "stdio.h"            /*包含系统函数头文件*/
02 #include "string.h"           /*包含字符串处理函数头文件*/
03 struct student
04 {
05     int       id;
06     char      name[10];
07     char      sex;
08     int       age;
09     float     score;
```

```
10      char        addr[30];
11  }*psd;                              /*定义指向struct student结构体的指针变量*/
12
13  int main(void)                      /*主函数*/
14  {
15      struct student sd = {{0}};       /*定义结构体变量*/
16
17      psd = &sd;                       /*把结构体变量的地址赋值给指针变量*/
18
19      printf("Please input student info (id,name,sex,age,score,addr) : \n");
20      scanf("%d %s %c %d %f %s", &sd.id, sd.name,&sd.sex, &sd.age,
21          &sd.score, sd.addr);
22      psd->id  = 201;                   /*用结构体指针修改id成员*/
23      psd->age = 22;                    /*用结构体指针修改age成员*/
24      strcpy(psd->addr, "chongqing");   /*用结构体指针修改addr成员*/
25      printf("%d,%s,%c,%d,%0.2f,%s\n",
26              psd->id, psd->name,psd->sex,psd->age,psd->score,psd-> addr);
27      getch( );                         /*暂停*/
28      return 0;                         /*返回*/
29  }                                     /*主函数完*/
```

【代码解析】 代码第 15 行定义并初始化 struct student 结构体的变量 sd。代码第 17 行将变量 sd 的地址赋值给指针变量 psd。代码第 22 ～ 24 行是通过结构体指针变量 psd 来修改 sd 结构体变量的成员 id、age 和 addr。

【运行效果】 编译并执行程序后，从其最后输出结果如图 10.6 所示，发现数据已经被修改成功。

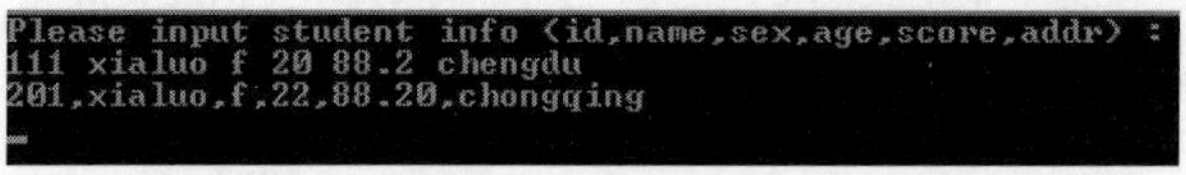

图10.6　结构体指针变量访问和操作成员

注意：定义好一个结构变量后，如果用结构指针指向其所在的地址，实质是指针指向结构变量的第一个成员的起始地址，其和数组类似。

10.1.6　结构体数组

在一个结构体变量中可以存放一组数据（如包含一个学生的相关信息）。但如果有很多学生呢？这就需要用到数组。而这种类型的数组被称为结构体数组。其与基本数据类型的数组不同，其每一个元素都是一个结构体类型的数据，都分别包含了各个成员。

结构体数组定义的格式如下所示：

```
struct 结构体名 数组名[大小];
```

例如，定义一个学生信息类型的结构体数组：

```
struct student
{
    int         id;
    char        name[10];
```

```
        char            sex;
        int             age;
        float           score;
        char            addr[30];
};
struct student sda[5];                      /*定义包含5个学生信息类型的结构体数组*/
```

上面的例子是在定义完结构体后，再定义的包含 5 个学生信息类型的结构体数组，也可以在定义结构体时，直接定义一个学生信息类型的结构体数组。例如：

```
struct student
{
        int             id;
        char            name[10];
        char            sex;
        int             age;
        float           score;
        char            addr[30];
}sda[5];                                    /*直接定义包含5个学生信息类型的结构体数组*/
```

数组定义后，其可以被想象成为如表 10.2 所示的样子。

表 10.2　结构体数组示意

	id	name	sex	age	score	addr
sda[0]	1001	xiaoming	M	18	68.5	108 chongqing road
sda[1]	1002	lulu	F	19	85.5	203 zhejiang road
sda[2]	1003	wanghao	M	22	88.5	9 chongqing road
sda[3]	1005	zhangxian	M	20	85,5	122 lianglu road
sda[4]	1008	liumengdie	F	18	80.6	107 zhengjiayan road

但要注意，数组是在内存中连续存放的，并不像表 10.2 的样子。所以其在内存的空间存放应当如图 10.7 所示。

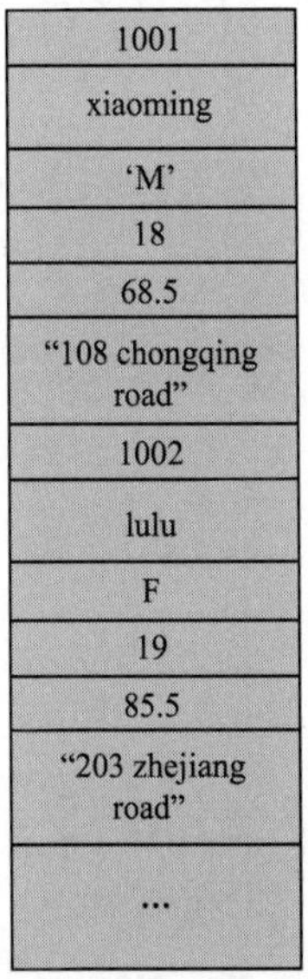

数组必须进行初始化后，才能使用。对数组进行初始化，可以在定义结构体时进行，例如：

```
struct student
{
        int             id;
        char            name[10];
        char            sex;
        int             age;
        float           score;
        char            addr[30];
}sda[3] = {{1001,"xiaoming", 'M', 18, 68.5, "108 chongqing road"},
        {1002,  "lulu",'F', 19, 85.5, "203 zhejiang road"},
        {1003,  "wanghao", 'M',22,88.5, "9 chongqing road"}};
```

当然也可以在定义完结构体后，在定义数组时进行初始化。例如：

```
struct student  sda[] =
        {{1001,"xiaoming", 'M', 18, 68.5, "108 chongqing road"},
        {1002,  "lulu",'F', 19, 85.5, "203 zhejiang road"},
```

1001
xiaoming
'M'
18
68.5
"108 chongqing road"
1002
lulu
F
19
85.5
"203 zhejiang road"
...

图 10.7　sda 结构体数组
在内存中的存放

{1003, "wanghao", 'M',22,88.5,"9 chongqing road"}};

在程序代码编译时，系统会根据给定的初始值结构体变量的个数来确定数组的大小。

【实例 10.3】 接收用户输入的学生学号，并在屏幕上显示该学生的相关信息。如示例代码 10.3 所示。

示例代码10.3 学生信息查询

```
01 #include "stdio.h"                              /*包含系统函数头文件*/
02
03 struct student                                  /*定义学生信息结构体*/
04 {
05      int        id;
06      char       name[10];
07      char       sex;
08      int        age;
09      float      score;
10      char       addr[30];
11 };
12
13 int main(void)                                  /*主函数*/
14 {
15      /*定义并初始化结构体数组sda*/
16      struct student sda[5] ={
17          {1001,"xiaoming",'M',18,68.5,"108 chongqing road"},
18          {1002,"lulu",'F',19,85.5,"203 guangzhou road"},
19          {1003,"linlin",'F',20,73.8,"33 zhejiang road"},
20          {1004,"qinliang",'M',19,85.5,"203 fujian road"},
21          {1005,"wanghao",'M',22,88.5,"9 chongqing road"}};
22
23      int id = 0;
24      int n  = 0;
25      printf("please input student id :");        /*提示用户输入*/
26      scanf("%d", &id);                           /*接收用户输入*/
27      for(n=0; n<5; n++)
28      {
29          if(id == sda[n].id)                     /*如果找到id相同的，输出信息*/
30          {
31              printf("%d,%s,%c,%d,%0.2f,%s\n",
32              sda[n].id, sda[n].name,sda[n].sex,
33              sda[n].age,sda[n].score,sda[n].addr);
34              break;                              /*跳出循环*/
35          }
36      }
37      if(n == 5)
38      {
39          printf("not found\n");                  /*如果循环遍历完都没有找到，给出提示*/
40      }
41      getch( );                                   /*暂停*/
```

```
42        return 0;                           /*返回*/
43 }                                          /*主函数完*/
```

【代码解析】 代码第 16 ～ 21 行是定义并初始化 struct student 结构体数组 sda。代码第 27 ～ 35 行，是遍历整个数组，并对其每个元素中的成员 id 与用户输入的 id 进行比较。如果找到，就输出该学号对应的学生信息。

【运行效果】 编译并执行程序后，输入有数据的 "1003"，其输出结果如图 10.8（a）所示，如果输入数组中没有的数据 "1008"，其输出结果如图 10.8（b）所示。

(a)   (b)

图10.8　学生信息查询结果

10.1.7　在结构中包含其他结构

结构体就像一个大社区，里面又可以有很多小社区，而且小社区中还可以有各种各样的房屋，每个房屋又可以风格不同。换句话说，结构体中还可以有各种普通的数据类型和指针，也可以包含其他结构体变量，而且其他结构体变量中还可以再包含其他结构体变量。

（1）在结构体中包含指针变量

在 C 语言中，结构体变量中可以包含指针型变量，例如 char 型、int 型、float 型和 double 型等指针变量。例如：

```
struct data
{
    char * pstr;                             /*char型指针*/
    int * pnum;                              /*int型指针*/
    float * pf;                              /*float型指针*/
    double pd;                               /*double型指针*/
};
```

（2）在结构体中包含数组

同样，结构体中也可以包含数组，例如：

```
struct demo
{
    char phonenum[12];                       /*char型数组*/
    int  num[12];                            /*int型数组*/
    ...
};
```

（3）在结构体中包含其他结构体变量

结构体中还可以包含其他结构体变量。例如，定义床结构体。

```
struct bedstru
{
    int      length;                         /*长度*/
    int      width;                          /*宽度*/
    int      height;                         /*高度*/
```

```
};
```
然后，又可以在宾馆房间信息结构体中再定义一个床结构体变量，例如：
```
struct rooms
{
    int        num;
    int        tvnum;
    char       phonenum[15];
    struct bedstru bed;                     /*床结构体变量*/
}room;
```
如果是这种形式的结构体，则要用多个"."号来一级一级地找到最低级的一个成员。而且只能对最低级的成员进行赋值或者存取以及运算。

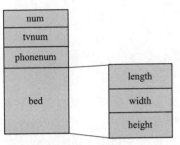

例如，要访问 room 结构体变量中的 bed 中的成员，其格式如下：
```
room.bed.length;
room.bed.width;
room.bed.height;
```
这种结构体中嵌套其他结构体的变量，其在内存中的空间占用如图 10.9 所示。

图 10.9 嵌套结构体的空间占用

【**实例 10.4**】 对嵌套型的结构体变量进行访问和数据修改。如示例代码 10.4 所示。

示例代码10.4　对嵌套型的结构体变量进行访问和数据修改

```
01 #include "stdio.h"                        /*包含系统函数头文件*/
02 #include "string.h"                        /*包含字符串处理头文件*/
03
04 struct bedstru                             /*定义床结构体*/
05 {
06    int    length;                          /*长度*/
07    int    width;                           /*宽度*/
08    int    height;                          /*高度*/
09 };
10
11 struct rooms                               /*定义房间结构体*/
12 {
13    int        num;
14    int        tvnum;
15    char       phonenum[15];
16    struct bedstru  bed;                    /*床结构体变量*/
17 };
18
19
20 int main(void)                             /*主函数*/
21 {
22    struct rooms room;                      /*嵌套结构体变量*/
23    room.num    = 2012;                     /*访问成员*/
24    room.tvnum  = 1;
```

```
25      strcpy(room.phonenum, "010-12345678");
26      room.bed.length  = 200;                    /*修改嵌套在结构体中的床结构体的成员*/
27      room.bed.width   = 180;
28      room.bed.height  = 50;
29      printf("room %d %d %s\n",room.num, room.tvnum, room.phonenum);
30      printf("bed : %d %d %d", room.bed.length, room.bed.width, room.bed.height);
31      getch( );                                  /*暂停*/
32      return 0;                                  /*返回*/
33  }                                              /*主函数完*/
```

【代码解析】 代码第 11 ～ 16 行是定义房间结构体 struct rooms。代码第 16 行，是定义在结构体 struct rooms 中另外一个结构体 struct bedstru 变量 bed。代码第 26 ～ 28 行，是对嵌套在结构体中另外一个结构体变量 bed 的成员的修改。

图 10.10 对嵌套型的结构体变量进行访问和数据修改结果

【运行效果】 编译并执行程序后，其最后输出结果如图 10.10 所示。

10.1.8 结构与函数的关系

有时候需要将一个结构体变量的值传递给另外一个函数进行处理，但在 C 语言中不允许直接将结构体变量作为函数的参数。那是不是就没有办法将结构体变量传递给其他函数处理呢？不是的。在 C 语言中有两种方法可以实现：

① 用结构体变量的成员作为函数的参数。例如，sd.id、sd.age、room.num 等作为函数的参数，将实参的值传给形参，其用法与普通变量作为参数相同，属于"数值传递"。

【实例 10.5】 结构体变量的"数值传递"如示例代码 10.5 所示。

示例代码10.5　结构体变量的"数值传递"

```
01  #include "stdio.h"                          /*包含系统函数头文件*/
02
03  struct datestru                              /*定义日期结构体*/
04  {
05      int year;
06      int month;
07      int day;
08  };
09
10  void dateprint(int year, int month, int day)    /*定义打印函数*/
11  {
12      printf("Today is %d-%d-%d", year, month, day);
13  }
14
15  int main(void)                               /*主函数*/
16  {
17      struct datestru  date = {2010,8,18};
        /*调用dateprint函数时，直接把结构体变量的成员作为参数传递出去*/
18      dateprint(date.year, date.month,date.day);
```

```
19      getch( );                                    /*暂停*/
20      return 0;                                    /*返回*/
21   }/*主函数完*/
```

【代码解析】 代码第 18 行是调用 dateprint（）函数，直接把结构体变量 date 的成员作为实参传递到函数中进行处理。

【运行效果】 编译并执行程序后，最后输出结果如图 10.11 所示。

Today is 2010-8-18

图 10.11 结构体变量"数值传递"结果

② 用指向结构体变量的指针作为实参，将结构体变量的地址传给形参。这样在处理时，其形参代表的就是实参。改变形参中成员的数据，将影响到实参。

【实例 10.6】 将结构体变量的地址传递给被调函数处理。如示例代码 10.6 所示。

示例代码10.6   结构体的传地址调用

```
01 #include "stdio.h"                          /*包含系统函数头文件*/
02
03 struct datestru                             /*定义日期结构体*/
04 {
05     int year;
06     int month;
07     int day;
08 };
09
10 void dateprintf(struct datestru * pdate)    /*定义打印日期函数，参数是结构体指针*/
11 {
12     printf("day is %d-%d-%d\n", pdate->year, pdate->month, pdate->day);
13 }
14
15 void datemodify(struct datestru * pdate)    /*定义修改日期函数，参数是结构体指针*/
16 {
17     pdate->year  =2011;                      /*修改形参中成员的值*/
18     pdate->month = 11;
19     pdate->day  = 11;
20 }
21
22 int main(void)                              /*主函数*/
23 {
24     struct datestru  date = {2010,8,18};
25     dateprintf(&date);                      /*调用打印显示函数*/
26     datemodify(&date);                      /*调用修改日期函数*/
27     dateprintf(&date);                      /*调用打印显示函数*/
28     getch( );                               /*暂停*/
29     return 0;                               /*返回*/
30 }                                           /*主函数完*/
```

【代码解析】 代码第 10 ～ 13 行是 dateprint（）函数，其参数为指向 datestru 结构体的指针，在调用时只需要将相应变量的地址传递过来即可。代码第 15 ～ 20 行是 datemodify（）

函数，在其中把形参的成员进行重新赋值，由于是地址传递，所以也反过来影响实参。从图 10.12 中也可以看出来。

【运行效果】 编译并执行程序后，最后输出结果如图 10.12 所示。

图10.12 结构体的传地址调用结果

注意：除非是结构的大小比较小，才采用值传递，一般都采用引用传递或者地址传递。

10.2 共用体的定义与引用

在 C 语言中，可以用存储空间比较大的变量存储占用存储空间较小的变量中的数据，这样不会发生数据丢失现象。例如用 int 类型变量 *n* 存储 char 类型 c 的信息，并不造成数据的丢失。那么是否可以定义一种通用数据类型方便地存储 char、float、int 和 double 等任意类型的数据呢？

结构体的引入，使用户可以方便定义新的数据类型，用成员变量来存储事物不同方面的特性。但是结构体每一个成员变量均需要占用一定的存储空间，与实际的要求存在一定的差距。

为此 C 语言中引入了新的自定义数据类型共用体（union），其很像结构体类型，有自己的成员变量，但是所有的成员变量占用同一段内存空间。对于共用体变量，在某一时间点上，只能存储其某一成员的信息。

10.2.1 共用体类型的定义

如果需要使用几种不同类型的变量，则可以把它们存放到同一段内存单元中。例如，可以把一个 int 型变量、一个 char 型变量、一个 float 型变量放在同一个地址开始的内存单元中，如图 10.13 所示。这些变量在内存中占用的字节数不同，但都从同一地址开始，几个变量互相覆盖，这种结构就被称为"共用体"类型。

定义共用体类型的格式如下：

```
union 共用体名
{
    成员列表
};
```

其中 union 为关键字，其作用是告知编译系统，目前定义了一个名为"共用体名"的共用体。其成员变量可以是任何类型的变量。

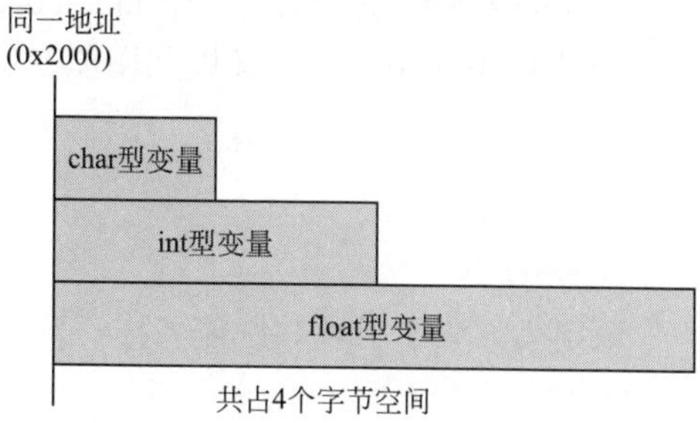

图10.13 共用体结构

例如：定义一个 data 共用体，可以存放 char 型、int 型、float 型数据。

```
union data
{
    char c;
    int  n;
```

```
        float f;
    };
```

10.2.2　共用体类型变量的定义

与结构体相同，定义共用体可以分为三种方式：

① 先定义共用体类型，再定义变量，其格式如下所示：

```
union  共用体名
{
      成员列表
};
union  共用体名  变量列表;
```

例如，前面已经定义过共用体类型 union data，所以用其来定义该共用体变量时，就变成如下所示：

```
union data a, b, c;
```

上面就是定义了 3 个 union data 共用体类型的变量 a、b、c，其具有 union data 共用体类型的结构。

② 在定义共用体类型的同时定义变量，其格式如下：

```
union  共用体名
{
      成员列表
} 变量名列表;
```

其作用与前面的定义相同，也是用于定义共用体变量。只是在定义共用体时将变量同时定义了。例如：

```
union data
{
    char c;
    int  n;
    float f;
}a,b,c;
```

上面的例子也是定义了 3 个 union data 共用体类型的变量 a、b、c。

③ 直接用共用体去定义该共用体变量。其格式如下：

```
union
{
      成员列表
} 变量列表;
```

该定义方法不出现共用体名称，直接用共用体去定义共用体变量。例如：

```
union
{
    char c;
    int  n;
    float f;
}a,b,c;
```

虽然"共用体"与"结构体"在定义形式上相似，但其含义是各不相同的。其区别如下：

① 结构体变量所占用内存长度是各成员占用内存长度之和。而共用体变量所占用长度为其最长的占用内存成员的长度。

② 结构体变量的每个成员占用自己的内存单元。而共用体变量的成员共享最大成员占用的内存空间。

例如：

```
struct data_s
{
    char c;                              /*1个字节*/
    int  n;                              /*2个字节*/
    float f;                             /*4个字节*/
}ds;

union data_u
{
    char c;                              /*1个字节*/
    int n;                               /*2个字节*/
    float f                              /*4个字节*/
}du;
```

其中，ds 占用内存大小为 1 字节 +2 字节 +4 字节 = 7 字节。而 du 占用内存大小＝ float 型大小＝ 4 字节。

10.2.3 共用体类型变量的引用

同样，必须先定义好共用体变量，才能对其进行成员引用，注意，一定是成员，而不是共用体变量。这与结构体变量相同。对其成员进行引用，也采用 "." 操作符进行。

例如，定义 3 个共用体变量 a，b，c，下面的引用是正确的：

```
a.c;                                     /*引用共用体变量a中的char型变量*/
b.n;                                     /*引用共用体变量b中的int型变量*/
c.f;                                     /*引用共用体变量c中的float型变量*/
```

但不能直接引用共用体，例如，下面的引用是错误的：

```
printf("%c", a);
scanf("%d", &a);
```

【实例 10.7】 接收用户输入的数据类型（1 为整数，2 为浮点数，3 为双精度浮点数），然后从键盘读入数据存储到共用体变量的成员中。如示例代码 10.7 所示。

示例代码10.7 共用体变量成员的引用

```
01 #include "stdio.h"                    /*包含系统函数头文件*/
02
03 union data                            /*定义共用体*/
04 {
05     int    i;
06     float  f;
07     double  d;
08 }du;                                  /*定义共用体变量*/
09
```

```
10  int main(void)                                    /* 主函数 */
11  {
12      int n = 0;
13      printf("please input type: (1-int 2-float 3-double : ");
14      scanf("%d",&n);                               /* 接收用户输入的数据类型编号 */
15      switch(n)                                      /* 判断输入的类型 */
16      {
17          case 1:
18          scanf("%d", &(du.i));                     /* 接收 int 型数据 */
19          printf("%d", du.i);
20              break;
21          case 2:
22          scanf("%f", &(du.f));                     /* 接收 float 型数据 */
23          printf("%f", du.f);
24              break;
25          case 3:
26          scanf("%f", &(du.d));                     /* 接收 double 型数据 */
27          printf("%f", du.d);
28              break;
29          defualt:
30          printf("unknow type\n");                  /* 没有指定类型 */
31      }
32      getch( );                                      /* 暂停 */
33      return 0;                                       /* 返回 */
34  }                                                   /* 主函数完 */
```

【代码解析】 代码第 3 ~ 8 行是定义 union data 共用体类型及其变量 du。代码第 15 ~ 31 行是根据用户输入的数据类型，把相应的数据存放到共用体变量的成员之中。

【运行效果】 编译并执行程序后，输入"2"和"8.33"后，其最后输出结果如图 10.14 所示。

图 10.14　共用体变量成员的引用

10.2.4　共用体类型数据的特点

共用体类型的数据有如下几个特点：

① 同一个内存段可以用来存放几种不同类型的成员，但在同一时间只能存放其中一种，而不是同时存放几种。也就是说同一时间，只有一种成员起作用。

② 共用体变量中，起作用的永远是最后一次存放的成员。

③ 共用体变量的地址和其所包含的各成员的地址都是同一地址。

④ 不能对共用体变量进行赋值，也不能引用其变量名。

⑤ 不能在定义共用体变量时，对其进行初始化。

⑥ 不能把共用体变量作为函数的参数，也不能返回共用体变量。但可以使用指向共用体变量的指针作为参数。

⑦ 数组可以作为共用体变量的成员存在。

⑧ 共用体变量可以作为结构体的成员存在。

10.3 用typedef定义一个引用变量

前面在使用结构体和共用体定义变量时，是不是很不方便呢？所以为了使用方便和记起来容易，在 C 语言中提供了用"typedef"来定义新的数据类型名来代替已有数据类型名。其格式如下：

```
typedef 原数据类型名 新数据类型名；
```

其中，原数据类型名可以是 C 语言中的任意基本数据类型，也可以是指针、结构体等。新数据类型名必须是符合标识规定的字符组合。这样用新数据类型名就可以代替原数据类型名，用于声明和定义变量、指针等。

例如，下面用 COUNT 来定义程序中整数型计数器类型。

```
typedef int COUNT;
COUNT i;
```

像上面这样，就是将变量 i 定义为了 COUNT 型，而 COUNT 等价于 int 型，因此 i 是整型。但在程序中将其定义为 COUNT 型，使人更一目了然地知道其是用来计数的。也可以用 typedef 来定义结构体和共用体类型。

例如，定义 STUDENT 为 struct student 结构体类型的新类型名。

```
typedef struct
{
    int    id;                    /*学号*/
    char   name[10];              /*姓名*/
    char   sex;                   /*性别*/
    int    age;                   /*年龄*/
    float  score;                 /*成绩*/
    char addr[30];                /*地址*/
}STUDENT;
```

或者在结构体定义之后，使用如下格式定义：

```
struct student
{
    int    id;
    char   name[10];
    char   sex;
    int    age;
    float  score;
    char addr[30];
};
typedef struct student STUDENT;            /*定义STUDENT为struct student结构体类型名*/
```

现在 STUDENT 为 struct student 结构体的新类型名，就可以用其来定义 struct student 结构类型的变量。例如：

```
STUDENT sd1, sd2;
```

用新结构体类型名来定义结构变量，是不是变得很方便了呢？

例如，定义 DATA 为 union data 共用体类型的新类型名。

```
typedef union data
{
    char c;
    int  n;
    float f;
}DATA;
```

注意：数据类型与变量是不同的两个概念，不要混淆。在定义时一般先定义一个结构体类型，然后定义变量为该类型。只能对变量赋值、运算或者存取，而不能对一个类型赋值、运算或者存取。

10.4 枚举型数据类型

在 C 语言中除了结构体、共用体外，还有一种特殊的自定义类型，其由若干个有名字的 int 型常量的集合组成，被称为枚举型。

10.4.1 枚举型的定义

例如：一个星期有 7 天，而每天都有一个特定的简写名字 Sun、Mon、Tue、Wed、Thu、Fri、Sat；颜色有 3 种，Red、Yellow、BLUE 等。像上面这样，在程序中如果用一个变量来保存，则一个变量只有几种可能存在的值，那么其就可以被定义为枚举类型。之所以叫枚举，就是说将变量可能存在的值一一例举出来。定义枚举类型的格式如下：

```
enum 枚举类型名 {枚举值列表};
```

其中，enum 是关键字，表示定义的是一个枚举类型，枚举名是符合标识符规定的字符组合，枚举值列表是由若干用标识符表示的整型常量所组成的，多个枚举符之间用逗号分隔，枚举值列表中的整型常量又被称为枚举常量。

为了让读者更加明白，现在举个实例来说明。比如一个笔盒中有一支彩色笔（COLOR_PEN），但在没有打开之前并不知道其是什么颜色的笔，可能是红色的笔（RED_PEN），也可能是黄色的笔（YELLOW_PEN），也可能是蓝色的笔（BLUE_PEN）。这里有 3 种可能，那么就可以定义一个枚举类型 COLOR_PEN 来表示，如下所示：

```
enum COLOR_PEN{RED_PEN,YELLOW_PEN,BLUE_PEN };
```

其中，COLOR_PEN 是枚举类型名，该枚举类型中有 3 个枚举常量。每个枚举常量所表示的整型数值在默认情况下，最前面是 0，后面的总是在前一个值的基础上加 1。枚举常量也可以像常量一样，在声明时对每个枚举常量赋值。例如：

```
enum COLOR_PEN{RED_PEN=1,YELLOW_PEN=3,BLUE_PEN};
```

注意：枚举常量只能是整型数，不能是其他类型的数据。

这时，RED_PEN 值为 1，YELLOW_PEN 的值为 3，而 BLUE_PEN 因为没有指定值，按照默认的，在前一个值的基础上加 1，为 4。

10.4.2　枚举变量的定义与赋值

枚举既然是一种数据类型，那么就可以用其来定义变量，其格式如下：

枚举类型名 变量名；

其中，枚举类型名是必须已经用 enum 关键字定义好的枚举类型名。例如：

```
enum COLOR_PEN
{
    RED_PEN,
    YELLOW_PEN,
    BLUE_PEN
};
COLOR_PEN pen;
```

这就是用 COLOR_PEN 枚举类型来声明了一个 pen 的枚举变量。如果要对其进行赋值操作，那么枚举变量的值只能是该枚举变量所属的枚举类型的枚举值表中的值。例如：

```
pen = RED_PEN;
pen = YELLOW_PEN;
```

上述给枚举变量的赋值都是正确的，而如下的赋值就是错误的。例如：

```
pen = GREEN_PEN;
pen = 2;
```

因为 pen 变量对应的枚举类型是 COLOR_PEN，其枚举值中并没有 GREEN_PEN。而且 pen 也不能直接用一个整数来赋值。

采用枚举变量可以增加程序的可读性，给一个简单的数值命名为枚举常量，也有助于"见名知意"。如果输出某个枚举值，其总是整型的数值，而不会输出枚举常量名。

【实例 10.8】 定义一个枚举型及其变量，并输出该变量的值。如示例代码 10.8 所示。

示例代码10.8　输出枚举类型变量的值

```
01  #include "stdio.h"                    /*包含系统函数头文件*/
02
03  enum WEEK                             /*定义枚举类型 WEEK*/
04  {
05      SUM,
06      MON,
07      TUE,
08      WED,
09      THU,
10      FRI,
11      SAT
12  };
13
14  int main(void)                        /*主函数*/
15  {
16      enum WEEK week1 = SUM;            /*定义枚举变量并赋值*/
17      enum WEEK week2 = WED;
18      enum WEEK week3 = SAT;
19      printf("week1 = %d week2 = %d week3 = %d\n",
```

```
20          week1,week2,week3);                /*输出枚举型变量的值*/
21      getch( );                              /*暂停*/
22      return 0;                              /*返回*/
23  }                                          /*主函数完*/
```

【代码解析】 代码第 3 ~ 12 行是定义枚举型数据类型 WEEK。代码第 16 ~ 18 行是对枚举型变量赋初值。代码第 19 和 20 行是输出枚举型变量的值。

```
week1 = 0 week2 = 3 week3 = 6
```

【运行效果】 编译并执行程序后，输出结果如图 10.15 所示。

图 10.15　输出枚举类型变量的值结果

10.5　在程序中实际应用结构体

介绍了这么多关于结构体、共用体、枚举型的相关知识，现在就用一个应用实例来总结说明。

【实例 10.9】 学校人员录入系统，该系统能够在录入完成后，同时显示全部的人员信息。其如示例代码 10.9 所示。人员信息及属性参见表 10.3。如果当前人员 job 属性是 "S"，则填写 class（班级）；如果是 "T"，则填写为 teaching（学科）。

表 10.3　学校人员

id	name	sex	age	job	class ╱ teaching
1001	xiaoming	M	18	S	501
1002	lulu	F	19	S	302
1003	wanghao	M	22	S	403
1005	zhangxian	M	20	S	502
1008	liumengdie	F	18	S	501
1009	liuming	M	36	T	math
1010	zhangqing	F	32	T	Chinese
1011	tongxinmin	M	20	S	601
1013	guanyi	F	18	S	501
1015	gongyi	F	30	T	math
1020	lizhilu	M	31	T	English
1021	zehao	M	18	S	302
1023	wangyi	M	20	S	401
1025	luokai	M	19	S	503
1030	fengshifang	F	21	S	601

示例代码 10.9　学校人员查询系统

```
01  #include "stdio.h"                         /*包含系统函数头文件*/
02
```

```
03  struct info                              /* 定义信息结构体 */
04  {
05      int id;
06      char name[20];
07      char sex;
08      int age;
09       char job;
10       union                               /* 在结构体内定义共用体 */
11       {
12         int classnum;
13         char teaching[10];
14      }category;
15  };
16
17  typedef struct info INFO;                 /* 定义 INFO 代替 struct info */
18
19  int main(void)                            /* 主函数 */
20  {
21      INFO person[15] = {{0}};              /* 定义人员信息结构体数组 */
22      int i = 0;
23      for(i=0; i<15; i++)
24      {
25          printf("please input person info:\n");
             /* 接收用户输入的信息 */
26          scanf("%d %s %c %d %c", &(person[i].id), person[i].name,
27                  &(person[i].sex), &(person[i].age),
28                  &(person[i].job));
29          /* 根据人员 job 的不同，接收不同类型的数据 */
30          if(person[i].job == 't')
31          {
32              scanf("%s", person[i].category.teaching);
33          }
34          else if(person[i].job == 's')
35          {
36              scanf("%d", &(person[i].category.classnum));
37          }
38      }
39
40      printf("\n");
41      /* 打印表格头 */
42      printf("id\t name\t sex\t age\t job\t class/teaching\n");
43      /* 遍历整个人员数组，显示各条信息 */
44      for(i=0; i<15; i++)
45      {
46          if(person[i].job == 's')
47          {
48              printf("%d\t%s\t%c\t%d\t%c\t%d\n", person[i].id,
49                  person[i].name,person[i].sex, person[i].age,
```

```
50                       person[i].job,person[i].category.classnum);
51              }
52          else
53          {
54              printf("%d\t%s\t%c\t%d\t%c\t%s\n", person[i].id,
55                      person[i].name,person[i].sex, person[i].age,
56                      person[i].job,person[i].category.teaching);
57
58          }
59      }
60
61      getch( );                                    /*暂停*/
62      return 0;                                     /*返回*/
63  }                                                 /*主函数完*/
```

图 10.16   输入人员信息

【代码解析】 代码第 3 ～ 15 行是定义结构体 struct info。代码第 26 ～ 38 行是接收用户输入的数据。代码第 42 ～ 59 是将接收到的数据全部显示出来。

【运行效果】 编译并执行程序后，输入表 10.3 的数据后，如图 10.16 所示。最后输出结果请读者自己实践。

本章小结

通过本章的介绍，希望各位读者能够闭着眼睛自己总结，并真实掌握 C 语言中如下几个知识点：

① 结构体的定义及其变量的初始化。

② 结构体变量的引用。

③ 结构体指针和结构体数组的使用。

④ 结构体与函数的关系。

⑤ 共用体的定义及其使用。

⑥ 枚举型数据的定义与使用。

⑦ 如何用 typedef 来定义新数据类型。

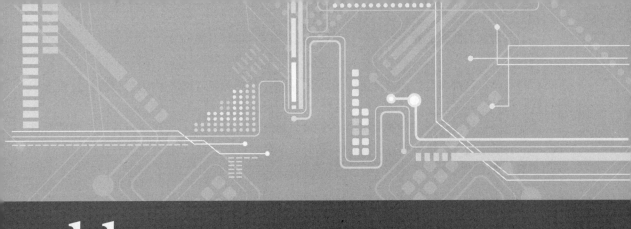

第11章
预处理命令

在这一章中，将向读者介绍 C 语言中的预处理命令。C 语言提供的预处理命令的功能，是与其他语言的一个重要区别。其是 C 语言编译系统的一个组成部分。

本章中主要涉及的内容如下：

❑ 预处理命令的概念：介绍什么是预处理命令，其优点与用途是什么。
❑ 包含命令：认识什么是包含命令及其如何使用。
❑ 宏定义：介绍什么是宏定义，如何定义，如何取消。
❑ 条件编译：介绍什么是条件编译，如何使用。

11.1 认识预处理命令

C 语言中的预处理功能主要是指可以在 C 语言源程序中包含各种编译命令，用这些编译命令在代码编译前执行，所以这些命令被称为预处理命令。其实现的功能就是 C 语言的预处理功能。

预处理命令实际上并不是 C 语言的一部分，而是 C 语言编译系统的一个组成部分。在 C 语言发明之初，用来保证 C 代码的效率和汇编语言接近，是让 C 语言编写的代码更加贴近机器语言的一个设计考量。在这之后，因为 CPU 效率越来越高，其他编程语言，基本上就不需要这个特色了。

C 语言编译系统就像一个英文格式检查和翻译系统，其会先对源代码进行词法和语法分析，判断代码的格式是否符合规范。例如，在程序中对常量赋值、变量的数据类型不匹配等语法上的错误，其都会检查出来。在确认没有格式上的错误后，再把内容翻译成计算机能识别的目标代码。

预处理命令是编译系统的控制命令，编译系统根据其要求先对代码进行优化，然后再进行编译，使程序变得简练清晰。常用的预处理命令有：

① 文件包含命令。

② 条件编译命令。

③ 宏定义命令。

所有的预处理命令在程序中都是以"#"开始的，每一条命令单独占用一行，该行不再包含其他预处理命令和语句。

例如已经接触过很多的：

```
#include                    /*命令*/
```

注意：当预处理命令比较长，需要分行时，在前一行的最后要加上"\"续行符。预处理命令可以放在程序文件中的任何位置，根据需要决定。

11.2　包含其他文件的命令

include 命令是预处理中的文件包含命令，文件包含的意思是将其他文件内容插入到当前命令位置，只是其在编辑代码时并不出现，只在编译时才把其插入进来，如图 11.1 所示。

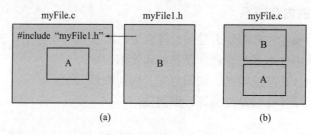

图 11.1　文件包含示意

图 11.1（a），是说明了在编译前各文件的状态。文件包含命令 include 有两种格式，如下所示：

① 文件名用尖括号 <> 括起，代码如下：

```
#include <文件名>
```

② 文件名用双引号 "" 括起，代码如下：

```
#include "文件名"
```

其中，include 是关键字，而以"#"开始表示其是一个预处理命令。文件名是被包含的文件全名。使用第一种格式，是包含那些由系统提供的并存放在指定子目录中的头文件，例如 string.h、stdio.h 等。而第二种格式是包含那些用户自定义的放在当前目录或者其他目录下的头文件和源代码文件。

头文件是指有函数、常量、结构或者其他复杂类型声明的，以 h 作为文件扩展名的文件。例如：系统提供的 stdio.h 文件，其就是包含了输入输出操作相关信息的头文件。头文件也可以由用户根据需要自行编写。

　　头文件包含命令一般被放在源文件的头部，这样被包含文件的内容就被插入到当前源文件包含命令出现的位置，即源文件的头部，方便了后面程序对其内容的引用。图 11.1（b）说明了包含后的编译时，各文件的状态。

　　文件包含命令非常有用，其可以节省很多程序设计人员的重复劳动。例如：一个大型的开发项目往往使用一组固定的符号常量、结构体、共用体等定义。如果每个人都重新写一次，就会非常麻烦。而如果全部放到一个文件中，这样只需要在使用时"#include"进来就可以了。相当于直接使用别人的代码。

　　在使用文件包含命令时有如下几点要注意：

　　① 一条文件包含命令只能包含一个文件，若想包含多个文件，应当使用多条文件包含命令。例如：

```
#include "istdio.h"
#include "string.h"
…
```

　　② 在被包含的文件中，还可以使用文件包含命令包含其他文件，即文件包含命令可以嵌套使用。例如，myFunc.h 文件中，包含了其他头文件。

```
/*myFunc.h头文件中*/
#include "string.h"
#include "math.h"
…
```

　　这样，myFunc.h 文件中包含了另外两个文件，在包含 myFunc.h 的文件中，这两个文件也被包含进去了。

　　③ 在定义被包含文件时，其内容不宜过多。如果太多，将会导致被包含文件的内容利用率变低，而且增加了目标文件的大小。

　　【实例 11.1】 用 include 命令将自定义的头文件（mystruct.h）插入到当前文件（myfile.c）中，其如示例代码 11.1 所示。

示例代码11.1　包含自定义的头文件

mystruct.h 文件内容

```
01 #include "stdio.h"                     /*包含系统函数头文件*/
02
03 typedef struct datestru               /*定义日期结构体*/
04 {
05     int year;
06     int month;
07     int day;
08 }DATE;                                 /*可以直接用DATE定义该结构体变量*/
09
10 typedef struct timestru               /*定义时间结构体*/
11 {
12     int hour;
13     int minute;
14     int second;
15 }TIME;                                 /*可以直接用TIME定义该结构体变量*/
```

myfile.c 文件内容

```
01 #include "stdio.h"                                    /*包含系统函数头文件*/
02 #include "mystruct.h"                                 /*包含自定义的mystruct.h头文件*/
03
04 int main(void)                                         /*主函数*/
05 {
06     DATE date;                                        /*使用自定义头文件中的结构体定义变量*/
07     TIME time;
08     date.year   = 2010;                               /*给结构体变量的成员赋值*/
09     date.month  = 8;
10     date.day    = 18;
11     time.hour   = 12;
12     time.minute = 30;
13     time.second = 00;
14     printf("%d-%02d-%02d %02d:%02d:%02d", date.year, date.month,date.day,
15            time.hour,time.minute,time.second);
16     getch( );                                          /*暂停*/
17     return 0;                                          /*返回*/
18 }                                                      /*主函数完*/
```

【代码解析】 代码第 2 行，把自定义结构体头文件包含到当前文件中。代码第 6 和 7 行，由于当前文件已经包含 mystruct.h 头文件，所以可以直接用该文件中的结构体来定义相应的结构体变量，date 和 time。

`2010-08-18 12:30:00`

图 11.2　包含自定义的头文件结果

【运行效果】 编译并执行程序后，最后输出结果如图 11.2 所示。

说明：头文件的优点是如果需要修改一些全局的常量、结构体、宏定义时，不必修改每一个程序代码，只需要修改一个文件（头文件）即可，提高了程序修改的效率。

11.3　宏定义

在 C 语言中，宏定义又称为宏代换、宏替换，简称"宏"。其又可以分为两种：不带参数的宏和带参数的宏。

11.3.1　不带参数的宏

在 C 语言编译系统中，可以使用宏定义命令来定义一个标识符用来替换文件中特定字符串。宏定义命令的格式如下：

`#define 宏名 字符串`

其中，define 是关键字，宏名是一个合法的标识符，而字符串是任意的字符组合。例如：

```
#define PI 3.1415926
#define SIZE 100
#define LEN 128
```

注意：预处理命令最后都不加"；"，因为其并不是 C 中的语句。

这种方法使用户能以一个简单的名字代替一个很长的字符串，在预编译时，编译系统会自动将宏名替换成字符串的。这个过程被称为"宏展开"。

【实例 11.2】 用宏定义 PI 来计算指定半径圆的周长和面积。其如示例代码 11.2 所示。

示例代码11.2　计算指定半径圆的周长和面积

```
01  #include "stdio.h"                                    /*包含系统函数头文件*/
02
03  #define PI 3.1415                                     /*不带参数的宏定义 PI*/
04  int main(void)                                        /*主函数*/
05  {
06      float area;                                       /*定义面积变量*/
07      float length;
08      float r;
09      printf("Please input radius : ");
10      scanf("%f",&r);                                   /*接收用户输入*/
11      area = PI * r * r;                                /*求面积*/
12      length = PI * 2 * r;                              /*求周长*/
13      printf("length = %f, area = %f", area, length);
14      getch( );                                          /*暂停*/
15      return 0;                                          /*返回*/
16  }                                                     /*主函数完*/
```

【代码解析】 代码第 3 行，是使用 #define 来定义宏 PI，这个宏在程序编译时，会自动被替换成 3.1415。代码第 11 和 12 行，就是利用宏来求解圆的面积和周长。

【运行效果】 编译并执行程序后，输入半径值为 5.5，其最后输出结果如图 11.3 所示。

注意：宏名一般都习惯性地使用大写字母表示，以便与变量名进行区别。

宏定义命令出现在程序中函数的外面，宏名的有效范围为定义命令之后到本源文件结束，如图 11.4 所示。一般情况下，#define 写在文件的头部，或者定义在头文件中。

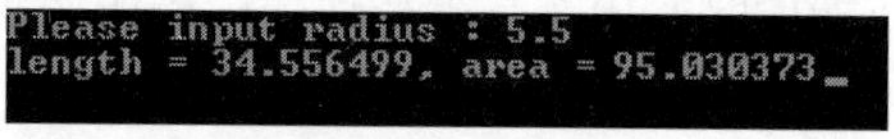

图11.3　计算指定半径圆的周长和面积结果

图11.4　宏定义的有效范围

11.3.2 带参数的宏

宏不仅可以实现字符串替换的功能，还可以用来定义带参数的宏，这种宏也被称为宏函数，学习完本节后，读者肯定会觉得很不可思议。

定义带参数的宏格式如下：

```
#define 宏函数名（参数表） 字符串
```

其中，define 是关键字，宏函数名是一个合法的标识符，参数表由一个参数或者多个参数组成，多个参数之间用逗号分隔。字符串是由参数表中指定的参数和运算符组成的表达式。在替换时，字符串与参数表中的相同的标识符的字符组合，被程序中引用这个宏函数时所提供的该标识符对应的字符组合所替换。

【实例 11.3】 宏函数的定义及使用如示例代码 11.3 所示。

示例代码11.3　宏函数的定义及使用

```
01  #include "stdio.h"                       /*包含系统函数头文件*/
02
03  #define ADD((x),(y)) x+y                  /*定义宏函数ADD*/
04  #define SUB((x),(y)) x-y                  /*定义宏函数SUB*/
05
06  int main( )                              /*主函数*/
07  {
08      int a = 10;                          /*定义变量*/
09      int b = 5;
10      int value = 0;
11      value = ADD(10, 9);                  /*编译时，用宏函数的实现来替换*/
12      printf("value = %d\n", value);
13      value = SUB(a+10, b);                /*编译时，用宏函数的实现来替换*/
14      printf("value = %d\n", value);
15      getch( );
16      return 0;
17  }
```

【代码解析】 代码第 11 行和第 13 行，在编译时，其会自动宏展开为如下语句：

```
value = (10)+(9);                            /*第11行*/
value = (a+10)-(b);                          /*第13行*/
```

【运行效果】 编译并执行程序后，其最后输出结果如图 11.5 所示。

```
value = 19
value = 15
```

图 11.5　宏函数的定义及使用结果

从上面的示例中可以看出，宏函数只是一个简单的替换操作，但也有函数的一些特征。其是将字符串中出现的与宏定义时参数表中的参数名相同的字符组合一起替换掉。如示例代码 11.3 中，在 ADD 宏定义时的参数 x 和 y 被称为形参，而调用时第 11 行的"10"和"9"，以及第 13 行的"a+10"和"b"都是实参。在编译时，用实参来替换字符串中出现的形参。

在定义和使用宏函数时有如下几点要注意：

① 带参数的宏函数的字符串应当写在一行上，如果需要多行，每行结束时，使用续行符"\"结束。并在该符号后按下回车键，最后一行除外。

② 在定义宏函数时，函数名与"（ ）"之间不能有空格，否则"（ ）"和右边的全部会被当作字符串。例如：

```
#define ADD (x,y) x+y
```

这时，是将（x，y）x+y 作为宏替换的字符串处理，而非 x+y 当作宏替换字符串。

③ 定义宏函数参数名时，应当为每个参数名加上圆括号"（ ）"，避免替换后产生的优先级问题。例如下面的宏函数：

```
#define M(x, y) x*y;
```

在定义时，不给参数加圆括号"（ ）"，如果其引用的语句如下：

```
sum = M(a+10, b+20);
```

本想替换后变成如下的语句：

```
sum = (a+10)*(b+20);
```

但因为没有给参数加圆括号"（ ）"，所以其被替换后，变成了：

```
sum = a+10*b+20;
```

这就和本想定义的宏函数有区别，运算结果也是不一样的。所以要特别注意给宏函数的参数加上圆括号"（ ）"。笔者为了方便，在平时编程时，不管其是否有优先级问题，都会给宏函数的参数加上圆括号"（ ）"。

11.3.3 宏的取消

在程序中，一旦有宏定义，那么其作用域就是从文件中其定义开始，直到文件结束，在文件范围内有效。如果想其作用域不这么大，可以使用 undef 命令来取消宏定义。其使用格式如下：

```
#undef 宏名或者宏函数名
```

其中，undef 是关键字，宏名或者宏函数名是已经定义好的宏。在 #undef 后，其取消的宏定义不再有效，如图 11.6 所示。

从图 11.6 中可以看出，宏定义的 G，其作用范围为 #define 开始直到 #undef 结束。

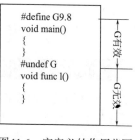

图 11.6　宏定义的作用范围

11.3.4 使用宏定义的优缺点

使用宏定义有如下几个优点：

① 使用宏名代替一个字符串，可以减少程序中重复书写某些字符串的工作量。

例如：有时候在多个源文件中，都需要 3.1415 这个数值常量。如果不定义 PI 来代表，不仅麻烦，而且容易写错。而如果源程序中定义了 PI 来代替这个值，则只要记住一个宏名，这样就不容易出错。

② 使用宏名可以达到一改全改的性能。

例如：在程序中只需要定义一个宏，就可以在程序中全部的地方使用这个宏所代表的值，而如果需要修改这个值，只需要在宏定义的地方修改一下，整个程序代码中所有使用该宏的地方都被修改了。

③ 在使用宏定义时，可以引用已定义的宏名，这样可以层层置换。

【实例 11.4】 用宏定义的层层置换求圆的面积及周长，其如示例代码 11.4 所示。

示例代码11.4　用宏定义的层层置换求圆的面积及周长

```
01  #include "stdio.h"                         /*包含系统函数头文件*/
02
```

```
03 #define PI 3.1415                        /*定义宏PI*/
04 #define S(R) PI * R * R;                  /*定义宏函数S，其中又使用到 PI*/
05 #define L(R) 2 * PI * R;                  /*定义宏函数L，其中又使用到 PI*/
06
07 int main(void)                           /*主函数*/
08 {
09     float r;
10     float l;
11     float s;
12     printf("Please input radius :");
13     scanf("%f", &r);                      /*接收用户输入*/
14     l = L(r);                             /*使用宏函数L*/
15     s = S(r);                             /*使用宏函数S*/
16     printf("L = %f, S = %f", l,s);
17     getch( );                             /*暂停*/
18     return 0;                             /*返回*/
19 }                                         /*主函数完*/
```

【代码解析】 代码第 14 行和第 15 行，在编译时，其会自动宏展开为如下语句：

```
l = 2 * 3.1415 * r;                         /*第14行*/
s = 3.1415 * r * r;                         /*第15行*/
```

【运行效果】 编译并执行程序后，其最后输出结果如图 11.7 所示。

```
Please input radius :2.5
L = 15.707500, S = 19.634375_
```

图11.7 用宏定义的层层置换求圆的面积及周长结果

④ 宏定义只占用编译时间，不占用运行时间，提高程序效率。

⑤ 宏定义可以使程序代码简化。

【实例 11.5】 使用宏定义将程序中的输出函数定义好，减少在输出语句中每次写出详细的格式，其如示例代码 11.5 所示。

示例代码11.5   使用宏定义输出函数的格式

```
01 #include "stdio.h"                        /*包含系统函数头文件*/
02
03 #define PR printf                         /*宏定义*/
04 #define NL "\n"
05 #define D  "%d"
06 #define D1 D NL                           /*格式定义*/
07 #define D2 D D NL
08 #define D3 D D D NL
09
10 int main(void)                           /*主函数*/
11 {
12     int a = 10;                           /*定义并初始化变量*/
13     int b = 20;
14     int c = 30;
15     PR(D1,a);                             /*使用宏定义中的格式*/
16     PR(D2,a,b);
17     PR(D3,a,b,c);
```

```
18      getch( );                                    /*暂停*/
19      return 0;                                     /*返回*/
20 }                                                  /*主函数完*/
```

【代码解析】 代码第 15 ～ 17 行，在编译时，其会自动宏展开为如下语句：

```
printf("%d\n", a);
printf("%d %d\n", a,b);
printf("%d %d %d\n", a,b,c);
```

【运行效果】 编译并执行程序后，其最后输出结果如图 11.8 所示。

使用宏定义有如下几个缺点：

① 宏定义的宏名只是一个字符串替换的置换，并不作语法检查。

例如：如果把 PI 写成如下形式：

```
#define PI 3.i4i5
```

即把数字写成了小字字母 i，预处理时一样可以使用。只有在编译时会自动报错。

② 宏并不是函数，宏并不是语句，宏并不是类型定义。因此其不能对参数进行有效性的检测。

③ 使用宏次数很多时，宏展开后，源程序变大，而函数调用不会使程序变大。

图 11.8　宏定义输出
函数格式结果

11.4 条件编译

条件编译命令的作用是定义源文件中的某些编译代码要在一定的条件下才参与编译，如果条件不满足，则不编译。利用条件编译可以使同一个源文件在不同的编译条件下，产生不同的目标程序。

条件编译命令和条件语句非常相似，只有条件编译命令的前面有一个 "#"。常用的条件编译命令的格式有如下 3 种：

（1）ifdef-else-endif 格式

```
#ifdef 标识符
     代码段1
#else
     代码段2
#endif
```

或者

```
#ifdef标识符
     代码段1
#endif
```

其中，ifdef、else 和 endif 是关键字，代码段是由若干条 C 语句或者预处理命令组成的。其编译时，过程如下：当标识符被宏定义过，则对代码段 1 进行编译，生成目标程序；如果没有被定义，则对代码段 2 进行编译；在省略 #else 时，只有当标识符被定义时，才对代码段 1 进行编译。

（2）ifndef-else-endif 格式

```
#ifndef标识符
```

```
        代码段 1
#else
        代码段 2
#endif
```
或者
```
#ifndef
        代码段 1
#endif
```
其中，ifndef、else 和 endif 是关键字，其他和前面的格式一样。不过，编译时的过程是不同的。其过程为：当标识符未被宏定义过，则对代码段 1 进行编译，生成目标程序；如果标识符被宏定义过，则对代码段 2 进行编译；在省略 #else 时，只有当标识符未被定义时，才对代码段 1 进行编译。

（3）if-else-endif 格式
```
#if 常量表达式1
        代码段 1
#elif 常量表达式2
        代码段 2
...
#elif 常量表达式n
        代码段 n
#else
        代码段 n+1
#endif
```
其中，if、else、elif 和 endif 是关键字，#if 只有一个，#elif 可以有很多，也可以没有。#else 可以有一个，也可以没有。其和 if…else 条件语句执行差不多，当常量表达式 1 为真时，编译代码段 1，否则判断常量表达式 2，如果为真，编译代码段 n，如果常量表达式中没有一个为真，则编译代码段 n+1，这时如果没有 #else，就编译整个代码后面的代码。

【实例 11.6】 举例说明条件编译的应用，其如示例代码 11.6 所示。

示例代码11.6　条件编译的应用

```
01 #include "stdio.h"                    /*包含系统函数头文件*/
02
03 #define A 1                           /*宏定义A为字符1*/
04
05 int main(void)                        /*主函数*/
06 {
07 #ifdef A
08     printf("defined\n");              /*如果A被定义过，这段代码会被编译*/
09 #endif
10 #if A > 0
11     printf("code 1\n");               /*如果A>0，这段代码会被编译，其他省略*/
12 #elif A < 0
13     printf("code 2\n");               /*如果A<0，这段代码会被编译，其他省略*/
14 #else
```

```
15    printf("code 3\n");                          /* 如果A=0，这段代码会被编译，其他省略 */
16 #endif
17    getch( );                                     /* 暂停 */
18    return 0;                                     /* 返回 */
19 }                                                /* 主函数完 */
```

【代码解析】 代码第 7 ～ 16 行，就是条件编译的应用方法。

【运行效果】 编译并执行程序后，其最后输出结果如图 11.9（a）所示。如果将宏定义的 A 修改为其他值，例如 "0"，最后输出结果如图 11.9（b）所示。

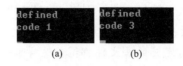

(a)   (b)

图11.9　条件编译生成的程序的执行结果

注意：这里使用的不是条件语句，而是条件编译命令。条件语句中的代码，不管是否执行都会被编译到目标程序中；而条件编译命令中的代码，如果条件不成立是不会被编译到目标程序中的。

11.5　头文件的编写

在 C 语言中常常把一个函数、全局变量、全局常量和结构及其他一些数据类型的定义放在头文件中。这样做的好处是，可以在程序的任何一个源代码文件中对这些数据进行引用，方便统一修改和管理。例如，可以把一个结构体的定义放在头文件中。这样只要是源代码文件中有需要这个结构体的地方，就把定义这个结构的头文件包含进来，就可以使用，而不需要再分别定义了。

不过，由于文件包含命令可以嵌套使用，因此，有时可能导致多次包含同一个头文件，最后形成重复声明的问题。例如，图 11.10 所示的多文件工程，如果全部包含同一个文件 type.h，那么在 main.c 中就会导致两次包含同一个头文件 type.h。

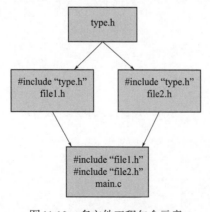

图11.10　多文件工程包含示意

为了避免多次包含同一个头文件，只有在头文件中自定义一个唯一的标识符，如果其被定义过，则头文件将不再被包含。具体做法是在 type.h 文件中增加如下内容：

```
#ifndef __TYPE_H__
#define __TYPE_H__
    /*TYPE.h中的代码段*/
#endif
```

其中，__TYPE_H__ 被宏定义为 type.h 的一个唯一的文件标识符。当 type.h 第 1 次被包含时，会在程序代码中宏定义 __TYPE_H__，这时因为 __TYPE_H__ 未被定义，所以 type.h 中的代码段会被编译，当第 2 次再被包含时，因为 __TYPE_H__ 已经被定义过，所以第 2 次包含的 type.h 中的代码段就不会被编译。至此就解决了多次包含的问题。

注意：应该养成给每一个自定义的头文件都增加这样唯一的文件标识符的习惯，防止头文件被重复包含。

【实例 11.7】 自定义头文件的编写如示例代码 11.7 所示。

示例代码11.7　头文件的编写

main.c 文件

```
#include "file1.h"
#include "file2.h"
int main()
{
    ...
}
```

file1.h 文件

```
#ifndef __FILE_1_H__
#define __FILE_H__
#include "type.h"              /*包含type.h文件*/
...
#endif
```

file2.h 文件

```
#ifndef __FILE_2_H__
#define __FILE_2_H__
#include "type.h"              /*包含type.h文件*/
...
#endif
```

type.h 文件

```
#ifndef __TYPE_H__
#define __TYPE_H__
...                            /*type.h中的代码段*/
#endif
```

本章小结

　　希望各位读者通过本章的介绍，能够掌握进行宏定义的两种不同方式，了解宏定义的优点及缺点，同时能够知道什么是条件编译及其如何应用。首先能够读懂很多经典源代码的使用，最后能够自己编写自定义的头文件及掌握编写技巧。

第5篇
开发实践

通过前面4篇的介绍，相信读者朋友们对C语言已经有了比较深入的认识。为了更好地帮助大家提高和巩固实践的编程水平，在本篇分为6个章节（12～17章）进行讲述。

从第12章开始，编程规范、内存管理、文件操作及C语言中库函数的使用，都是开发较大程序所常用到的知识；第16章将详细介绍各种常用的数据结构和算法；第17章将介绍一个完整的学生信息管理项目的开发流程及代码，同时提供项目开发的各种文档格式。

从12章开始，都是一些成为一个真正C程序员经常要碰到的知识，经过课程设计、毕业设计级别的代码训练，你的编程水平还能再上一个台阶。

C

语言零起点精进攻略

——C/C++入门·提高·精通

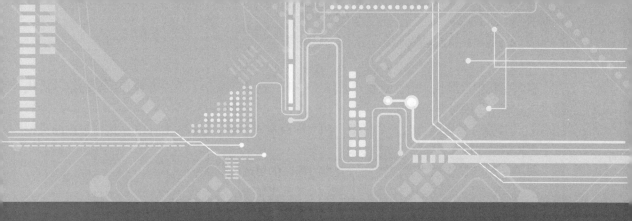

第12章
编程规范和项目开发初步

随着 C 语言的发展，在程序代码的编写上就形成了一套规范。其目的是增强程序的可读性，减少阅读中的各种误解，同时为程序的交流和代码的更新提供很大的方便。无论对于熟练的程序员还是初学者来说，都应当尽量遵守这个规范。但要注意，不符合规范的代码并不表示不能被编译。

本章就是为了让读者朋友了解和熟悉这些规范而编写的，本章的主要内容如下：

- ❑ 命名规范：让读者了解常用的变量、常量、函数等命名规范。
- ❑ 格式规范：说明一般在编写代码时，需要注意的格式规范。
- ❑ 函数规范：说明在定义和调用函数时，应当注意一些问题。
- ❑ 其他规范：补充说明一些平时编写代码时，应当注意的内容。

12.1 为什么需要建立编程规范

曾经见过不空格、不分行的代码；也见过有人用 #define 加密的代码，需要预编译你才能看清真实的代码内容。C 语言的设计原则是信任程序员，但免不了程序员自由发挥，各自为政，写出来的代码没法交流。代码是需要维护，是需要给合作者或者管理者来阅读和审查的，所以，大多数公司都会有些基本的编程规范。

其实，你看一个人的代码舒服不舒服，就知道这个人的开发水平了。刚入行，大量阅读牛人的代码是必须的。笔者曾看过一个美国大牛写的一段代码，这段代码的可读性非常好，学到了很多，从此开始注意编码风格。

当时，我把这段代码的几点优点总结了一下，这是我从学生走向专业程序员的第一次代码风格总结，下面分享给大家。

① 与浮点变量做运算时，尽量把一些立即数写成小数的形式，如 11.0，这样数据的类型就会比较清楚了。

② 在符号与操作数之间加空格，会提高程序的可读性。如：

for (i = 0; i < 300; i++)

③ 注释单独写一行，并且把前后行都空出来，这样也可以增加程序的可读性。

④ 简单的判断可以用问号语句实现，而且问号语句可以用在函数调用时的变量输入。如：

x = find_peak (buf, *zoom == 192 ? 180 : 140, min_slope, *zoom);

你看，虽然我们说问号语句要少用，但这里使用，就显得比较适合了。这就是科学研究和程序开发中的一个原则：非绝对禁止者，不要给自己设限。

⑤ switch case 语句，最好写在同一行里，提高程序的可读性。如：

```
float min_slope;
switch (*zoom)
{
case   1:  min_slope;= 10.0;   break;
case   2:  min_slope;= 10.0;   break;
case   4:  min_slope;= 10.0;   break;
case   8:  min_slope;= 10.0;   break;
case  16:  min_slope;= 10.0;   break;
case  32:  min_slope;=  2.0;   break;
case  64:  min_slope;=  2.0;   break;
case 128:  min_slope;=  2.0;   break;
default :  min_slope;=  2.5;   break;
}
```

12.2 基本的编码规范

长城不是一天修成的。从学习语法，到编写工程代码，有一个时间，只要读者有这个意识，不断做大自己的代码库，不断优化自己的代码，总有一天，你会发现：哦！我不再是 C 语言和 C++ 的学习者，我是一个工程师了！

12.2.1 命名规范

一段很长的 C 语言程序必然会拥有很多变量，如果不遵守规范的命名方式，每个变量的含义和作用就不容易记住，导致阅读和编写代码的效率降低。微软公司提供了一套称为"匈牙利命名法"的约定命名方式，为每一个变量增加前缀（如表 12.1 所示），来表示这个变量的特定含义，而且要求变量名本身也要有明确的含义。

对于临时变量，如循环控制中的计数变量 n，不会造成可读性方面的问题。而对于重要的非临时性变量，不要用简单的单个字母作为变量名，尽量用能表示该变量作用的英文单词作为变量名，如字符串可以用 MyString、计时变量可以用 MyTime 等。对每个人来说，当规范的命名方式成为习惯后，彼此之间的程序的交流就会变得简单易行。

表 12.1 匈牙利命名法中各前缀的含义

前缀	正常名	含义
a	array	数组
uc	unsigned char	字节型
c	character	字符型
cb	count-byte	字节计数
fn	function	函数
i	integer	整数
l	long	长整型
lp	long-pointer	长指针
np	near-pointer	近指针
p	point	指针
s	string	字符串
sz	string-zero	以 "\0" 为结束符的字符串
u	unsigned	无符号
x		坐标x
y		坐标y

除了匈牙利命名法中列举的前缀含义外，还要注意下面几个常用的规范：

① 说明较短的单词可通过去掉 "元音" 形成缩写；较长的单词可取单词的头几个字母形成缩写；一些单词有大家公认的缩写，如以下单词的缩写能够被大家基本认可。

```
temp 可缩写为 tmp ;
flag 可缩写为 flg ;
statistic 可缩写为 stat;
increment 可缩写为 inc ;
message 可缩写为 msg ;
```

② 命名中若使用特殊约定或缩写，则要有注释说明。应该在源文件的开始之处，对文件中所使用的缩写或约定，特别是特殊的缩写，进行必要的注释说明。

③ 自己特有的命名风格，要自始至终保持一致，不可来回变化，且命名规则中没有规定到的地方才可有个人命名风格。

④ 见名见义，指当看到这个变量的名称时就能望名知义，这样能便于读者阅读与进行程序设计。例如：用 "count" 来作为计数器变量名，用 "len" 作为长度变量名，用 "age" 作为年龄变量名等。

⑤ 尽量不用汉语拼音。例如：声明一个姓名变量，应该使用 "name" 为变量名，而不是用 "xingming" 作为变量名。

⑥ 对于变量命名，禁止取单个字符（如 i、j、k…），建议除了要有具体含义外，还能表明其变量类型、数据类型等，但 i、j、k 作局部循环变量是允许的。

⑦ 除非必要，不要用数字或较奇怪的字符来定义标识符或者变量。例如：下列命名会使人产生疑惑。

```
#define _EXAMPLE_0_TEST_
#define _EXAMPLE_1_TEST_
void set_sls00( unsigned char sls );
```

应改为有意义的单词命名：

```
#define _EXAMPLE_UNIT_TEST_
#define _EXAMPLE_ASSERT_TEST_
void set_udt_msg_sls( unsigned char sls );
```

⑧ 用正确的反义词组命名具有互斥意义的变量或相反动作的函数等。表 12.2 是一些在软件中常用的反义词组。

表 12.2　常用的反义词组

add/remove	begin / end	create / destroy
insert / delete	first / last	get / release
increment / decrement	put / get	add / delete
lock / unlock	open / close	min / max
old / new	start / stop	next / previous
source / target	show / hide	send / receive
source / destination	cut / paste	up / down

用有互斥意义的词组来命名的变量或相反动作的函数示例：

```
int   min_sum;
int   max_sum;
int   add_user( unsigned char *user_name );
int   delete_user(unsigned char *user_name );
```

⑨ 除了编译开关 / 头文件等特殊应用，应避免使用 _EXAMPLE_TEST_ 之类以下划线开始和结尾的定义。

12.2.2　格式规范

在 C 语言代码编辑器中有很多的固定格式，读者在使用其编写代码时也应尽量遵守，例如：

① 尽量使用 Tab 键盘对齐代码，Tab 键的默认值是 4 个字符。

② 使用程序块的分界符花括号 "{}" 时，应各独占一行并且位于同一列，同时与引用其的语句左对齐。在函数体的开始、类的定义、结构的定义、枚举的定义以及 if、for、do、while、switch、case 语句中的程序都要采用左对齐的方式。由于一般两个花括号之间有时会相隔很多行代码，一定要注意匹配。如果不注意，也容易造成结构的混乱。

如下面例子的就是不符合规范的：

```
for (...) {
    ... /* program code*/
}
if (...)
```

```
    {
    ... /* program code*/
    }
void example_fun( void )
    {
    ... /* program code*/
    }
```

按照规范应采用如下格式进行代码书写：

```
for (...)
{
    ... /* program code*/
}
if (...)
{
    ... /* program code*/
}
void example_fun( void )
{
    ... /* program code*/
}
```

③ 同一行不要写多条语句，同一行也不要定不同类型的语句。如下面的书写格式就不符合规范：

```
void func( )
{
    int a = 1; float b=0.3F
    if(a>0) b=0.5;
    test.init( );test.add(a);
}
```

正确的书写方式如下：

```
void func( )
{
    int a= 1;
    float b=0.3F;
    if(a>0)
    {
        b=0.5;
    }
    test.init( );
    test.add(a);
}
```

④ 在必要的位置加入空格，如赋值号 "=" 的两边，使代码看上去不堆挤在一起，否则会直接影响可读性。

12.2.3 函数规范

在函数编写和调用时，也有一些小细节应该注意，下面列举几点。

① 对所调用函数的错误返回码要仔细、全面地处理。

② 明确函数功能，精确地实现函数设计，而不是近似地。

③ 编写可重入函数时，应注意局部变量的使用，应使用 auto 即缺省态局部变量或寄存器变量。不应使用 static 局部变量，否则必须经过特殊处理，才能使函数具有可重入性。

④ 编写可重入函数时，若使用全局变量，则应通过关中断、信号量（即 P、V 操作）等手段对其加以保护。若对所使用的全局变量不加以保护，则此函数就不具有可重入性，即当多个进程调用此函数时，很有可能使有关全局变量变为不可知状态。

⑤ 应明确规定对接口函数参数的合法性检查应由函数的调用者负责还是由接口函数本身负责，缺省由函数调用者负责。对于模块间接口函数的参数的合法性检查这一问题，往往有两个极端现象，即：要么是调用者和被调用者对参数均不作合法性检查，结果就遗漏了合法性检查这一必要的处理过程，造成问题隐患；要么就是调用者和被调用者均对参数进行合法性检查，这种情况虽不会造成问题，但产生了冗余代码，降低了效率。

⑥ 防止将函数的参数作为工作变量。将函数的参数作为工作变量，有可能错误地改变参数内容，所以很危险。对必须改变的参数，最好先用局部变量代之，最后再将该局部变量的内容赋给该参数。例如下面的函数实现就不太好。

```
void sum_data( unsigned int num, int *data, int *sum )
{
    unsigned int count;
    *sum = 0;
    for (count = 0; count < num; count++)
    {
        *sum  += data[count]; /*sum成了工作变量，这样不太好*/
    }
}
```

若改为如下，则更好些。

```
void sum_data( unsigned int num, int *data, int *sum )
{
    unsigned int count ;
    int sum_temp;
    sum_temp = 0;
    for (count = 0; count < num; count ++)
    {
        sum_temp += data[count];
    }
    *sum = sum_temp;
}
```

⑦ 函数的规模尽量限制在 300 行以内。不包括注释和空格行。

⑧ 一个函数仅实现一个功能。

⑨ 为简单功能编写函数。虽然为仅用一两行就可完成的功能去编函数好像没有必要，但用函数可使功能明确化，增加程序可读性，亦可方便维护、测试。

示例：如下语句的功能不很明显。

```
value = ( a > b ) ? a : b;
```

改为如下就很清晰了。

```
int max (int a, int b)
{
    return ((a > b) ? a : b);
}
value = max (a, b);
```

⑩ 不要设计多用途面面俱到的函数。多功能集于一身的函数，很可能使函数的理解、测试、维护等变得困难。

⑪ 函数的功能应该是可以预测的，也就是只要输入数据相同就应产生同样的输出。带有内部"存储器"的函数的功能可能是不可预测的，因为其输出可能取决于内部存储器（如某标记）的状态。这样的函数既不易于理解又不利于测试和维护。

12.2.4 其他规范

除了前面的规范外，还有一些其他的规范需要注意，总结如下。

① 除非必要，避免在一行代码或表达式的中间插入注释，否则容易使代码可理解性变差。

② 通过对函数或过程、变量、结构等正确地命名以及合理地组织代码的结构，使代码成为自注释的。清晰准确的函数、变量等的命名，可增加代码可读性，并减少不必要的注释。

③ 在代码的功能、意图层次上进行注释，提供有用、额外的信息。注释的目的是解释代码的目的、功能和采用的方法，提供代码以外的信息，帮助读者理解代码，防止没必要的重复注释信息。

④ 避免使用不易理解的数字，将其用有意义的标识来替代。涉及物理状态或者含有物理意义的常量，不应直接使用数字，必须用有意义的枚举或宏来代替。

⑤ 编程时要经常注意代码的效率。代码效率分为全局效率、局部效率、时间效率及空间效率。全局效率是站在整个系统角度上的系统效率；局部效率是站在模块或函数角度上的效率；时间效率是程序处理输入任务所需的时间长短；空间效率是程序所需内存空间，如机器代码空间大小、数据空间大小、栈空间大小等。

⑥ 尽量提高代码效率，但不能一味地追求代码效率，而对软件的正确性、稳定性、可读性及可测性造成影响。

⑦ 局部效率应为全局效率服务，不能因为提高局部效率而对全局效率造成影响。

⑧ 通过对系统数据结构的划分与组织的改进，以及对程序算法的优化来提高空间效率。这种方式是解决软件空间效率的根本办法。

12.3 小组开发规范

通过前面几篇的学习，然后在本篇学习的基础上，在大学毕业的时候，参与一个上万行级别的代码的编写，完成一个优秀的毕业设计；或者毕业之后，参与一个较大的项目，你就能成为一个合格的 C 程序员。那么，做这些中小型项目的时候，大家是如何协同的呢？这其中，也有软件工程的道理，这里给大家简单讲讲。

12.3.1　系统设计

C 语言往往会应用在开发以 CPU 为核心的嵌入式应用上，本节以笔者毕业后参与的第一个打印系统的设计为例进行讲述。为什么我们最后选用了这个打印系统呢？第一，这个系统有硬件、有软件，还有非常典型的 C 语言应用；第二，软件部分的代码量小，只有 1.5 万行代码，算是大学毕业设计级别、研究生级别的代码；第三，没有用到嵌入式操作系统的功能，但是完成了一个完整的任务。我们希望让你体会到，即使不包含操作系统，我们用 C 语言操作硬件，也是能干很多事情的。

开发任何一个现实中的嵌入式系统，我们总是要经历总体设计和工业设计两个阶段，然后才能过渡到硬件设计和软件设计阶段。所谓总体设计，基本的过程就是分析系统所要求的功能，设计一个能够满足这个功能的系统，然后才是细化的硬件设计和软件设计。有的系统因为外观和功能结合的缘故，还需要进行所谓工业设计。

好了，就我们所要做的票据打印机而言，一个键盘、一个打印机和一个 LCD 屏幕是我们所能够比较容易想象得到的。

我们展开联想，如果我们这个系统还能扩展到像大型超市里面的 POS 机那样，那么还应当有和主机通信的功能模块以及一个条码扫描仪……

同样的功能需求，不同的设计会得到不同的系统，这就是典型的一题多解。那么，哪个是最优的设计呢？不一定，因为每个工程师所熟悉的硬件设备和软件工具都不相同，我们认为，**在最短的时间内实现所有需要功能的设计，并且大规模生产的时候，价格相当便宜的设计就是成功的设计。**

因为，我们这本图书的目的是提供读者一个学习的模板，并且，学习的重点在于如何从读者所具有的 C 语言知识转化为嵌入式软件开发能力。所以，我们就直接介绍其中的一个设计结果，请读者慢慢体会它们的优点。

因为系统比较简单：CPU，内存，显示设备，输入输出 I/O 设备。熟悉《微机原理与接口》课程内容的读者都明白，非常典型的基于 CPU 的应用系统，框架大家都是熟悉的，没什么特别的设计。所以，通过一帮工程师的讨论，最后采用了这样的一个总体设计：

①CPU 选用：选用几个工程师最熟悉，开发工具也多，市场上购买也非常便宜的 ARM。

②LCD 选用：从几家供货商里选择了一个满足需求，批量价格也够便宜的。

③其他便宜的硬件也是同样的按性价比原则选用。

接下来，硬件工程师做出硬件规划设计和电路框图制作，然后小组一起讨论：规定下硬件和软件接口。

做好分工之后，大家各司其职，如果你负责硬件，就去做硬件部分；做软件的同学，进入下面的系统软件设计环节。

12.3.2　软件架构设计

软件也是分层次的，如图 12.1 所示。我们的软件，虽然分成了若干个文件，但是也是三层次设计的。最上层人机交互模块，也是严格遵守纪律，从来不直接调用最底层的模块的，这样方便将来有需要的时候，扩张我们的系统，在扩张我们的系统的时候，可以减少互相调用产生的混乱和错误。

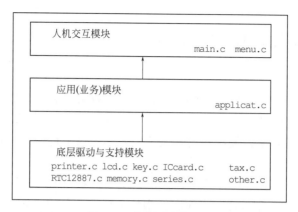

图12.1 软件设计结构图

所以我们的各种函数，也是按图 12.1 所示的功能图示分布在上述的文件中的，系统头文件是单独的。按照开发习惯和约定，每个函数都有详细的说明，让后来者或者测试者一看就明白，不需要一一解说。

就是不了解这个项目的读者，也可以按照图 12.1，从 main.c 开始分析各个函数，最后你会发现，不需要操作系统级别的调用，你也能开发出一些类同票据打印机、POS 机等等简单软硬件一体的系统来。

12.3.3　项目进程与人员配置

我们不是生活在只有技术的"真空"中，除了和机器交流与交互之外，为了保证项目的成功，我们更需要了解一般项目的进程、项目团队成员的构成特点。

这样一个简单的项目大约需要 5 个人：

① 项目经理（Project Manager）：负责整个项目的规划、设计、编码、测试、生产、试用等各种事务，甚至包括整个项目参与者的考核。

② 硬件设计师（Hardware Engineer）：硬件部分的设计、安装和调试。

③ 软件设计师（Software Engineer）：软件部分的设计、调试和部署。

④ 软件驱动开发工程师（Driver Engineer）：负责底层驱动与支持模块的开发，所开发的代码不但供本项目使用，同时提供给公司所有使用这类设备的工程师使用。

⑤ 测试工程师（Test Engineer）：负责测试整个项目。

首先，项目经理会召集项目所有成员开会，确定整体设计和分工，然后确定时间表。如果我是这个项目的项目经理，我会确定 1 个月给出硬件设计，2 个月给出 alpha 版，3 个月给出 Beta 版，6 个月上市，1 年内项目评估的时间安排。这个速度看起来是比较慢的，有些强人可能 1 个月就可以给出 Beta 版来。实际上，工程项目往往有欲速则不达的情况，比如设计阶段，我们讲究缓缓进入，开发阶段，我们希望每个函数都有对应的测试代码，就是从 Beta 版到实际的工程样板，也还有很长的路要走。

在网上，读者可以下载附赠的这个项目的 Beta 版代码观摩，如果下载不方便，也可以发邮件给 1057762679@qq.com 索取。如果用于工程实际，还需要根据项目实际情况添加许多工程代码。

12.4　C++带来的C提升

C++ 是在 C 语言基础上发展起来的，它们天生具有亲缘关系。虽然各自有各自的标准，各自在发展，但互相吸收还是主流的。特别是在各种 CPU 上实现的编译器，为了嵌入式开发者的需要，为了开发效率，编译器的开发者们才不管这个特性是来自 C++，还是来自 C，有用，就实现了再说。

所以，本书虽然是一本以 C 为基本规范的图书，但现实中，纯 C 的编译器基本没有，我们在开发的时候，也是有什么特性，我们就用什么特性。总的来说，下面一些 C++ 中的特性，我们在 C 开发中，经常会使用，基本上也实现在各个编译器中了。

（1）新的注释模式

就是"//"单行注释模式啦。在任何一行代码，"//"之后均为注释，比起用"/* …… */"注释单行，更简洁一些。

当然了，几乎所有的编译器，都支持这两种注释方式，读者可以灵活使用。

（2）新的内存分配函数 new 和 delete

功能和 malloc 和 free 一样，不过功能更强大，很多设计细节表明，也更安全。关于它们的用法，还有和 malloc 与 free 的混合使用，网上这方面的文档太多了，读者通过本书熟悉了 malloc 和 free 的用法之后，一看就明白。

（3）const 的新功能

作为专业程序员，用 const 定义常量，比如 const double Pi=3.1415926，比 #define 定义常量好用，也不容易出错，很多面试题会考到哦。读者可以到网上搜索一些著名的用 #define 定义常量出错的笑话，你以为展开是这样，其实是那样，特别是嵌套定义的时候，但用 const 就不会出错。

（4）变量的定义更加灵活

C 语言中，变量必须在函数的开头定义。

C++ 做出了改变，在任何时候，你都可以定义，只要满足先定义、后使用的原则即可。

这有个非常好的用处，就是一些临时变量可以随时定义，比如 for（int i=1; i<100; i++）这样的语句就因此获利。

这个特性，现在几乎所有的 C 编译器都支持的。

不过，这样也带来一些坏处，有些时候，被滥用了，程序显得比较怪异。

但这个新功能，我们认为，符合 C 语言信任程序员自己能控制好的设计原则，应该是值得推荐的功能。

（5）class 关键字带来的函数封装

从网上的新闻看，C99标准投票的时候，class这个关键字还是被排除在外了，但实际上，几乎所有的 C 编译器都支持这个关键字的使用，用来帮我们把一些紧密耦合的数据和函数封装在一起。我们也常常用这个功能。

但我们也理解 C 标准委员会为了保证 C 语言的纯洁，而没有引入这个关键字。在 C 中，用 struct 这个关键字封装和耦合的数据和函数就可以了。不然呢，先引入了 class，慢慢和 C++ 就没什么区别了，就成了一个庞大的语言了。

还有变量的引用类型、函数重载等功能，其实有时候也非常实用。大家在需要的时候，可以买一本 C++ 的书来学习。今天专业的 C 程序员，也不可能只把自己的知识范围完全限定在 C 语言之中。毕竟 C++ 已经存在了很多年，并且对 C 标准的变化也产生了很多的影响。实际上，去除引入 class 等关键字，引入面向对象这种新的开发模式之外，C++ 对 C 语言，还有很多不错的改进。即使在一些纯 C 的嵌入式开发环境中，也提供了对这些特性的支持。对于我们实际一线的开发工程师来说，有比较得力的功能我们就用，并没有在意它是 C 提供的，还是 C++ 提供的。我们只知道编译器有这个好用的功能，当然，有时候也考虑下可移植特性，但一方面，大多数编译器都支持，保证了可移植性，另外一方面，小型嵌入式程序，移植的时候，改动量也小。

本章小结

本章是一些具体代码的规范，当然，我们顺便普及了一些软件工程的常识，以及一些 C 语言可以从 C++ 中吸收过来的，很多编译器支持的特性。这些都是实际代码编写中非常有用的内容，读者可以在实践中慢慢领悟和使用。

第13章
管理计算机内存

比如说一家公司开会，在开会前就需要准备很多开会用的资料供大家使用。如果事先准备得少了，就会有一些人没有资料无法开会；准备多了，就会造成资源浪费。所以最好的办法是事前把人数进行统计后，再来准备资料。

在 C 语言中使用数组时，就会遇到刚才所说的问题。所以就必须自己编写代码来管理计算机中的内容。本章就主要介绍 C 语言中管理计算机内存的方式。

本章主要涉及的内容如下：

❑ 内存分配函数：介绍 C 语言中各种动态内存分配函数。
❑ 位运算：介绍 C 语言中各种按位运算的操作。

13.1　分配内存的存储空间

数组在内存中的空间必须是在程序运行前申请，数组的大小是在程序编译时已经确定的常量，是无法改变的。因此如果申请过大就会造成浪费，申请过小，又会造成数据空间不够用的情况。所以，为了解决这个问题，C 语言中允许在程序运行时，根据需求申请一定的内存空间来使用，这种内存环境随着程序运行的进展而时大时小，这种内存就是堆内存，所以堆内存是动态的。堆内存也称动态内存。

在 C 语言中，动态内存的分配可以使用如下三个函数：

① malloc（ ）函数。
② calloc（ ）函数。

③ realloc（ ）函数。

13.1.1　使用 malloc( )函数分配

在 C 语言中规定 malloc（ ）函数返回类型的是 void＊类型，其格式如下所示：

```
void * malloc(unsigned int size);
```

其作用是用来分配 size 个字节的动态存储区，并返回一个指向该存储区首地址的 void＊型指针。若在调用时，没有足够的内存单元供分配，则返回空值（NULL）。

例如：要分配一个 int 型数据空间，如果写成：

```
int * p = NULL;
p = malloc (sizeof(int));
```

则程序无法通过编译，会报错，因为不能将"void＊"赋值给"int＊"类型的指针变量。所以必须通过"int＊"来进行强制转换。函数的实参为 sizeof（int），用于指明一个整型数据需要的大小。而如果写成如下形式的话：

```
int* p = (int *) malloc (1);
```

代码也能通过编译，但事实上程序只会分配了 1 个字节大小的内存空间，当往里头存入一个 int 型数据时，就会有 1 个字节无法保存，造成内存溢出现象（内存溢出现象是指将本不会被占用的内存中原有数据内容全部被清空）。

正确的写法如下：

```
int * p = NULL;
p = (int*)malloc(sizeof(int));
```

例如，想分配 100 个 int 类型和 float 类型的内存空间：

```
int *  pn = (int *) malloc ( sizeof(int) * 100 ); /*分配可以放得下100个整数型的内存空间 */
float * pf = (float *) malloc(sizeof(float) * 100);   /*分配可以放得下100个浮点型的内存空间 */
```

另外有一点需要注意的是，malloc（ ）函数只管分配内存，并不能对所得的内存进行初始化，所以得到的一片新内存中，值将是随机的，如图 13.1 所示。

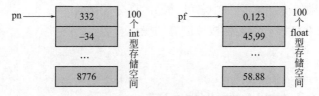

图13.1　malloc 分配的内存单元

注意：由于动态分配得到的内存空间是没有名字的，所以只能依靠指针变量来引用。一旦改变该指针的指向，则原来的存储空间将无法再引用。

【实例 13.1】　用 malloc( )函数来分配堆内存，并进行赋值和引用。如示例代码 13.1 所示。

示例代码13.1　malloc( )函数分配堆内存

```
01 #include "stdio.h"                          /*包含系统函数头文件 */
02 #include "stdlib.h"                          /*包含动态分配函数头文件 */
03
04 #define MAX 5                                /*定义分配最大空间宏 */
05
```

```
06  int main(void)                                    /*主函数*/
07  {
08      int  * pn = NULL;                             /*定义指针*/
09      float * pf = NULL;
10      int  i  = 0;
11      pn = (int*)malloc(sizeof(int));               /*分配1个int型的存储空间*/
12      pf = (float*)malloc(sizeof(float)*MAX);       /*分配5个float型的存储空间*/
13      printf("*pn = %d\n", *pn);                    /*分配空间后未赋值的数值*/
14      for(i=0; i<MAX; i++)
15      {
16          printf("*(pf+%d)=%f\n", i, *(pf+i));      /*输出分配后未赋值的数值*/
17      }
18      *pn = 100;                                    /*对pn所指向的空间赋值*/
19      printf("*pn = %d\n", *pn);                    /*赋值后的数据*/
20      for(i=0; i<MAX; i++)
21      {
22          *(pf+i) = i * 5.5;                        /*对pf+i所指向的空间赋值*/
23          printf("*(pf+%d)=%f\n", i, *(pf+i));      /*赋值后的数据*/
24      }
25      getchr( );                                    /*暂停*/
26      return 0;                                      /*返回*/
27  }                                                 /*主函数完*/
```

【代码解析】 代码第 11 和 12 行，是调用 malloc（ ）函数来分配堆内存。代码第 13 ～ 17 行，是用来输出分配后未赋值状态时，内存中所保存的数值。代码第 18 ～ 24 行，是对分配的内存空间进行赋值。

【运行效果】 编译并执行程序后，最后输出结果如图 13.2 所示。

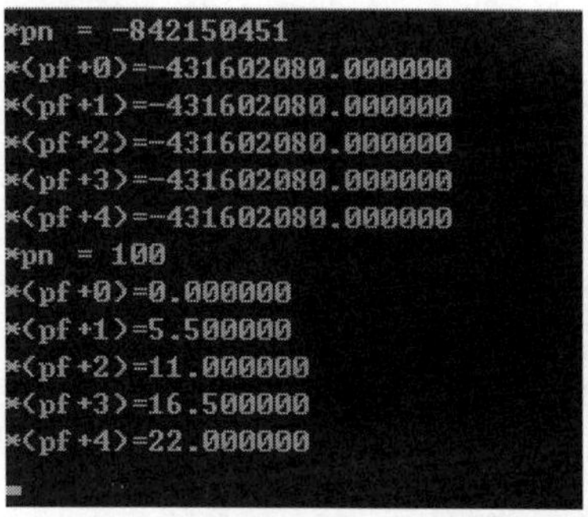

图 13.2　malloc( )函数分配堆内存结果

13.1.2　使用calloc( )函数分配

除了 malloc（ ）函数可以分配动态内存外，calloc（ ）函数也可以分配动态内存。其函数格式如下：

```
void * calloc(unsigned int n, unsigned size);
```

其作用是用来分配存储 n 个同一类型的数据项的连续动态存储区，每个数据的长度为 size 个字节，并返回一个指向该存储区首地址的 void* 型指针。若在调用时，没有足够的内存单元供分配，则返回空值（NULL）。

例如，想分配 100 个 int 类型和 float 类型的内存空间：

```
int * pn = (int*)calloc(100, sizeof(int));
int * pf =(float*)calloc(100, sizeof(float));
```

同样，如果要分配一个 int 型数据空间，写成：

```
int * p = NULL;
p = calloc (1, sizeof(int));
```

则程序无法通过编译会报错，因为不能将"void*"赋值给"int*"类型的指针变量。所以必须通过"int*"来进行强制转换。

不过，calloc（）函数不仅只分配内存，而且还对所得的内存进行初始化，所以得到的一片新内存中，值将全是0，如图13.3所示。

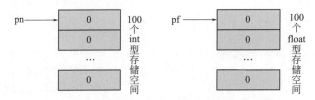

图13.3　calloc分配的内存单元

【实例13.2】　用calloc（）函数来分配堆内存，并进行引用。如示例代码13.2所示。

示例代码13.2　calloc( )函数分配堆内存进行引用

```
01 #include "stdio.h"                              /*包含系统函数头文件*/
02 #include "stdlib.h"
03
04 #define MAX 5
05
06 int main(void)                                   /*主函数*/
07 {
08     int  * pn = NULL;
09     float * pf = NULL;
10     int  i   = 0;
11     pn = (int*)calloc(1, sizeof(int));           /*分配1个int型的存储空间*/
12     pf = (float*)calloc(MAX, sizeof(float));     /*分配5个float型的存储空间*/
13     printf("*pn = %d\n", *pn);                   /*分配空间后的数值*/
14     for(i=0; i<MAX; i++)
15     {
16         printf("*(pf+%d)=%f\n", i, *(pf+i));
17     }
18     *pn = 100;                                   /*对pn所指向的空间赋值*/
19     printf("*pn = %d\n", *pn);                   /*赋值后的数据*/
20     for(i=0; i<MAX; i++)
21     {
22         *(pf+i) = i * 5.5;                       /*对pf+i所指向的空间赋值*/
23         printf("*(pf+%d)=%f\n", i, *(pf+i));     /*赋值后的数据*/
24     }
25     getch( );                                    /*暂停*/
26     return 0;                                     /*返回*/
27 }                                                /*主函数完*/
```

【代码解析】　代码第11和12行，是调用calloc（）函数来分配堆内存。代码第13～17行，是用来输出分配后未赋值状态时，内存中所保存的数值。代码第18～24行，是对分配的内存空间进行赋值。

【运行效果】　编译并执行程序后，最后输出结果如图13.4所示。

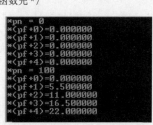

图13.4　calloc( )函数分配的堆内存进行引用结果

13.1.3　realloc( )函数的使用

如果在分配动态内存后，发现所需要的内存空间不够，就需要重新进行分配。这时候就可以调用 realloc（ ）函数。其函数形式如下：

```
void * realloc(void *mem_addr,unsigned int newsize);
```

其中，mem_addr 是指向需要重新分配的堆内存指针，newsize 是指重新分配后的空间大小。该函数的作用是先释放原来 mem_addr 所指内存区域，并按照 newsize 指定的大小重新分配空间，同时将原有数据从头到尾拷贝到新分配的内存区域，并返回该内存区域的首地址，即重新分配动态存储。如果重新分配成功则返回指向被分配内存的指针，否则返回空指针 NULL。

在使用 realloc（ ）函数时，要注意如下两点：

① 如果有足够空间用于增加 mem_addr 指向的内存块大小，则分配额外内存，并返回 mem_addr。当扩大一块内存空间时，realloc（ ）试图直接从堆上现存的数据后面的那些字节中获得附加的字节，如果能够满足，自然天下太平。也就是说，如果原先的内存大小后面还有足够的空闲空间用来分配，加上原来的空间大小等于 newsize，得到的是一块连续的内存空间，即数据不移动。

② 如果原先的内存大小后面没有足够的空闲空间用来分配，那么从堆中另外找一块 newsize 大小的内存，并把原来大小内存空间中的内容复制到新空间中，返回新的 mem_addr 指针，即数据被移动了，原来的空间被放回堆上。

【实例 13.3】　先用 malloc（ ）函数分配好内存后，发现内存不够用，这时需要重新分配新空间用于存储，其如示例代码 13.3 所示。

示例代码13.3　realloc( )函数重新分配内存

```
01 #include "stdio.h"                          /*包含系统函数头文件*/
02 #include "stdlib.h"                         /*包含动态分配内存处理函数*/
03
04 #define OLD_MAX 5                           /*定义宏*/
05 #define NEW_MAX 10
06
07 int main(void)                              /*主函数*/
08 {
09      int * pn = NULL;                       /*初始化指针变量*/
10      int i    = 0;
        /*分配5个字节的动态内存*/
11      pn = (int*)calloc(OLD_MAX, sizeof(int));
12      printf("pn = %x\n",pn);                /*输出指针中的地址*/
13      for(i=0;i<OLD_MAX;i++)
14      {
15          scanf("%d",&pn[i]);                /*接收用户输入*/
16      }
        /*释放原有内存空间，并重新分配10个字节的新空间*/
17      pn=(int *)realloc(pn,NEW_MAX*sizeof(int));
18      printf("pn = %x\n",pn);                /*输出新地址*/
19      for(i=0;i<OLD_MAX;i++)
```

```
20        {
21              printf("%d ",pn[i]);                    /*输出内存中的值*/
22        }
23        printf("\n");
24        getch( );                                      /*暂停*/
25        return 0;                                      /*返回*/
26   }                                                   /*主函数完*/
```

图 13.5　realloc( )函数重
新分配内存结果

【代码解析】　代码第 11 行，是调用 calloc( )函数来分配堆内存。代码第 12 行，是输出该空间的地址，代码第 17 行，是调用 realloc( )函数来重新分配新内存，并将原内存中的数值拷贝过去。代码第 18 行，是输入新空间地址，查看是否与原地址相同。代码第 19～22 行，是输出新分配内存中的前 5 个字节数值，看是否拷贝成功。

【运行效果】　编译并执行程序后，输入 5 个数值，最后输出结果如图 13.5 所示。

13.1.4　malloc( )和calloc( )函数的区别

函数 malloc( )和 calloc( )都可以用来动态分配内存空间，但两者稍有区别。

malloc( )函数有一个参数，即将要分配的内存空间的大小。

```
void *malloc(int size);
```

calloc( )函数有两个参数，分别为元素的数目和每个元素的大小，这两个参数的乘积就是要分配的内存空间的大小。

```
void *calloc(int elements_count ,int size_element);
```

如果调用成功，函数 malloc( )和函数 calloc( )都将返回所分配的内存空间的首地址。函数 malloc( )和函数 calloc( )的主要区别如下：

① malloc( )函数不能初始化所分配的内存空间，而 calloc( )是可以的。

② 如果由 malloc( )函数分配的内存空间原来没有被使用过，则其中的每一位可能都是 0；反之，如果这部分内存曾经被分配过，则其中可能遗留有各种各样的数据。也就是说，使用 malloc( )函数的程序开始时（内存空间还没有被重新分配）能正常进行，但经过一段时间（内存空间已经被重新分配）可能会出现问题。而函数 calloc( )会将所分配的内存空间中的每一位都初始化为零。换句话说，如果是为字符类型或整数类型的元素分配内存，那么这些元素将保证会被初始化为 0；如果是为指针类型的元素分配内存，那么这些元素通常会被初始化为空指针；如果你为实型数据分配内存，则这些元素会被初始化为浮点型的零。

13.1.5　调用free( )函数释放内存

当一个程序运行完毕后，就不再需要其所使用的数据空间。由于电脑的内存总是有限的，所以程序原来运行时占用的内存空间就应该释放给其他程序使用。

对于变量和数组，在程序结束运行后，系统会自动回收其占用的空间。但对于申请的堆内存空间，很多系统都不会回收，像前面的代码中，在申请内存后，都没有对内存进行释放。所以在运行很多次后，就会占用很多的系统内存，导致电脑运行越来越慢。这种只申请空间最后不释放空间的情况称为内存泄漏。所以在申请堆内存空间后，应该使用 free( )函数来释放堆内存空间，其格式如下：

```
void free (void * mem_addr);
```

其中，**mem_addr** 指向需要释放内存空间的指针。

【实例 13.4】 连续输入 n 个数，最后求和。如示例代码 13.4 所示。

示例代码13.4 求连续输入n个数的和

```
01  #include "stdio.h"                        /*包含系统函数头文件*/
02  #include "stdlib.h"                       /*包含动态分配内存处理函数*/
03
04  int main(void)                            /*主函数*/
05  {
06      int n    = 0;                         /*定义初始化变量*/
07      int sum  = 0;
08      int *pn  = NULL;
09      int i     = 0;
10      printf("Please input count of num :");
11      scanf("%d", &n);                      /*接收用户将输入的数字个数*/
12      pn = (int*)calloc(n, sizeof(int));    /*申请需要存储n个int型数据的空间*/
13      for(i=0; i<n; i++)
14      {
15          scanf("%d", pn+i);                /*接收用户输入数据*/
16      }
17      for(i=0; i<n-1; i++)
18      {
19          printf("%d+",*(pn+i));            /*显示输入的数据*/
20          sum += *(pn+i);                   /*进行累加*/
21      }
22      printf("%d = %d",*(pn+i), (sum+*(pn+i)));
23      free(pn);                             /*释放空间*/
24      getch( );                             /*暂停*/
25      return 0;                             /*返回*/
26  }                                         /*主函数完*/
```

【代码解析】 代码第 12 行，是根据用户输入的数字个数，申请相应的存储空间。代码第 23 行，是将申请的空间进行释放，方便以后使用。

【运行效果】 编译并执行程序后，输入 5 个数值，最后输出结果如图 13.6 所示。

```
Please input count of num :5
100 22 33 55 666
100+22 +33+55+666 = 876
```

图13.6 求连续输入n个数的和结果

注意：所有动态申请的内存都必须进行释放才能再次使用，否则会导致内存溢出。

13.2 将数据按位运算

在电脑内所有的数据，总是用 0 和 1 的组合进行存储的，也就是二进制。而 8 个二进制位构成一个字节，两个字节构成一个字，也就是 16 位（详细请读者参见计算机系统组成等书籍，这里只需要知道就行）。

有时按位来操作数据是很必要的，程序员可以通过改变存储在位、字节或者字中的 0 和 1 来改变其值，这也就是位运算的由来。

C 语言具有汇编语言（可以操作硬件的语言）等一些功能。所以 C 语言也可以操作数据的位进行运算。

13.2.1 位运算符

C 语言中提供了如表 13.1 所示的 6 种位运算符，前 2 种是移位运算，后 4 种是按位逻辑运算。

表 13.1 位运算符

位运算符	说明
<<	左移
>>	右移
&	按位与
|	按位或
^	按位异或
~	取反

上面的数据位运算符除了“~”是只需要一个操作数外，其余运算符都需要两侧各有一个运算量。

注意：所有的位运算符都只能对 char 和 int 型数据进行操作，而不能对 float 型数据进行操作。

13.2.2 将数据进行移位运算

在 C 语言中有 2 种运算符，可以将数据进行移位运算，如下所示。

（1）左移位运算

左移位运算符的使用格式是：

变量 << 变量或者常量

其中，“<<”是运算符将一个字节中的数据位左移指定的位数，如图 13.7 所示。

图 13.7 左移 4 位示意

例如，在电脑中，int 型数值 7 表示为：

```
0000 0111
```

需要将其左移 4 位，这时如何实现左移位呢？方法如下：

① 7 被表示为 0000 0111。

② 左移 4 位，变成 0111 …。

③ 空位用 0 来填充，变成 0111 0000。

④ 这个二进制数的数值转成十进制数，正好是 112（详细计算方法参见计算机系统组成原理等相关书籍）。

【实例 13.5】 左移位运算符的使用如示例代码 13.5 所示。

示例代码13.5 左移动运算符的使用

```
01 #include "stdio.h"                    /*包含系统函数头文件*/
02
03 int main(void)                         /*主函数*/
04 {
05      int n      = 7;                    /*初始化变量*/
06      int left_n = 0;
07      left_n    = n << 4;              /*将n的值进行左移4位，重新赋值到left_n中*/
08      printf("n = %d, left_n = %d\n", n, left_n);
09      getch( );                         /*暂停*/
10      return 0;                         /*返回*/
11 }                                      /*主函数完*/
```

【代码解析】 代码第 7 行，是将 n 的值（7）进行左移 4 位，重新赋值到 left_n 中。

【运行效果】 编译并执行程序后，最后输出结果如图 13.8 所示。

（2）右移位运算

右移位运算符的使用格式是：

变量 >> 变量或者常量

其中，">>" 是运算符将一个字节中的数据位右移指定的位数，如图 13.9 所示。

n = 7, left_n = 112

图 13.8 左移动运算符的使用结果

图 13.9 右移 4 位示意

例如，电脑中，int 型数值 128 表示为：

1000 0000

当需要将其右移 2 位时，刚好和左移位相反，其方法如下：

① 在计算机中，128 被表示为 1000 0000。

② 右移 2 位，变成… 10 0000。

③ 空位用 0 来填充，变成 0010 0000。

④ 这个二进制数的数值正好是 32。

【实例 13.6】 右移位运算符的使用如示例代码 13.6 所示。

示例代码13.6 右移位运算符的使用

```
01 #include "stdio.h"                    /*包含系统函数头文件*/
02
03 int main(void)                         /*主函数*/
04 {
```

```
05      int n              = 128;               /*定义并初始化变量*/
06      int right_n         = 0;
07      right_n            = n >> 2;           /*将n的值进行右移2位，重新赋值到right_n中*/
08      printf("n = %d, right_n = %d\n", n, right_n);
09      getch( );                              /*暂停*/
10      return 0;                              /*返回*/
11  }                                          /*主函数完*/
```

【代码解析】 代码第7行，是将 n 的值（128）进行右移 2 位，重新赋值到 right_n 中。

【运行效果】 编译并执行程序后，最后输出结果如图 13.10 所示。

图 13.10 右移位运算符的使用结果

注意：在右移位时，只有移位的变量是正数时，才会用 0 作为填充位，而如果变量是负数的话，右移位的结果是无法预料的，而左移位无此限制。右移位一次相当于对当前数值每次除以 2。

13.2.3 将数据进行按位逻辑运算

位运算符除了移位外，还包括按位与（&）、按位或（|）、按位异或（^）、取反（～）。

13.2.3.1 按位与运算符

按位与运算符的使用格式是：

变量 & 变量或者常量

其中，"&"是按位与运算符。其有如下几个特点：

❑ 按位与运算符用来得到两个整数操作数的逻辑乘积。

❑ 表示按位与的运算符为符号"&"。

❑ 被"与"的两位是 1，结果是 1，否则结果为 0，如表 13.2 所示。

表 13.2 按位与示例表

操作位1	操作位2	结果
0	0	0
0	1	0
1	0	0
1	1	1

按位与的计算方法如表 13.3 所示。

表 13.3 按位与运算结果

数值	说明
1111 1010	250二进制
0101 0110	86二进制
0101 0010	对齐后，根据表13.2方法竖式运算，结果为82

同时，按位与运算符有一些特殊的用途：

（1）将数据清零

如果想将一个存储单元清零，即单元中的所有二进制位为 0，只需要将这个数和 0 进行按位与即可。

【实例 13.7】 将数组中每个元素进行清零处理（当然也可以直接赋值为 0，这里只是另外一种方法）。如示例代码 13.7 所示。

示例代码13.7　数据清零处理

```
01  #include "stdio.h"              /*包含系统函数头文件*/
02
03  int main(void)                  /*主函数*/
04  {
05      int array[] = {1,33,8889,22,555};   /*初始化数组*/
06      int i = 0;
07      for(i=0; i<5; i++)
08      {
09          printf("%d ", array[i]);        /*遍历数组中的元素，输出*/
10      }
11      printf("\n");
12      for(i=0; i<5; i++)
13      {
14          array[i] = array[i] & 0;        /*清零操作*/
15      }
16      for(i=0; i<5; i++)
17      {
18          printf("%d ", array[i]);        /*遍历数组中的元素，输出*/
19      }
20      printf("\n");
21      getch( );                           /*暂停*/
22      return 0;                           /*返回*/
23  }                                       /*主函数完*/
```

【代码解析】 代码第 14 行，是进行数组中的元素清零操作。

【运行效果】 编译并执行程序后，最后输出结果如图 13.11 所示。

（2）取一个数中某些位信息

如果想将一个整数的某些位的信息取出来（0 或者 1）查看，也可以使用按位与运算。

```
1 33 8889 22 555
0 0 0 0 0
```

图 13.11　数据清零处理结果

【实例 13.8】 取输入数值的低地址（默认 int 型数据左为高，右为低）信息，如示例代码 13.8 所示。

示例代码13.8　取低地址位信息

```
01  #include "stdio.h"              /*包含系统函数头文件*/
02
03  int main(void)                  /*主函数*/
04  {
05      int n = 0;                  /*初始化变量
06      int b = 0xFF;
07      int m = 0;
08      printf("Please input num :");
```

```
09        scanf("%d", &n);                    /* 接收用户输入的信息 */
10        m = n & b;                          /* 只取低地址位信息保留到 m 中 */
11        printf("%d", m);
12        getch( );                           /* 暂停 */
13        return 0;                           /* 返回 */
14 }                                          /* 主函数完 */
```

【代码解析】 代码第 10 行，由于 b 为 255，其计算方式如下：

388 用二进制表示为：

```
0000 0001 1000 0100                          /*388*/
```

只需要将其和 255（0xFF）

```
0000 0000 1111 1111                          /*255*/
```

按位与，变成：

```
0000 0000 1000 0100                          /*132*/
```

就可以把其低地址位信息取出来。

【运行效果】 编译并执行程序后，最后输出结果如图 13.12 所示。

```
Please input num :388
132_
```

图 13.12 取低地址位信息

（3）将指定的位保留下来，其余清零

如果想将一个数值的指定位信息保留下来，也可以使用按位与运算。

【实例 13.9】 将用户输入的数值的指定位保留下来，其余位全部清零。如示例代码 13.9 所示。

示例代码 13.9　保留指定的位信息

```
01 #include "stdio.h"                         /* 包含系统函数头文件 */
02
03 int main(void)                             /* 主函数 */
04 {
05        int m  = 1;                          /* 初始化变量 */
06        int n  = 0;
07        int b  = 0;
08        printf("Please input num and bit :");
09        scanf("%d %d",&n,&b);                /* 接收用户输入的数值和位数 */
10        m = m << b;                          /* 将 m 的值左移 b 位 */
11        n = n & m;                           /* 保留指定的位 */
12        printf("n = %d\n", n);
13        getch( );                            /* 暂停 */
14        return 0;                            /* 返回 */
15 }                                           /* 主函数完 */
```

【代码解析】 代码第 10 行，是将 m 变成用户指定的位，例如保留第 7 位，m 初始值为 1，左移 7 位后，变成：

```
0000 0000 1000 0000
```

当其和 132 的值

```
0000 0000 1000 0100
```

按位与时，就只会保留第 7 位：

```
0000 0000 1000 0000
```

其值为 128。

【**运行效果**】 编译并执行程序后，最后输出结果如图 13.13 所示。

```
Please input num and bit :132
7
n = 128
```

图 13.13 保留指定的位信息结果

13.2.3.2 按位或运算符

按位或运算符的使用格式是：

变量 | 变量或者常量

按位或（|）有如下几个特点：

❏ 按位或运算符用来得到两个整数操作数的逻辑和。

❏ 表示按位或的运算符为符号"|"。

❏ 被"或"的两位是 0，结果是 0，否则结果为 1，如表 13.4 所示。

表 13.4 按位或示例表

操作位1	操作位2	结果
0	0	0
0	1	1
1	0	1
1	1	1

按位或的计算方法如表 13.5 所示

表 13.5 按位或运算结果

数值	说明
1111 1010	250二进制
0101 0110	86二进制
1111 1110	对齐后，根据表13.4方法竖式运算，结果为254

按位或可以将一个数值的某些位指定为 1。

【**实例 13.10**】 将用户输入的数值的低字节全部设置为 1，高字节保留。如示例代码 13.10 所示。

示例代码13.10 设置指定字节为全1

```
01  #include "stdio.h"                          /*包含系统函数头文件*/
02
03  int main(void)                              /*主函数*/
04  {
05      unsigned int n = 0;                     /*初始化变量*/
06      unsigned int m = 0xFF;
07      printf("Please input num:");
08      scanf("%d",&n);                         /*接收用户输入*/
09      n = n | m;                              /*进行按位或操作*/
10      printf("n=%d\n", n);
11      getch( );                               /*暂停*/
12      return 0;                               /*返回*/
13  }                                           /*主函数完*/
```

【代码解析】 代码第 9 行，由于 m 为 255，其计算方式如下：

388 用二进制表示为：

```
0000 0001 1000 0100                              /*388*/
```

只需要将其和 255（0xFF）

```
0000 0000 1111 1111                              /*255*/
```

按位或，变成：

```
0000 0001 1111 1111                              /*511*/
```

就可以把其低地址信息全部设置为 1。

```
Please input num:388
n=511
```

【运行效果】 编译并执行程序后，最后输出结果如图 13.14 所示。

图 13.14 设置指定字节为全 1 结果

13.2.3.3 按位异或运算符

按位异或运算符的使用格式是：

变量 ^ 变量或者常量

按位异或（^）有如下几个特点：

❑ 按位异或运算符用来执行两位之间的异或操作，其符号为"^"。

❑ 被"异或"的结果如表 13.6 所示。

表 13.6 按位异或示例表

操作位1	操作位2	结果
0	0	0
0	1	1
1	0	1
1	1	0

进行按位异或运算过程和结果如表 13.7 所示。

表 13.7 按位异或运算结果

数值	说明
1111 1010	250二进制
0101 0110	86二进制
1010 1100	对齐后，根据表13.6方法竖式运算，结果为172

同时，按位异或运算符有一些特殊的用途：

（1）使特定位翻转

使特定位翻转是将指定位置的数据由 1 变成 0 或者由 0 变成 1。

【实例 13.11】 将一个数值 153 的低 4 位翻转。如示例代码 13.11 所示。

示例代码13.11 使特定位翻转

```
01  #include "stdio.h"                          /*包含系统函数头文件*/
02
03  int main(void)                              /*主函数*/
04  {
05      int n = 153;                            /*设置需要翻转的值*/
```

```
06        int m = 0x0F;                                /*用于去设置翻转对应的值*/
07        n = n ^ m;                                   /*进行异或操作*/
08        printf("n = %d\n", n);
09        getch( );                                    /*暂停*/
10        return 0;                                    /*返回*/
11 }                                                   /*主函数完*/
```

【代码解析】 代码第 7 行，由于 m 为 15，其计算方式如下：

153 用二进制表示为：

```
0000 0000 1001 1001                                   /*153*/
```

只需要将其和 15（0x0F）

```
0000 0000 0000 1111                                   /*15*/
```

按位异或，变成：

```
0000 0000 1001 0110                                   /*150*/
```

就可以把其低 4 位翻转，变成 150 了。

【运行效果】 编译并执行程序后，最后输出结果如图 13.15 所示。

（2）交换两个变量的值，不用临时变量

可以使用按位异或将两个数值进行交换，但不使用临时变量。

图 13.15 按位异或示例
代码结果

【实例 13.12】 由用户输入两个数值并保存到变量，对这两个值进行交换，最后输出结果，但不用临时变量。如示例代码 13.12 所示。

示例代码13.12　将两个数值进行交换

```
01 #include "stdio.h"   /*包含系统函数头文件*/
02
03 int main(void)                   /*主函数*/
04 {
05        int n;
06        int m;
07        printf("Please input 2 num :");
08        scanf("%d %d",&n,&m);
09        printf("n = %d, m = %d\n", n, m);
10        n = n ^ m;
11        m = m ^ n;
12        n = n ^ m;
13        printf("n = %d, m = %d\n", n, m);
14        getch( );                  /*暂停*/
15        return 0;                  /*返回*/
16 }/*主函数完*/
```

【代码解析】 代码第 10 ～ 12 行，就是不用临时变量，将两个变量的值进行交换的算法。其计算方式如下：

123 用二进制表示为：

```
0000 0000 0111 1011                                   /*123*/
```

将其和 456 的二进制表示

```
0000 0001 0101 1001                                   /*456*/
```

按位异或，n 变成：

```
0000 0001 0010 0010                                   /*290*/
```

将 290 和 456 的二进制按位异或，m 变成：

```
0000 0000 0111 1011                                              /*123*/
```

最后将 290 与 123 进行按位异或，n 变成：

```
0000 0001 0101 1001                                              /*456*/
```

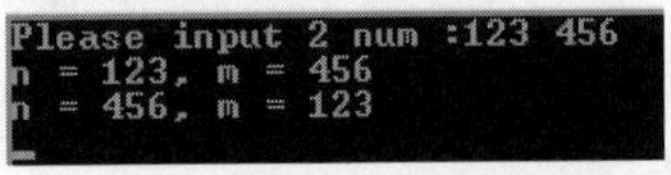

图 13.16 将两个数值进行交换结果

【运行效果】 编译并执行程序后，最后输出结果如图 13.16 所示。

13.2.3.4 取反运算符

按位取反运算符的使用格式是：

~变量

按位取反运算符（~）的作用是将数值中的每个位进行取反，即 0 变成 1，1 变成 0。被"取反"的结果如表 13.8 所示。

表 13.8 按位取反示例表

操作位1	结果
1	0
0	1

进行按位取反运算过程和结果如表 13.9 所示。

表 13.9 按位取反运算结果

数值	说明
1111 1010	250二进制
0000 0101	对齐后，根据表13.8方法竖式运算，结果为5

【实例 13.13】 接收用户输入的数值，并将其按位取反后，输出结果。如示例代码 13.13 所示。

示例代码13.13 按位取反

```
01  #include "stdio.h"                          /*包含系统函数头文件*/
02
03  int main(void)                              /*主函数*/
04  {
05      unsigned int n = 0;
06      printf("Please input num :");           /*提示信息*/
07      scanf("%d",&n);                         /*接收用户输入*/
08      n = ~n;                                 /*按位取反*/
09      printf("n = %u\n");                     
10      getch( );                               /*暂停*/
11      return 0;                               /*返回*/
12  }                                           /*主函数完*/
```

【代码解析】 代码第 8 行，就是将用户输入的数值按位取反。

123 用二进制表示为：

```
0000 0000 0111 1011                                              /*123*/
```

将其按位取反：

1111 1111 1000 0100   /*65412*/

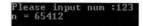

【运行效果】 编译并执行程序后，最后输出结果如图 13.17 所示。

图13.17 按位取反结果

本章小结

本章主要对动态内存及其分配的概念进行了介绍，并对 C 语言中各种不同的分配函数调用的方式进行了讲解。同时，对不同的分配函数，其主要的区别也进行了论述。最后对 C 语言按数据位进行操作的方法进行了实例介绍。

希望各位读者通过本章的介绍，能够掌握好这些内容，为以后开发动态分配方面的程序打下基础。

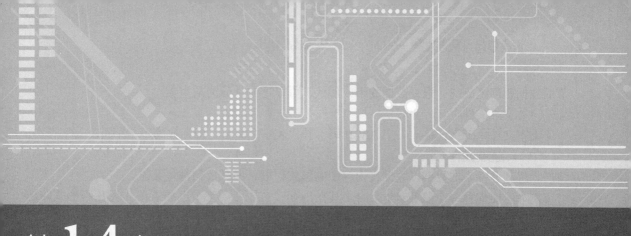

第14章
文件操作

文件（file）是程序设计中的一个重要概念。而所谓文件是指存储在外部介质（硬盘、光盘等）上数据的集合。一批数据是以文件形式存放在外部介质上的，操作系统以文件为单位对数据进行管理。也就是说，如果想读取存储在外部介质上的数据，必须先按文件名找到所指定的文件，然后再从该文件中读取数据。反之，如果想向外部介质存储数据也必须先建立一个供识别的文件名，才能向其输出数据。

在前面的章节中，笔者介绍的输入数据都来自键盘，而输出结果也全部输出到屏幕上。但在实际应用中，是需要把数据从文件中读取出来，经过处理后，再将结果重新送回到某个文件中保存起来的。这就是本章要介绍的文件操作。

本章主要涉及的内容如下：

❑ 文件的基本操作方法：介绍如何打开、关闭和检测一个文件。
❑ 文件中的定位函数：介绍 fseek（）、ftell（）和 rewind（）函数的使用。
❑ 文件管理函数：介绍如何删除文件、给文件重命名及复制文件。
❑ 临时文件：介绍如何创建和使用临时文件。
❑ 非缓冲文件系统：介绍主要的非缓冲文件系统中的函数。

14.1 打开、关闭和检测文件

在 C 语言中，"文件"是一个逻辑概念，可以用来表示从磁盘文件到终端设备等。一般情况下，在 C 语言中把文件看成是一个字符或者是字节序列，即文件是由一个个字符或者字节的数据顺序组成的。根据数据的组成形式，可以把文件分为两大类。

（1）文本文件

文本文件每个字节存放一个 ASCII 码，其代表一个字符。即存放的不是字符就是字符串。

（2）二进制文件

二进制文件中的数据以数据在内存中的形式存放，即存放的都是数值。

例如：要保存一个整数 800，由于其在内存中占用 2 个字节。如果按 ASCII 码形式输出到文本文件，则 800 中，"8""0""0"的每个字符占用一个字节，总计 3 个字节；而如果按二进制形式输出到文件中，则总计占用 2 个字节。

14.1.1 打开文件

在文件处理中，主要解决的问题就是如何将一个外部文件名称与实际读写数据的语句取得联系。和其他高级语言一样，在对文件读写之前都应该"打开"该文件，在使用结束后，应该关闭该文件。

在 C 语言中一个文件指针是一个指向文件有关信息的指针，包含文件名、状态和当前文件中的位置。从概念上讲，文件指针标志一个指定的磁盘文件。文件指针是一个 FILE 型指针变量。其在 stdio.h 头文件中定义。

在 C 语言中规定，要打开一个文件，必须使用标准输入输出函数库。其中用于打开文件的函数形式如下：

```
FILE * fopen(文件名称,使用方式);
```

其中，文件名称是指需要进行打开操作的文件名，而使用方式如表 14.1 所示。函数的返回值为指向该文件的 FILE 类型的指针。

例如要打开一个已经存在的只读文件"file1.txt"，可以使用如下格式：

```
FILE * fp = NULL;
fp = fopen("file1.txt","r");
```

这样，fp 就指向了该文件"file1.txt"。

表 14.1　文件使用方式

文件使用方式	说明	含义
"r"	只读	为输入打开一个文本文件
"w"	只写	为输出打开一个文本文件
"a"	追加	向文本文件尾部增加数据
"rb"	只读	为输入打开一个二进制文件
"wb"	只写	为输出打开一个二进制文件
"ab"	追加	向二进制文件尾部增加数据
"r+"	读写	为读/写打开一个文本文件
"w+"	读写	为读/写建立一个新的文本文件
"a+"	读写	为读/写打开一个文本文件
"rb+"	读写	为读/写打开一个二进制文件
"wb+"	读写	为读/写打开或者建立一个新的二进制文件
"ab"	读写	为读/写打开一个二进制文件

在使用方式中，有如下几点需要说明。

① 用 "r" 方式打开的文件只能用于向电脑输入数据而不能用于向该文件保存数据。而且该文件必须是已经存在的，不能打开一个并不存在的用于 "r" 方式的文件，否则会导致出错。

【实例 14.1】 调用 fopen（）函数，用只读方式分别打开 "file1.txt" 和不存在的 "file2.txt" 文件，如图 14.1 所示。

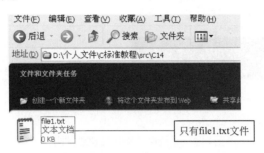

图 14.1　系统中的文件

根据返回指针输出信息。如示例代码 14.1 所示。

示例代码14.1　用只读方式打开文件

```
01 #include "stdio.h"                              /*包含系统函数头文件*/
02
03 int main(void)                                  /*主函数*/
04 {
05     FILE * fp1 =  NULL;                          /*初始化文件指针变量*/
06     FILE * fp2 =  NULL;
07     fp1 = fopen("file1.txt","r");               /*用只读方式打开file 1.txt*/
08     fp2 = fopen("file2.txt","r");               /*用只读方式打开不存在的file2.txt*/
09     if(fp1 == NULL)
10     {
11         printf("Open file1.txt error\n");       /*如果打开失败，提示*/
12     }
13     if(fp2 == NULL)
14     {
15         printf("Open file2.txt error\n");       /*如果打开失败，提示*/
16     }
17     getch();                                     /*暂停*/
18     return 0;                                     /*返回*/
19 }                                                /*主函数完*/
```

【代码解析】 代码第 7 行，是调用 fopen（）函数，用只读方式打开 "file1.txt" 文件，因为该文件存在，所以打开后，fp1 的值变成指向该文件。代码第 8 行，同样是调用 fopen（）函数，用只读方式打开不存在的文件 "file2.txt"，所以 fp2 的值是 NULL。

【运行效果】 编译并执行程序后，最后输出结果如图 14.2 所示。

② 用 "w" 方式打开的文件只能用于向该文件写数据，而不能用来向电脑输入。如果原来不存在该文件，则在打开时新建立

图 14.2　打开 file2 文件失败

一个以指定名字命名的文件。如果原来已存在一个以该文件名命名的文件，则在打开时将该文件删去，然后重新建立一个新文件。

【实例 14.2】 调用 fopen（）函数，用"w"方式打开已存在的文件"file3.txt"和不存在的文件"file4.txt"。文件分布及其内容如图 14.3 所示。如示例代码 14.2 所示。

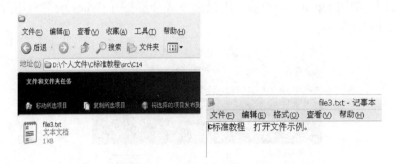

图 14.3　系统中的文件及 file3 的内容

示例代码14.2　用写方式打开文件

```
01  #include "stdio.h"    /*包含系统函数头文件*/
02
03  int main(void)              /*主函数*/
04  {
05      FILE * fp1 =  NULL;
06      FILE * fp2 =  NULL;
07      fp1 = fopen("file3.txt","w");
08      fp2 = fopen("file4.txt","w");
09      getch( );                /*暂停*/
10      return 0;                /*返回*/
11  }/*主函数完*/
```

【代码解析】 代码第 7 行，是调用 fopen（）函数，用只写方式打开"file3.txt"文件，因为该文件存在，所以打开后，该文件中内容被清空，从图 14.4 的右图可以看到。代码第 8 行，同样是调用 fopen（）函数，用只写方式打开不存在的文件"file4.txt"，由于是用只写方式，所以会自动创建一个指定文件名称的文件"file4.txt"，从图 14.4 的左图可以看到。

【运行效果】 编译并执行程序后，系统中的文件及 file3 中的内容如图 14.4 所示。

图 14.4　运行程序后系统中的文件及 file3 中的内容

③ 如果希望是在文件末尾添加新的数据（即在打开的时候不删除原有数据），则应该用"a"方式打开。但如果打开的文件不存在，则创建一个指定的文件。

【**实例 14.3**】 调用 fopen（）函数，用"a"方式打开不存在的文件"file5.txt"。文件分布及其内容如图 14.5 所示，如示例代码 14.3 所示。

图 14.5　系统中的文件分布

示例代码14.3　用追加方式打开文件

```
01  #include "stdio.h"                          /*包含系统函数头文件*/
02
03  int main(void)                              /*主函数*/
04  {
05      FILE * fp =  NULL;                       /*初始化文件指针变量*/
06      fp = fopen("file5.txt","a");             /*打开不存在的file5.txt 文件*/
07      if(fp == NULL)
08      {
09          printf("Open file5.txt error");      /*打开失败时，给出提示*/
10      }
11      getch( );                                /*暂停*/
12      return 0;                                /*返回*/
13  }                                            /*主函数完*/
```

【**代码解析**】 代码第 6 行，是调用 fopen（）函数，用追加方式打开"file5.txt"文件，因为该文件不存在，所以打开后，会自动创建一个指定文件名称的文件"file5.txt"，从图 14.6 中可以看到。

【**运行效果**】 编译并执行程序后，系统中的文件如图 14.6 所示。

图14.6　运行程序后系统中的文件分布

④ 用"r+""w+"和"a+"方式打开的文件可以用来输入和输出数据。但要注意，用"w+"方式时，会创建一个新的文件，如果该文件已经存在，则会清空原数据后，重新再写入，还可以读取。而用"a+"方式时，打开原有文件时，不会清空原有数据，只会在原数据末尾添加新数据，而且可以读取。

⑤ 由于有些 C 语言编译系统的不同，导致有的编译器不支持"r+""w+"和"a+"方式，但可以用"rw""wr"和"ar"等。

14.1.2　文件检查函数

文件总是有大小的，所以在读取时，有可能会遇到读取文件末尾的情况，这时候就需要调用 feof（）函数来判断文件是否结束。该函数的形式如下：

```
int feof(FILE *fp);
```

函数的返回值为 1 时，表示文件已经结束；返回值为 0 时，文件未结束。对于文本文件，还可以使用宏 EOF 来判断文件是否结束。

14.1.3　读写文件数据

在打开文件后，就可以对其进行读和写操作。常用的读写函数有如下几个。

14.1.3.1　单字节操作函数

在 C 语言的文件处理函数中，单字节操作函数是对文件中的一个字节长的数据进行操作的函数。其分为读 fgetc（）和写 fputc（）两种。

（1）fgetc（）函数

fgetc（）函数的作用是从指定文件中读出一个字节长的数据，fgetc（）函数的形式是：

```
char fgetc(FILE * fp);
```

其中，参数 fp 必须指向以读或者读写方式打开的文件。返回值分为两种：

❏ 对于文本文件，函数将将读取到的文件中的一个字符返回给调用函数。

❏ 对于二进制文件，函数将返回一个字节的数据给调用函数。

【实例 14.4】读取用户输入的文件，并用 fgetc（）函数从该文件中读取字符，并显示在屏幕上。如示例代码 14.4 所示。

test.txt 的内容如下：

```
Read text file!
Hello world!
This is C program.
```

示例代码14.4　从文件中读取字符并显示

```
01 #include "stdio.h"                              /*包含系统函数头文件*/
02
03 #define MAX 256
04
05 int main(void)                                  /*主函数*/
06 {
07     FILE * fp = NULL;                           /*定义文件指针*/
08     char  ch;
09     char  filename[MAX] = {0};
10     printf("please input file name:\n");        /*提示用户输入文件名*/
11     scanf("%s", filename);                      /*接收用户输入文件名*/
12     fp = fopen(filename,"r");                    /*打开指定的文件*/
13     if(fp == NULL)                              /*判断是否打开文件成功*/
14     {
15         return 0;
```

```
16              }
17          while(!feof(fp))                    /*判断文件是否结束，若没结束进入循环*/
18          {
19              ch = fgetc(fp);                 /*从文件中读取一个字符*/
20              printf("%c", ch);               /*打印字符出来*/
21          }
22          fclose(fp);                         /*关闭文件*/
23          getch( );                           /*暂停*/
24          return 0;                           /*返回*/
25      }
```

【代码解析】 代码第 12 行，是调用 fopen（ ）函数，用只读方式打开用户指定的文件。代码第 13 ～ 16 行是判断是否成功打开文件。代码第 17 行，是判断当前文件指针是否移动结束位置，如果不是，则进入循环。代码第 19 和 20 行，是从文件中读取一个字符，并输出至屏幕上。代码第 22 行，是调用文件关闭函数关闭文件（将在下一小节中介绍）。

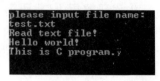

图 14.7 从文件中读取字符并显示结果

【运行效果】 编译并执行程序后，当用户输入的文件名为 "test.txt" 时，输出的内容如图 14.7 所示。

（2）fputc（ ）函数

除了可以读文件中的内容外，还可以把字符写入文件之中，文件单字符写入函数一般格式如下：

```
char fputc(char ch, FILE * fp);
```

其中，参数 ch 是要写入到文件中的字符，其可以是一个字符常量，也可以是一个变量。而 fp 是一个文件指针，其打开文件的方式必须包含写的方式。例如："w""a" 或者 "r+" 等。函数的返回值，如果写入成功，则返回写入字符；如果失败，则返回 –1。

【实例 14.5】 将用户输入的字符添加（"a" 方式）到 "test.txt" 文件中。当用户输入 "#" 号时，就结束输入。如示例代码 14.5 所示。

示例代码14.5 保存用户输入的字符到文件

```
01  #include "stdio.h"                          /*包含系统函数头文件*/
02
03  int main(void)                              /*主函数*/
04  {
05      FILE * fp = NULL;                        /*定义并初始化文件指针*/
06      char ch;
07      fp = fopen("test.txt","a");              /*打开test.txt文本文件，并用追加方式*/
08      if(fp == NULL)
09      {
10          return 0;
11      }
12      while(1)
13      {
14          ch = getche( );                      /*接收用户输入的字符*/
15          if(ch!= '#')                         /*判断是否是#号*/
```

```
16              {
17                  fputc(ch,fp);                    /*写入文件*/
18              }
19          else                                     /*输入的是 # 号*/
20          {
21              break;                               /*退出循环*/
22          }
23          }
24      fclose(fp);                                  /*关闭文件*/
25      getch( );                                    /*暂停*/
26      return 0;                                     /*返回*/
27  }                                                /*主函数完*/
```

【代码解析】 代码第 7 行，是调用 fopen（）函数，用添加方式打开"test.txt"文件。代码第 8 ~ 11 行，是判断是否成功打开文件。代码第 14 行，是把用户输入的字符保存起来。代码第 15 ~ 18 行，当用户输入的字符不是"#"号，则把字符写入文件之中。代码第 19 ~ 22 行，当用户输入的字符是"#"号，则退出整个循环。代码第 24 行，是调用文件关闭函数关闭文件。

【运行效果】 编译并执行程序后，输入字符串"this is test #"后，test.txt 文本文件的内容如下所示：

```
Read text file!
Hello world!
This is C program.
this is test
```

输入的字符串被添加到当前文件的尾部。

注意：在输入文本文件时，系统会自动将回车换行符转换为一个换行符。而在输出时会把换行符转换为回车换行符。

14.1.3.2　字符串操作函数

虽然 fgetc（）和 fputc（）能够用来读写文件中的字符，但是在平时使用之中，常常都要求一次读入或者写入字符串。为此 C 语言中引入了两个文件字符串输入输出处理函数：fgets（）函数和 fputs（）函数。

（1）fgets（）函数

fgets（）函数的作用是从指定文本文件中读入一个字符串。其格式如下：

```
char * fgets(char * str, int size, FILE *fp);
```

其中，参数 str 是一个存放字符串用的字符数组，size 用于指定从文件一次最大读取多少字符，但在读取时，该函数会把 size 的值赋为 -1。fp 指向已经打开，并且包含读方式的文件指针。函数返回值为 str 指向的地址。

（2）fputs（）函数

fputs（）函数的作用是向指定的文件中写入一个字符串。其格式如下：

```
int fputs(char *str, FILE *fp);
```

其中，参数 str 指向需要写入的字符串常量、字符数组或者字符型指针。fp 指向已经打开，包含写方式的文件指针。成功时，函数返回值为 0；失败为非 0 值。

【实例 14.6】 接收用户输入的文件名，将指定的源文件的内容复制到目标文件中，如示例代码 14.6 所示。

示例代码14.6　复制指定文件内容到目标文件中

```
01  #include "stdio.h"                          /*包含系统函数头文件*/
02
03  #define MAX 256                             /*定义缓存最大宏*/
04
05  int main(void)                              /*主函数*/
06  {
07      char srcfile[MAX] = {0};                /*定义并初始化源文件名数组*/
08      char dstfile[MAX] = {0};                /*定义并初始化目标文件名数组*/
09      char buff[MAX]    = {0};                /*定义并初始化缓存数组*/
10      FILE * srcfp      = NULL;               /*源文件指针*/
11      FILE * dstfp      = NULL;               /*目标文件指针*/
12      printf("Please input src filename:");
13      scanf("%s",srcfile);                    /*接收源文件名*/
14      printf("Please input dst filename:");
15      scanf("%s",dstfile);                    /*接收目标文件名*/
16      srcfp = fopen(srcfile, "r");            /*打开源文件,用只读方式*/
17      dstfp = fopen(dstfile, "w");            /*打开目标文件,用只写方式*/
18      if((srcfp == NULL)||(dstfp == NULL))
19      {
20          printf("Open file error!\n");       /*如果有一个文件未打开成功,提示并返回*/
21          return 0;
22      }
23      while(!feof(srcfp))                     /*判断源文件指针结束*/
24      {
25          fgets(buff,MAX,srcfp);              /*从源文件中读取字符串到缓存中*/
26          fputs(buff,dstfp);                  /*把缓存中的字符串输出到目标文件中*/
27      }
28      printf("copy over\n");                  /*复制结束提示*/
29      fclose(srcfp);                          /*关闭源文件*/
30      fclose(dstfp);                          /*关闭目标文件*/
31      getch( );                               /*暂停*/
32      return 0;                               /*返回*/
33  }                                           /*主函数完*/
```

【代码解析】 代码第 12 ~ 17 行,是接收用户输入的源文件名和目标文件名,打开相应的文本文件。代码第 23 ~ 27 行,是每次读取一行 srcfp 指向的文件中字符串后,又将该字符串输出到 dstfp 指向的文件中。代码第 29 和 30 行是关闭相应的文件。

【运行效果】 编译并执行程序后,输入源文件名为 "demo.txt",该文件在程序运行前已经创建完毕。输入目标文件名为 "demo1.txt"。程序最后输出结果如图 14.8 所示。

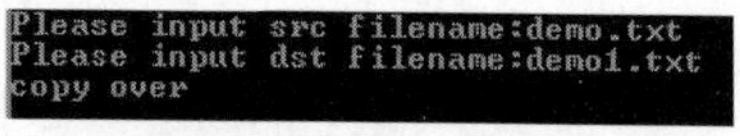

图14.8　复制指定文件内容到目标文件中的结果

再比较源文件 demo.txt 和目标文件 demo1.txt,发现完全一样,复制成功。文件内容如图 14.9 所示。

267

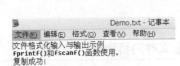

(a) demo.txt的内容 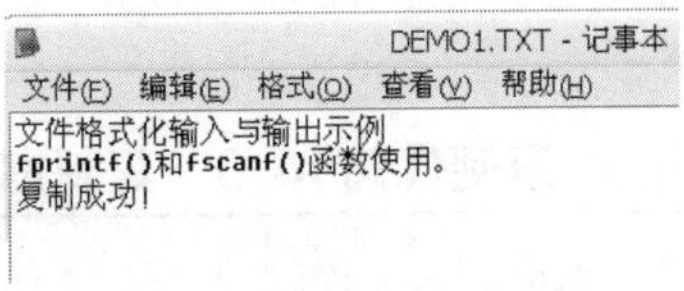　　　　　　　　(b) demo1.txt的内容

图14.9　demo 和 demo1 文件内容比较

14.1.3.3　格式化字符串操作函数

除了字符串操作函数外，还可以对文件中的内容进行格式化操作，即按格式进入数据输入与数据输出。

（1）fprintf（）函数

fprintf（）函数与 printf（）函数类似，不过其操作的对象是文件，用于格式化输出字符串到文件。一般格式如下所示：

```
int fprintf(FILE *fp, 格式字符串,输出参数列表);
```

其中，参数 fp 是文件指针，指向已经打开的文件，但必须是包含写方式的。格式化字符串及参数列表同 printf（）函数中的一样。

例如：

```
fprintf(fp, "i=%d, f = %0.2f",i,f);
fprintf(fp, " abcdefg%s", str);
```

上面的例子分别是将格式化后的字符串输出到 fp 指定的文件之中。如果 i=10，f=0.5，str=“hello!”，则输出到文件中的字符串如下所示：

```
i=3,f=0.5 abcdefghello!
```

【实例 14.7】　计算 1～n 之间的全部素数，并输出到“prime.txt”文件中。n 值由用户输入，但必须是正数。如示例代码 14.7 所示。

示例代码14.7　计算1～*n*之间的全部素数

```
01 #include "stdio.h"                    /*包含系统函数头文件*/
02
03 #define FALSE  0                       /*宏定义*/
04 #define TRUE   1
05
06 int isPrime(int n)                      /*判断输入的数值是否是素数*/
07 {
08     int i;
09     if (n==1)                           /*如果是1,则不是素数*/
10     {
11         return FALSE;
12     }
13     if (n==2)                           /*如果是2, 则是素数*/
14     {
15         return TRUE;
16     }
17     for (i=2;i<n;i++)
```

```
18        {
19              if (n%i==0)                          /*判断2～n之间, 是否有可以除尽n的因数*/
20              {
21                   return FALSE;                    /*如果有则不是素数*/
22              }
23        }
24        return TRUE;                                /*没有找到, 则是素数*/
25    }
26
27    int main(void)                                  /*主函数*/
28    {
29        int n = 0;
30        int i = 0;
31        FILE * fp = NULL;
32        fp = fopen("prime.txt", "w");               /*用写方式打开文件*/
33        if(fp == NULL)
34        {
35              printf("Open file error!\n");          /*打开出错, 给出提示*/
36              return 0;
37        }
38        printf("Please input number :");
39        scanf("%d",&n);                             /*接收用户输入的数据*/
40        for(i=1; i<n; i++)
41        {
42              if(isPrime(i))                         /*调用判断函数*/
43              {
44                   fprintf(fp, "%d is prime\n", i);   /*是素数, 则写入到文件之中*/
45              }
46        }
47        printf("over\n");                           /*结束提示*/
48        fclose(fp);                                 /*关闭文件*/
49        getch( );                                   /*暂停*/
50        return 0;                                    /*返回*/
51    }                                               /*主函数完*/
```

【代码解析】 代码第 6～25 行, 是判断素数的函数实现流程。其通过如下流程来判断素数:

① 如果输入的数值是 1, 则该数不是素数。

② 如果输入的数值是 2, 则认为该数是素数。

③ 如果以上条件都不满足, 则比较 2～n 之间是否有可以除尽 n 值的数值, 来判断该数是否是素数。如果有, 则不是; 如果没有, 则是。

代码第 44 行, 是将输出结果格式化地写入到 "prime.txt" 文件中。代码第 48 行, 是关闭相应的文件。

【运行效果】 编译并执行程序后, 输入 100, prime.txt 中的内容如图 14.10 所示。

(2) fscanf ( ) 函数

fscanf ( ) 函数与 scanf ( ) 函数类似, 用于将格式化的数据从文件中读取出来。其函数

PRIME.TXT - 记事本

文件(E) 编辑(E) 格式(O) 查看(V) 帮助(H)

```
2 is prime
3 is prime
5 is prime
7 is prime
11 is prime
13 is prime
17 is prime
19 is prime
23 is prime
29 is prime
31 is prime
37 is prime
41 is prime
43 is prime
47 is prime
53 is prime
59 is prime
61 is prime
67 is prime
71 is prime
73 is prime
79 is prime
83 is prime
89 is prime
97 is prime
```

图14.10　计算1～n之间的全部素数
　　　　文件中的内容

格式如下所示：

`int fscanf(FILE *fp, 格式化字符串, 输入参数列表);`

　　其中，参数 fp 是文件指针，指向已经打开的文件，但必须是包含读方式的。格式化字符串及参数列表同 scanf（ ）函数中的一样。

　　例如：

`fscanf(fp,"i=%d,s=%s",&i,str);`

　　如果文件中格式如下：

`i=10,s=hello;`

　　则最后 i 的值就变成 10，字符数组 str 的值是"hello；"。

　　【实例 14.8】　现在将"prime.txt"中的每个素数的值读取出来，并显示在屏幕上，如示例代码 14.8 所示。

示例代码14.8　格式化读取指定文件中的数据

```
01  #include "stdio.h"                          /*包含系统函数头文件*/
02
03  int main(void)                              /*主函数*/
04  {
05      FILE * fp = NULL;                       /*定义文件指针*/
06      int n = 0;
07      fp = fopen("prime.txt", "r");           /*只读方式打开指定文件*/
08      if(fp == NULL)
09      {
10          printf("open file error\n");
11          return 0;
12      }
13      while(!feof(fp))                        /*判断文件结束*/
14      {
15          fscanf(fp,"%d is prime\n", &n);     /*按指定格式读数据，第一个字符按数值处理*/
16          printf("%d ", n);                   /*将读取到的数值输出到屏幕上
17      }
18      printf("\n");                           /*打印换行*/
19      fclose(fp);
20      getch( );                               /*暂停*/
21      return 0;                               /*返回*/
22  }                                           /*主函数完*/
```

　　【代码解析】　代码第 15 行，调用 fscanf（ ）函数，将文件的数据按指定格式读取，并且将第 1 个字符按整数处理，保存到变量 n 中。代码第 19 行是关闭相应的文件。

　　【运行效果】　编译并执行程序后，最后输出结果如图 14.11 所示。

图14.11　格式化读取指定文件中的数据结果

14.1.3.4　二进制数据操作函数

二进制文件相当于一个大的数据块组合。在 C 语言中提供了两个函数对其进行输入与输出。

（1）fwrite（）函数

fwrite（）函数用于向二进制文件中写入数据，其调用格式如下：

```
int fwrite(unsigned char * pbuff, int size, int count, FILE *fp);
```

其中，参数 pbuff 是一个指向需要写入数据的存放地址，size 是指定写的单个数据大小，count 是指定一共需要写多个 size 个字节的数据，fp 是指向包含二进制写方式打开的文件指针，如 "wb" "ab" 等。

```
fwrite (buf,2,1,fp);
```

是将 buf 中的数据，按每个整数型大小，一次写入到 fp 指向的文件中。

【实例 14.9】 现在有一个关于学生的结构体数组，如下所示：

```
struct student
{
    int    id;                          /*学号*/
    char name[10];                      /*姓名*/
    int  age;                           /*年龄*/
    int  score;                         /*成绩*/
    char addr[30];                      /*地址*/
}std[4];
```

现在需要制作一个 save（）函数，将用户输入的 4 位与学生相关的数据，保存到 "student.bin" 文件中。如示例代码 14.9 所示。

示例代码14.9　录入并保存学生信息到文件中

```
01 #include "stdio.h"                       /*包含系统函数头文件*/
02 /*定义错误值及成功宏*/
03 #define SUCC              0
04 #define OPEN_FILE_ERROR   -1
05 #define WRITE_FILE_ERROR  -2
06 #define SIZE  4                           /*宏定义数组大小*/
07
08 typedef struct STUDENT_STRU              /*定义学生信息结构*/
09 {
10     int    id;                           /*学号*/
11     char name[10];                       /*姓名*/
12     int  age;                            /*年龄*/
13     int  score;                          /*成绩*/
14     char addr[30];                       /*地址*/
15 }STUDENT;
16
17 int save(STUDENT * pstd)                 /*保存函数*/
18 {
19     FILE * fp = NULL;                    /*文件指针*/
20     fp = fopen("student.bin","ab");      /*打开指定文件,用二进制添加方式*/
21
22     if(fp == NULL)
```

```
23      {
24          printf("open file error\n");
25          return OPEN_FILE_ERROR;                  /*如果打开失败，返回给调用函数*/
26      }
27      /*把录入的信息写入文件*/
28      if(fwrite((void*)pstd,sizeof(STUDENT),1, fp) != 1)
29      {
30          printf("write file error\n");
31          return WRITE_FILE_ERROR;                 /*如果写入失败，返回给调用函数*/
32      }
33
34      fclose(fp);                                  /*关闭文件*/
35
36      return SUCC;                                 /*返回成功*/
37  }
38
39  int main(void)                                   /*主函数*/
40  {
41      STUDENT stud[SIZE] = {{0}};                  /*定义包含4个学生信息结构数组*/
42      int i = 0;
43
44      for(i=0; i<SIZE; i++)
45      {
46          printf("Please input student info\n");
            /*接收用户输入的数据*/
47          scanf("%d%s%d%d%s",&(stud[i].id), stud[i].name,
48                  &(stud[i].age),&(stud[i].score),stud[i].addr);
49          save(&stud[i]);                          /*调用保存函数，将数据写入文件*/
50      }
51
52      getch( );                                    /*暂停*/
53      return 0;                                     /*返回*/
54  }                                                /*主函数完*/
```

【代码解析】 代码第 28 行，调用 fwrite（）函数，将学生相关信息保存，即将一个长度为 46 个字节（结构体变量的长度为其成员长度之和，即 2+10+2+2+30=46）的数据块写入到指定的 "student.bin" 文件中。代码第 34 行是关闭相应的文件。

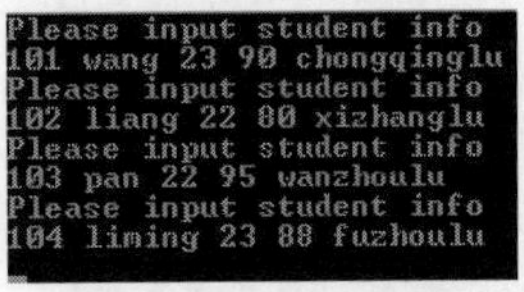

图 14.12　输入的数据

【运行效果】 编译并执行程序后，由于只是将用户输入的数据进行保存，所以没有输出。输入的数据如图 14.12 所示。同时，由于保存的是二进制数据文件，所以用记事本打开不会显示，后面在介绍读函数时，就可以查看是否写入正确。

（2）fread（）函数

fread（）函数用于读取二进制文件中的数据，其调用格式如下：

```
int fread(unsigned char * pbuff, int size, int count, FILE *fp);
```

其中，参数 pbuff 是一个指向读入数据的存放地址，size 指定读的单个数据大小，count 指定一共需要读多个 size 个字节的数据，fp 是指向包含二进制读方式打开的文件指针。

例如：

```
fread(buf,2,2,fp);
```

是读 2 个整数大小的数据存储到数据 buf 中。

【实例 14.10】 将指定文件"student.bin"中学生信息数据读出来，并显示在屏幕上，来验证图 14.12 中输入的数据是否保存成功。如示例代码 14.10 所示。

示例代码14.10　读取指定文件中数据并显示

```
01  #include "stdio.h"                          /*包含系统函数头文件*/
02  /*宏定义各种返回值*/
03  #define SUCC                0
04  #define OPEN_FILE_ERROR     -1
05  #define READ_FILE_ERROR     -2
06
07  #define SIZE 4                              /*定义数组大小宏*/
08
09  typedef struct STUDENT_STRU                 /*学生信息结构体定义*/
10  {
11      int    id;                              /*学号*/
12      char name[10];                          /*姓名*/
13      int  age;                               /*年龄*/
14      int  score;                             /*成绩*/
15      char addr[30];                          /*地址*/
16  }STUDENT;
17
18  void disp(STUDENT * pstd)                    /*显示函数*/
19  {
20      printf("%d %s %d %d %s\n", pstd->id, pstd->name,
21          pstd->age, pstd->score, pstd->addr);
22  }
23
24  int main(void)                              /*主函数*/
25  {
26      FILE * fp = NULL;                        /*定义文件指针*/
27      int  i   = 0;
28      STUDENT stud[SIZE] = {{0}};
29      /*用二进制读取方式打开指定文件*/
30      if((fp = fopen("student.bin","rb")) == NULL)
31      {
32          printf("open file error\n");
33          return OPEN_FILE_ERROR;             /*打开失败，返回错误值*/
34      }
35
36      for(i=0; i<SIZE; i++)
37      {
38          /*每次读取一个STUDENT结构体大小的字节到结构体变量中*/
38          if(fread(&stud[i],sizeof(STUDENT),1, fp) != 1)
39          {
```

```
40                return READ_FILE_ERROR;              /*读取失败，返回错误值*/
41            }
42        disp(&stud[i]);
43
44    }
45
46    fclose(fp);                                       /*关闭文件*/
47    getch( );                                         /*暂停*/
48    return 0;                                          /*返回*/
49 }                                                     /*主函数完*/
```

【代码解析】 代码第 38 行，调用 fread（ ）函数，将学生相关信息从指定的"student.bin"文件中读出来，每次读取 1 个 STUDENT 结构体大小的字节到结构体变量。代码第 42 行是关闭相应的文件。

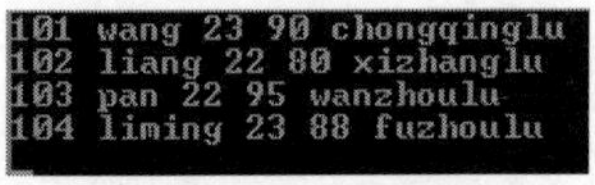

```
101 wang 23 90 chongqinglu
102 liang 22 80 xizhanglu
103 pan 22 95 wanzhoulu
104 liming 23 88 fuzhoulu
```

图 14.13　读出的数据

【运行效果】 编译并执行程序后，读取的数据如图 14.13 所示。与图 14.12 输入的数据比较，证明保存的数据是完全正确的。

注意：在 C 语言中，对文件的存取都是以字节为单位的。

14.1.4　关闭文件

在使用完一个文件后，必须将其进行关闭，这样以防止再次误使用，导致错误。关闭文件的系统函数格式如下：

```
int fclose(FILE * fp);
```

该函数的返回值为一个 int 型值，当顺利执行关闭操作时，返回值为 0；如果返回值为非零，则表示关闭时有错误。

例如，fp 是已经指向一个文件的文件指针，则关闭其可以使用如下方式：

```
fclose(fp);
```

在这里的"关闭"其实就是将指向文件的文件指针与文件进行分离，此后不能再通过该指针对其相关联的文件进行操作，除非再次打开，使该指针重新指向该文件。

注意：程序在不使用相关文件指针后，必须将该文件进行关闭，这样才不会导致数据丢失。

14.2　文件定位函数

在进行文件操作时，每个文件中都有一个位置指针，指向当前文件中已经读写的位置。这就像 Word 或者记事本中输入字符时，用一个闪动的光标来标识当前位置一样。如果想要跳过多行到后面或者前面去继续输入，则需要把光标移动到该位置上。

在 C 语言中，如果是顺序读写一个文件，则每次读写一个字符，在读写完一个字符后，文件中位置指针自动移动指向下一个字符位置。如果想要移动该位置指针，则需要使用到本节所介绍的文件定位函数。

14.2.1 fseek( )函数

改变文件位置指针最常用的函数就是 fseek（）。其调用格式如下所示：

```
int fseek(FILE * fp, long offset, int fromwhere);
```

其中，参数 fp 是已经打开文件的文件指针。offset 是指以 fromwhere 为基点向前或者向后移动的字节数，如果该值为正，则是向后移动；如果该值为负，则是向前移动。fromwhere 用来表示起始位置，在 C 语言中用 3 个宏来表示，如表 14.2 所示。

表 14.2 起始位置宏定义及含义说明

宏定义	数值	说明
SEEK_SET	0	文件开始位置
SEEK_CUR	1	文件当前位置
SEEK_END	2	文件末尾位置

注意：fseek（）函数一般用于二进制文件，因为文本文件中要发生字符转换，计算位置时常常会发生错误。

SEEK_SET 和 SEEK_END 所标识的位置如图 14.14 所示。

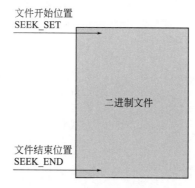

图 14.14 宏定义所标识的位置

下面是关于用 fseek（）函数来实现文件中位置的定位。

```
fseek(fp, 10, SEEK_SET);          /*将位置指针移动到离文件头10个字节处*/
fseek(fp,-20, SEEK_END);          /*将位置指针移动到文件末尾后退20个字节处*/
fseek(fp,30,SEEK_CUR);            /*将位置指针从当前位置移动到后30个字节处*/
```

【实例 14.11】 保存在"students.bin"文件中的 10 个学生信息如表 14.3 所示。

表 14.3 学生信息

id	name	age	score	addr
101	wang	18	95	chongqinglu
102	liang	22	80	xizhanglu
103	xiaoming	23	80	jiangxilu
104	yang	22	88	renminglu
105	jiangli	23	89	dalitang
106	cenglu	22	85	qixinggang

续表

id	name	age	score	addr
107	liumeng	19	88	zengjialu
108	qinqin	20	90	xiaoyilu
109	qianglin	22	80	hangjialu
110	renwuxing	21	92	heimu

利用 fseek( ) 函数，分别读出该文件中顺序为 1、3、5、7、9 的学生信息显示到屏幕上。如示例代码 14.11 所示。

示例代码14.11　显示序号为单的学生信息

```
01 #include "stdio.h"                    /*包含系统函数头文件*/
02 /*宏定义各种返回值*/
03 #define SUCC              0
04 #define OPEN_FILE_ERROR   -1
05 #define READ_FILE_ERROR   -2
06
07 #define SIZE 10                        /*定义数组大小*/
08
09 typedef struct STUDENT_STRU
10 {
11     int   id;                          /*学号*/
12     char name[10];                     /*姓名*/
13     int  age;                          /*年龄*/
14     int  score;                        /*成绩*/
15     char addr[30];                     /*地址*/
16 }STUDENT;
17
18 void disp(STUDENT * pstd)              /*显示学生信息函数*/
19 {
20     printf("%d %s %d %d %s\n", pstd->id, pstd->name,
21         pstd->age, pstd->score, pstd->addr);
22 }
23
24 int main(void)                         /*主函数*/
25 {
26     FILE * fp = NULL;                  /*定义文件指针*/
27     int i    = 0;
28     STUDENT std   = {{0}};             /*定义学生信息结构体变量*/
29
30     /*用二进制读方式打开指定文件*/
31     if((fp = fopen("students.bin","rb")) == NULL)
32     {
33         printf("open file error\n");
34         return OPEN_FILE_ERROR;
35     }
```

```
36
37      for(i=0; i<SIZE; i+=2)                  /*循环，每次增加2*/
38      {
        /*移动当前文件指针到离文件头i*结构体字节位置*/
39          fseek(fp,i*sizeof(STUDENT),SEEK_SET);
        /*读指定大小数据到学生信息变量中*/
40          if(fread(&std,sizeof(STUDENT),1, fp) != 1)
41          {
42              return READ_FILE_ERROR;
43          }
44          disp(&std);                         /*显示信息*/
45      }
46      fclose(fp);
47      getch( );                               /*暂停*/
48      return 0;                               /*返回*/
49 }                                            /*主函数完*/
```

【代码解析】 代码第 38 ～ 45 行，是利用循环语句从 0 开始（录入顺序为 1），每次增加 2，来读取录入序号为单的学生信息。然后利用 fseek（ ）函数，将当前文件中的位置指针移动到离文件头 i* 结构体字节大小的位置，i 每次循环都增加 2。最后利用 fread（ ）函数，来把 STUDENT 结构体变量大小的数据，读入到 std 变量中。代码第 44 行，是调用显示函数，将结构体中数据显示出来。代码第 46 行是关闭相应的文件。

【运行效果】 编译并执行程序后，最后输出的结果如图 14.15 所示。

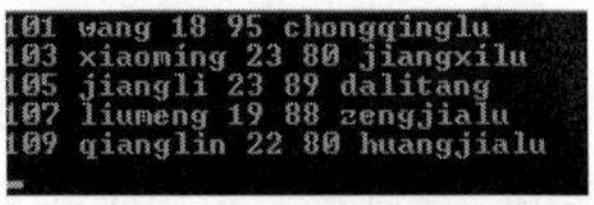

图 14.15 录入顺序为单的学生信息

14.2.2 ftell( )函数

由于文件中的位置指针经常移动，导致程序员不知道当前指针的位置，出现混乱，所以有的时候就要用到 ftell（ ）函数。其主要作用是返回当前文件中位置指针相对文件头的位移量，即当前所在位置。该函数的调用格式如下：

```
long ftell(FILE * fp);
```

其中，参数 fp 是指向已经打开文件的文件指针。当返回值为 –1 时，表示出错。其他数值表示当前位置相对于文件头的偏移量。

【实例 14.12】 计算用户指定文件的大小，并显示到屏幕上。如示例代码 14.12 所示。

示例代码14.12 计算用户指定文件的大小

```
01 #include "stdio.h"                          /*包含系统函数头文件*/
02
03 #define MAX 255
04
05 int main(void)                              /*主函数*/
06 {
07      long size  = 0;                         /*定义并初始化变量*/
08      FILE *fp  = NULL;                       /*定义并初始化文件指针*/
09      char filename[MAX] = {0};
```

```
10
11      printf("Please input filename:\n");
12      scanf("%s",filename);                    /*得到用户输入的路径及文件名*/
13
14      fp = fopen(filename, "rb");               /*打开指定文件*/
15
16      if(fp == NULL)
17      {
18          printf("Open file error\n");          /*打开文件失败，提示*/
19          return 0;                             /*返回*/
20      }
21
22      fseek(fp, 0, SEEK_END);                    /*跳到文件尾部*/
23      size = ftell(fp);                          /*当前位置值*/
24      fclose(fp);                                /*关闭文件*/
25
26      printf("%s size is %ld Bytes\n", filename, size);
27
28      getch( );                                  /*暂停*/
29      return 0;                                  /*返回*/
30 }                                               /*主函数完*/
```

【代码解析】 代码第 22 ～ 24 行，是打开文件后，跳到当前文件的最后，然后根据该 ftell（）函数返回当前位置值，即离文件头的位置（单位字节），就可以算出指定文件大小。代码第 24 行是关闭相应的文件。

【运行效果】 编译并执行程序，输入指定文件名后，最后输出的结果如图 14.16 所示。

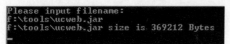

注意：文件名指定时，除非是当前文件夹中的文件，否则应该指定全路径，包含文件名才能找到该文件。

图14.16 计算用户指定文件的大小结果

14.2.3 rewind( )函数

文件指针在移动多次后，就有可能不知道移动到哪里去了。除了可以使用 ftell（）来得到当前指针位置外，还可以使用复位指针的方法，让位置指针重新返回到文件的开头。这就像电脑用久后，会变得比较慢，可使用让其重新启动（复位）的方法来恢复。

文件指针的复位函数是 rewind（ ）函数。其调用方式为：

```
void rewind(FILE * fp);
```

其中，参数 fp 是指向已经打开文件的文件指针。但这个函数没有返回值，只要调用后就可以将位置指针重新回到文件头。

【实例 14.13】 读取指定文件，显示并复制其内容到另一指定文件，如示例代码 14.13 所示。

示例代码14.13 显示并复制文件内容

```
01 #include "stdio.h"                            /*包含系统函数头文件*/
02
```

```
03  #define MAX 255                                    /*宏定义*/
04
05  int main(void)                                     /*主函数*/
06  {
07      FILE * srcfp = NULL;                           /*初始化源文件指针*/
08      FILE * dstfp = NULL;                           /*初始化目标文件指针*/
09      char srcfilename[MAX] = {0};
10      char dstfilename[MAX] = {0};
        /*提示并接收用户输入的源和目标名称*/
11      printf("Please input src file name and dst file name:\n");
12      scanf("%s%s",srcfilename, dstfilename);
13      srcfp = fopen(srcfilename, "r");               /*用读方式打开源文件*/
14      dstfp = fopen(dstfilename, "w");               /*用写方式打开目标文件*/
15
16      if(srcfp == NULL || dstfp == NULL)
17      {
18          printf("Open file error\n");               /*有文件打开失败，提示*/
19          return 0;
20      }
21
22      while(!feof(srcfp))
23      {
24          putchar(fgetc(srcfp));                     /*读取文件内容后显示*/
25      }
26      printf("\n");
27      rewind(srcfp);                                 /*让位置指针复位*/
28      while(!feof(srcfp))
29      {
30          fputc(fgetc(srcfp), dstfp);                /*读取文件内容后保存到目标文件中*/
31      }
32      fclose(srcfp);                                 /*关闭文件*/
33      fclose(dstfp);                                 /*关闭文件*/
34      getch( );                                      /*暂停*/
35      return 0;                                       /*返回*/
36  }                                                  /*主函数完*/
```

【代码解析】 代码第 27 行，就是调用 rewind（ ）函数，将源文件的位置指针重新指向文件头位置。

【运行效果】 编译并执行程序，输入指定文件名后，最后输出的结果如图 14.17（a）所示。而复制完成后，目标文件的内容如图 14.17（b）所示。

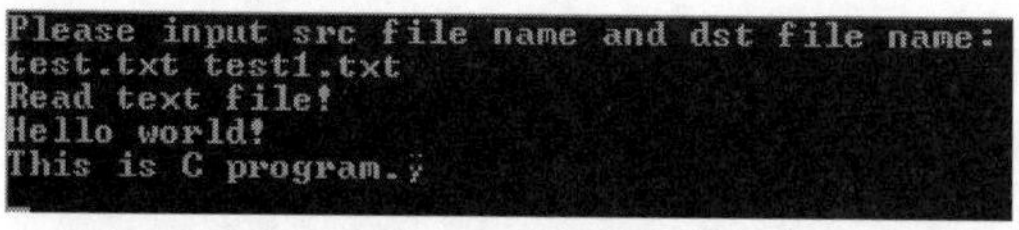

(a)

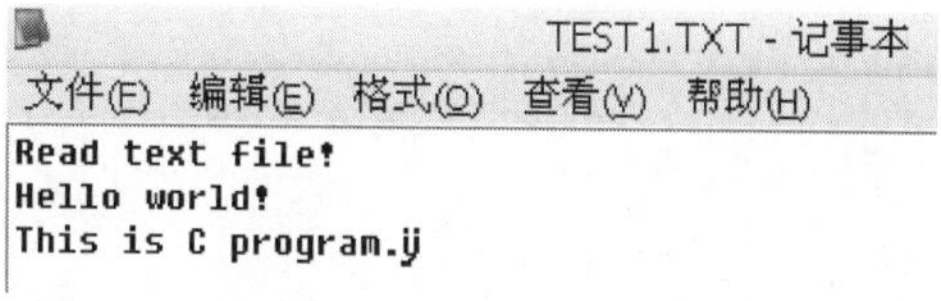

(b)

图14.17 显示并复制文件内容结果及文件内容

14.3 文件管理函数的应用

在程序中有时候除了需要对文件的内容进行操作外，还需要对文件本身进行一些管理上的操作，例如删除文件、给文件重命名等。这时就需要用到 C 语言中的文件管理函数。

14.3.1 删除文件

操作系统中安装的应用程序多了，就会在硬盘上创建很多各种各样的文件；上网浏览网页或者打游戏时，同样也会自动下载很多图片或者影音文件到硬盘上；在以写方式打开文件时，如果该文件不存在，系统也会自动创建一个指定名称的文件。这样一来就导致硬盘上的空间会被占用很多。在空间不够时，就需要对文件进行删除操作。

在 C 语言中，提供了一个可以删除文件的系统函数，其格式如下：

```
int remove(char * filename);
```

其中，参数 filename 用于指定需要删除的文件名称（这个名称包含其路径）。该函数的返回值如果是 0，则删除成功；否则删除失败。

例如，删除 temp 文件夹中的 tmp.bak 文件格式如下：

```
remove(c:\temp\tmp.bak);
```

【实例 14.14】 调用 remove（）函数，删除用户指定的文件，并显示删除结果。如示例代码 14.14 所示。

示例代码14.14 删除用户指定的文件

```
01 #include "stdio.h"                              /*包含系统函数头文件*/
02
03 #define MAX 255
04
05 int main(void)                                  /*主函数*/
06 {
07     char filename[MAX] = {0};                   /*存放文件名称数组*/
08     printf("please input delete filename:\n");
09     scanf("%s",filename);
10     if(0 == remove(filename))                    /*调用删除函数*/
11     {
12         printf("%s file deleted\n", filename);
13     }
14     else
15     {
16         printf("delete %s file error\n", filename);
17     }
18     getch( );                                    /*暂停*/
19     return 0;                                     /*返回*/
20 }                                                /*主函数完*/
```

【代码解析】 代码第 10 行，就是调用 remove（）函数，将指定的文件进行删除。

【运行效果】 编译并执行程序后，需要删除的文件名称是"f：\demo\demo_del.txt"。执行命令前后的对比如图14.18（a）所示。最后输出结果如图14.18（b）所示。

（a）　　　　　　　　　　　　　　　　　　　（b）

图14.18　删除用户指定的文件执行结果对比及输出结果

14.3.2　重命名文件

在对文件的操作中，除了删除文件外，常常还会对文件进行重命名操作。所谓重命名，就是给文件重新取一个新名字，方便记忆。这就好比在 QQ 上大家常常更换昵称一样。

在 C 语言中，提供了 rename（）函数用于对文件进行重命名。其格式如下：

```
int rename(const char *oldname, const char *newname);
```

其中，参数 oldname 是旧文件名，newname 是新文件名。函数调用成功返回 0；否则返回其他值。

【实例14.15】 调用 rename（）函数，将用户输入的指定文件重命名为新名称。如示例代码14.15所示。

示例代码14.15　重命名指定文件

```
01  #include "stdio.h"                              /*包含系统函数头文件*/
02
03  #define MAX 255
04
05  int main(void)                                  /*主函数*/
06  {
07      char oldname[MAX] = {0};                    /*旧文件名*/
08      char newname[MAX] = {0};                    /*新文件名*/
09      printf("Please input oldname and newname:\n");
10      scanf("%s%s",oldname,newname);
11      if(0 == rename(oldname, newname))           /*调用重命名函数*/
12      {
13          printf("%s rename %s\n", oldname, newname);
14      }
15      else
16      {
17          printf("rename error\n");
18      }
19      getch( );                                   /*暂停*/
20      return 0;                                    /*返回*/
21  }                                               /*主函数完*/
```

【代码解析】 代码第 10 行，就是调用 rename（ ）函数，将指定的文件 oldname 重命名为 newname。

【运行效果】 编译并执行程序后，重命名的旧文件名称是 "f∶\demo\demo.txt"，新文件名是 "f∶\demo\demo.bak"。执行命令前后的对比如图 14.19（a）所示。最后输出结果如图 14.19（b）所示。

(a)　　　　　　　　　　　　　　　　　(b)

图 14.19　重命名执行结果对比及输出结果

注意：在进行重命名函数操作时，两个名称都应该输入路径加文件名才能执行成功。

14.4　使用临时文件

在使用电脑进行网上冲浪时，Internet Explorer 之类的 Web 浏览程序会在硬盘中保存网页的缓存，以提高以后浏览的速度，这些缓存就是临时文件；程序设计中，当需要计算大量数据时，由于电脑的内存总是有限的，为了提高效率，所以也需要创建很大的数据缓存来保存中间数据，而这中间临时数据就必须存放到硬盘上，这时就可以创建一个临时文件来保存。

在 C 语言中，提供了 tmpfile（ ）函数来创建一个临时文件。其格式如下：

```
FILE *tmpfile(void);
```

该函数的作用是：生成一个临时文件，以 "wb" 的模式打开，并返回这个临时文件的指针，如果创建失败，则返回 NULL；在程序结束时，这个文件会被系统自动删除。

【实例 14.16】 调用 tmpfile（ ）函数创建临时文件。如示例代码 14.16 所示。

示例代码14.16　创建临时文件

```
01 #include "stdio.h"                          /*包含系统函数头文件*/
02
03 int main(void)                              /*主函数*/
04 {
05     FILE * fp = NULL;                        /*定义文件指针*/
06     if((fp = tmpfile()) == NULL)            /*调用函数创建临时文件*/
07     {
08         printf("Create temp file error\n");
09     }
10     else
11     {
12         printf("Create temp file succeed\n");
```

```
13        }
14     getch( );                                    /*暂停*/
15     return 0;                                    /*返回*/
16  }                                               /*主函数完*/
```

【代码解析】　代码第 6 行，就是调用 tmpfile（）函数，创建临时文件。

【运行效果】　编译并执行程序后，在当前文件夹中自动创建了一个 "TMP1.$$$" 的临时文件，如图 14.20（a）所示。而在程序结束后，系统自动将该文件删除掉了，如图 14.20（b）所示。

（a）　　　　　　　　　　　　　　　　　　（b）

图 14.20　在文件夹中创建的临时文件

有时候，程序中需要创建新文件，又不想将文件夹中的其他文件删除掉，就要求这个文件名不能与其他文件名相同。应该怎么办呢？

其实，在 C 语言系统中提供了可以生成唯一文件名的函数 tmpnam（），用该函数生成的文件名，是系统中唯一的文件名。其格式如下：

```
char *tmpnam(char *s);
```

其中，参数 s 用来保存得到的文件名。函数返回值是指向该字符数组的指针。如果调用失败，返回 NULL。C 语言中的 tmpfile（）也是调用了此函数来创建临时文件的。

例如：

```
char namestr[255] = {0};
char * p = NULL;
p = tmpnam(namestr);
```

上面的例子中，namestr 中保存了生成的文件名，而 p 也指向这个字符串。

14.5　非缓冲文件系统

虽然非缓冲文件系统不属于 C 语言的标准规定的范围，但是目前有很多的 C 语言系统中还在使用。因此有必要对其基本函数进行简单介绍，使读者在阅读相关代码时，不会感到困惑。

缓冲文件系统，又被称为高级 I/O 系统，其通过文件指针访问文件，像前面的章节中都采用的是缓冲文件系统。而非缓冲文件系统，又被称为低级 I/O 系统，是没有文件指针的，其用一个整数代表一个文件。本节将对其几个常用的函数进行介绍。

14.5.1　open( )函数

open（）函数用来打开一个非缓冲文件。其一般格式为：

```
open(文件名称,打开方式);
```

其中，文件名称为非缓冲文件的名称。打开方式与缓冲文件系统一样，不过只包含简单

的 3 种：

① 只读方式，数值 0。

② 只写方式，数值 1。

③ 读写方式，数值 2。

例如，用写方式分别打开一个名为 "test.txt" 的文件，用于保存数据。

```
open("test.txt",1);
```

如果打开成功，则 open（ ）函数返回一个正整数；如果文件没有打开，则返回 -1。但要注意，非缓冲文件系统中，如果要打开的文件不存在，大多数的 C 编译系统按 "打开失败" 处理，不产生新的文件。但有的编译系统可以用 open（ ）函数建立一个新的文件。

14.5.2   close( )函数

close（ ）函数用来关闭已经打开的文件，其一般格式为：

```
close(整数值);
```

其中，整数值为打开时返回的，即一个文件说明符。在关闭文件时，该文件说明符与一个确定的文件相关联，或者说必须是已经打开的文件。执行 close 后，文件号被释放，其不再与一个确实的文件相联系。

如果关闭操作失败，则 close（ ）函数返回 -1；成功则返回 0。

14.5.3   create( )函数

有的 C 编译系统，不允许用 open( )函数来建立一个新文件，其提供了另外一个 create( )函数用来建立新文件。其一般格式如下：

```
create(文件名称,打开方式);
```

其中，文件名称与打开方式同 open（ ）函数。建立成功时，返回一个整数的文件号；失败返回 -1。

例如，创建一个名称为 "test.txt" 的文件：

```
create("test.txt", 2);
```

但要注意，不是所有的 C 编译系统都有这个函数，需要查看相应的函数手册。

14.5.4   read( )函数

read（ ）函数的作用是从指定的硬盘文件中读入若干个字符到程序开辟的缓冲区中，其一般格式如下：

```
read(fd, buf, count);
```

其中，fd 是打开时返回的文件号，buf 是一个指针，其指向程序员指定的 "缓冲区" 的首地址。这个缓冲区是一个连续的或者指定大小的存储空间。count 用于指定需要读取的字节数。

调用成功，函数返回实际读入的字节数；调用失败，则返回 -1。

14.5.5   write( )函数

write（ ）函数与 read（ ）函数的作用相反，其是从指定的存储空间中将若干字节的数据写入到指定的文件中。其一般格式为：

```
write(fd,buf,count);
```

其中，fd 是打开时返回会文件号，buf 是一个指针，其指向程序员指定的"缓冲区"的首地址。这个缓冲区是一个连续的或者指定大小的存储空间。count 用于指定需要写入的字节数。

write（）函数执行时，是将 buf 所指向的存储空间中的数据写入 count 个字节到 fd 所代表的文件中去。调用成功时，函数返回实际写入的字节数，有可能比 count 值小。如果调用失败，则返回 -1。

14.5.6　lseek( )函数

lseek（）函数是用来移动文件位置指针的。其一般格式如下：

```
lseek(fd,offset, fromwhere);
```

其中，参数的含义都与缓冲文件系统中一致，这里就不再复述。唯一的区别是其中的文件指针变成了文件号而已，而且也没有起始位置宏，用数值来代表文件中的位置。

① 文件开始位置，用数值 0 代表。

② 文件当前位置，用数值 1 代表。

③ 文件结束位置，用数值 2 代表。

如果调用失败，同样返回 -1。

说明：本节所介绍的全部内容，都不属于标准 C 语言的范围，在各种 C 版本中有不同的规定。所以在编写程序时，一般不会采用，供读者阅读代码参考。

本章小结

文件操作是 C 语言中非常重要的内容之一，许多现行的实用 C 语言程序都包含了对文件的操作。由于本书是初级教程，所以本章中只对文件操作中的一些基本概念及函数调用进行了简单的介绍，没有涉及很复杂的例子。

希望各位读者能够通过自己以后的实践，充分理解和掌握好 C 语言中文件的使用方法，这对提高自己的程序设计水平大有裨益。

为了方便读者查阅，表 14.4 和表 14.5 列举了常用的缓冲和非缓冲文件系统函数。

表14.4　常用的缓冲文件系统函数

分类	函数名	说明
打开文件	fopen( )	打开文件
关闭文件	fclose( )	关闭文件
文件定位	fseek( )	改变文件位置指针
	rewind( )	让文件位置指针返回到文件头
	ftell( )	获取当前文件位置指针的当前值

分类	函数名	说明
文件读写	fgetc( )	从指定文件中读取一个字符
	fputc( )	把一个字符写入到指定文件
	fgets( )	从指定文件读取字符串
	fputs( )	把字符串写入到指定文件
	getw( )	从指定文件中读取一个字（2个字节）
	putw( )	把一个字写入指定文件
	fread( )	从指定文件中读取小于或者等于指定长度的数据
	fwrite( )	把指定长度的数据写入到指定文件中
	fscanf( )	从指定文件中按格式读取数据
	fprintf( )	按格式把数据写入到指定文件中
文件状态	feof( )	文件结束判断
	ferror( )	文件操作出错
	clearerr( )	将ferror( )和feof( )函数值置0

表14.5　常用的非缓冲文件系统函数

分类	函数名	说明
建立文件	create( )	新建立一个文件
打开文件	open( )	打开已存在的文件
关闭文件	close( )	关闭已打开的文件
文件定位	lseek( )	移动文件位置指针到指定位置
文件读写	read( )	从指定文件中读取数据到指定存储空间
	write( )	将指定存储空间的数据写入到指定文件

第15章
C语言中的库函数

在 C 语言编译系统中，提供了很多库函数。其是由人们根据需要编制并提供用户使用的一组程序。库函数极大地方便了用户，同时也补充了 C 语言本身的不足。事实上，在编写 C 语言程序时，应当尽可能多地使用库函数，这样既可以提高程序的运行效率，又可以提高编程的质量。但要注意，C 语言的库函数并不是 C 语言本身的一部分。由于版权原因，库函数的源代码一般是不可见的（个别开源编译器提供），但在头文件中你可以看到它对外的接口。

本章主要对常用的一些C语言库函数进行介绍，涉及的内容如下：

❏ 处理数学问题的函数：介绍库函数中的常用三角函数、指数函数、对数函数，双曲线函数等。

❏ 处理时间的函数：介绍 C 语言中与时间相关函数的使用。

❏ 查找排序函数：介绍库函数中给你提供的查找及排序函数的使用。

❏ 随机数函数：介绍如何使用随机数函数生成随机数。

15.1 处理数学问题

在日常生活中，人们从电脑中看到的信息、图像、数字以及听到的声音等，其实都是电脑通过计算后得到的结果，说到底电脑都是在处理数字信息；在科学应用上，也都是使用电脑来进行各种数学运算，求解各种数字逻辑。

在 C 语言中，为了方便大家来处理数学问题，也提供了很多用于数学计算的库函数，本节中将一一对其进行介绍。但要注意，所有的数学库函数都必须添加声明头文件"math.h"，这样才能在源文件中使用。

15.1.1　使用三角函数

三角函数在中学的几何中，肯定大家都遇到过。其本质是任意角的集合与一个比值的集合的变量之间的映射。通常的三角函数是在平面直角坐标系中定义的，其定义域为整个实数域；另一种定义是在直角三角形中。在物理学中，三角函数也是常用的工具。

在 C 语言中，用于求解几何学三角关系的常用函数有：

（1）求任意角度的正弦函数 sin（ ）

在几何学中，常常会用到求一个弧度的正弦值。如果用 C 语言来求解相应正弦值，就需要调用 sin（ ）函数。其格式如下：

```
double sin(double x);
```

其中，x 的单位是弧度。该函数用于计算 sin（x）的值，即求解任意弧度的正弦值。如果要求解一个角度，就必须将这个值乘以 0.017453292519943295769236907684886。

【实例 15.1】　由用户输入一个指定角度，求解其正弦值。如示例代码 15.1 所示。

示例代码15.1　求任意角度的正弦值

```
01 #include "stdio.h"                              /*包含系统函数头文件*/
02 #include "math.h"                               /*包含数学处理函数头文件*/
03
04 #define K (0.017453292519943295769236907684886l)
05
06 int main(void)                                  /*主函数*/
07 {
08     double radian    = 0;                        /*定义并初始化角度值*/
09     double sinvalue   = 0;
10     printf("Please input radian \n");
11     scanf("%f",&radian);                         /*接收用户输入的角度值*/
12     sinvalue = sin(radian*k);                    /*调用求正弦函数*/
13     printf("sin(%f) = %f", radian, sinvalue);
14     getch( );                                    /*暂停*/
15     return 0;                                    /*返回*/
16 }                                                /*主函数完*/
```

```
Please input radian
30
sin(30.000000) = 0.500000
```

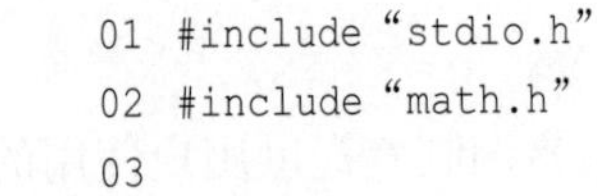

图15.1　求30°角的正弦值

【代码解析】　代码第 12 行，就是调用 sin（ ）函数，求指定角度的正弦值，注意必须将用户输入的数据乘以 K 值，因为库函数 sin（ ）的输入值是弧度，其与角度是有差异的。

【运行效果】　编译并执行程序后，最后输出的结果如图 15.1 所示。

（2）求任意角度的余弦函数 cos（ ）

在 C 语言中，求余弦值的函数是 cos（ ）。其一般格式如下：

```
double cos(double x);
```

其中，x 的单位是弧度。该函数用于计算 cos（x）的值，即求解任意弧度的余弦值。

【实例 15.2】　由用户输入一个指定角度，求解其余弦值。如示例代码 15.2 所示。

示例代码15.2　求任意角度的余弦值

```
01 #include "stdio.h"                               /*包含系统函数头文件*/
02 #include "math.h"                                /*包含数学处理函数头文件*/
03
04 #define K (0.0174532925199432957692369076848861)
05
06 int main(void)                                   /*主函数*/
07 {
08     double radian    = 0;                        /*定义并初始化角度值*/
09     double cosvalue   = 0;
10     printf("Please input radian \n");
11     scanf("%f",&radian);                         /*接收用户输入的角度值*/
12     cosvalue = cos(radian*k);                    /*调用求余弦函数*/
13     printf("cos(%f) = %f", radian, cosvalue);
14     getch( );                                    /*暂停*/
15     return 0;                                    /*返回*/
16 }                                                /*主函数完*/
```

【**代码解析**】 代码第12行，就是调用 cos（ ）函数，求指定角度的余弦值，注意必须将用户输入的数据乘以 K 值，因为库函数 cos（ ）的输入值是弧度，其与角度是有差异的。

【**运行效果**】 编译并执行程序后，最后输出的结果如图15.2所示。

```
Please input radian
60
cos(60.000000) = 0.500000
```

图15.2　求60°角的余弦值

（3）求任意角度的正切函数 tan（ ）

在 C 语言中，求正切值函数为 tan（ ）。其一般格式如下：

```
double cos(double x);
```

其中，x 的单位是弧度。该函数用于计算 tan（x）的值，即求解任意弧度的余弦值。

【**实例 15.3**】 验证数学公式 "$\sin\alpha=\tan\alpha \times \cos\alpha$" 是否正确。如示例代码 15.3 所示。

示例代码15.3　验证数学公式的正确性

```
01 #include "stdio.h"                               /*包含系统函数头文件*/
02 #include "math.h"
03
04 #define K (0.0174532925199432957692369076848861)
05
06 int main(void)                                   /*主函数*/
07 {
       /*定义并初始化各变量*/
08     double radian  = 0;
09     double sinvalue = 0;
10     double cosvalue = 0;
11     double tanvalue = 0;
12     double value    = 0;
13     printf("Please input radian \n");            /*提示用户输入数据*/
14     scanf("%lf",&radian);                        /*接收用户输入的数据*/
15     sinvalue = sin(radian * K);                  /*计算sin的值*/
```

```
16        cosvalue = cos(radian * K);                    /*计算cos的值*/
17        tanvalue = tan(radian * K);                    /*计算tan的值*/
18        value = tanvalue * cosvalue;                   /*得到结果值*/
19        if(sinvalue == value)                          /*比较两个值是否相等*/
20        {
21            printf("sin(%f) = tan(%f) * cos(%f)\n", radian,radian,radian);
22        }
23        else
24        {
25            printf("sin(%f) != tan(%f) * cos (%f)\n", radian, radian, radian);
26        }
27        getch( );                                      /*暂停*/
28        return 0;                                      /*返回*/
29 }                                                     /*主函数完*/
```

【代码解析】 代码第 17 行，就是调用 tan（）函数，求指定角度的正切值，注意必须将用户输入的数据乘以 K 值，因为库函数 tan（）的输入值是弧度，其与角度是有差异的。代码第 19 行，比较 tan（x）×cos（x）的值是否等于 sin（x）的值，如果是则说明公式正确。

图 15.3　验证数学公式的正确性结果

【运行效果】 编译并执行程序后，输入角度 55。最后输出的结果如图 15.3 所示，说明数学公式正确。

15.1.2　使用指数函数和对数函数

在数学中，常常会遇到求 x 的 y 次方值的情况。所以在 C 语言中提供了指数函数 pow（）来求 x 的 y 次方值的函数。其一般格式如下：

```
double pow(double x, double y);
```

其中，参数 x 代表的是基数，而 y 代表指数。

【实例 15.4】 接收用户输入的基数和指数，求其最后结果值。如示例代码 15.4 所示。

示例代码15.4　求指定的基数的指数值

```
01 #include "stdio.h"                     /*包含系统函数头文件*/
02 #include "math.h"                      /*包含数学处理函数头文件*/
03
04 int main(void)                         /*主函数*/
05 {
06    int x = 0;                          /*初始化变量*/
07    int y = 0;
08    double value = 0;
09    printf("Please input x and y :\n");
10    scanf("%d%d",&x,&y);                /*接收用户的输入*/
11    value = pow(x, y);                  /*调用指数函数*/
12    printf("%d^%d = %f", x,y,value);
13    getch( );                           /*暂停*/
14    return 0;                           /*返回*/
15 }                                      /*主函数完*/
```

【代码解析】 在本例中，只接收整数基数和指数。所以代码第 10 行是 %d 接收用户输入的数值。代码第 11 行，是调用 pow（ ）函数，求解指定基数和指数的结果值。

【运行效果】 编译并执行程序后，输入基数为 2，指数为 10，其结果如图 15.4 所示。

```
Please input x and y :
2 10
2^10 = 1024.000000
```

图15.4 求2的10次方的结果值

除了可以求指数外，在 C 语言中，还提供了计算 x 的自然对数的函数 log（ ）和用于计算 x 的常用对数的函数 log10（ ），其一般格式如下：

```
double log(double x);
double log10(double x);
```

其中，x 必须大于 0。该函数的作用是计算 x 的自然对数值和常用对数值。

【实例 15.5】 求指定数值的自然对数和常用对数，如示例代码 15.5 所示。

示例代码15.5 求指定数值的自然对数和常用对数

```
01  #include "stdio.h"                              /* 包含系统函数头文件 */
02  #include "math.h"
03
04  int main(void)                                  /* 主函数 */
05  {
06      int x = 0;                                  /* 定义并初始化变量 */
07      double logvalue = 0;
08      double lnvalue  = 0;
09      printf("Please input x:\n");
10      scanf("%d",&x);                             /* 接收用户输入 */
11      logvalue = log(x);                          /* 调用求自然对数的函数 */
12      lnvalue  = log10(x);                        /* 调用求常用对数的函数 */
13      printf("log(%d) = %f, log10(%d) = %f", x,logvalue,x,lnvalue);
14      getch( );                                   /* 暂停 */
15      return 0;                                    /* 返回 */
16  }                                               /* 主函数完 */
```

【代码解析】 代码第 11 和 12 行，是分别调用 log（ ）和 log10（ ）函数求自然对数和常用对数。

【运行效果】 编译并执行程序后，输入数值 10，其结果如图 15.5 所示。

图15.5 求10的自然对数和常用
对数结果

15.1.3 使用双曲线函数

在数学计算中，还会遇到求解双曲线问题。所谓双曲线（Hyperbola）是指与平面上两个定点的距离之差的绝对值为定值的点的轨迹，也可以定义为到定点与定直线的距离之比是一个大于 1 的常数的点之轨迹。双曲线是圆锥曲线的一种，即圆锥面与平面的交截线。双曲线在一定的仿射变换下，也可以看成反比例函数。

为此 C 语言中提供 3 个函数使用：

① 求双曲线正弦函数 sinh（ ）。

② 求双曲线余弦函数 conh（ ）。

③ 求双曲线正切函数 tanh（ ）。

这 3 个函数的一般格式如下：

```
double sinh(double x);
double cosh(double x);
double tanh(double x);
```

【实例 15.6】 求解指定数值的双曲线正弦、余弦和正切值。如示例代码 15.6 所示。

示例代码15.6　求解指定数值的双曲线正弦、余弦和正切值

```
01 #include "stdio.h"                          /*包含系统函数头文件*/
02 #include "math.h"
03
04 int main(void)                              /*主函数*/
05 {
06     int x = 0;
07     double value = 0;
08     printf("Please input x:\n");
09     scanf("%d",&x);
10     value = sinh(x);                        /*调用双曲线正弦函数*/
11     printf("sinh(%d) = %f\n", x, value);
12     value = cosh(x);                        /*调用双曲线余弦函数*/
13     printf("cosh(%d) = %f\n", x, value);
14     value = tanh(x);                        /*调用双曲线正切函数*/
15     printf("tanh(%d) = %f\n", x, value);
16     getch( );                               /*暂停*/
17     return 0;                               /*返回*/
18 }                                           /*主函数完*/
```

【代码解析】 代码第 10 ~ 14 行，是依次调用 sinh（ ）、cosh（ ）和 tanh（ ）函数求双曲线正弦、余弦和正切值。

【运行效果】 编译并执行程序后，输入数值 1，其结果如图 15.6 所示。

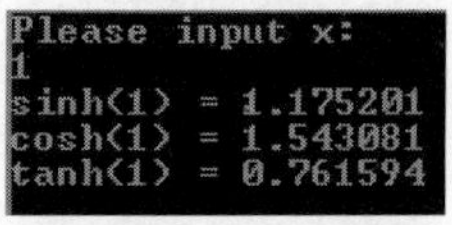

```
Please input x:
1
sinh(1) = 1.175201
cosh(1) = 1.543081
tanh(1) = 0.761594
```

图 15.6　求 1 的双曲线正弦、余弦和正切值

15.1.4　使用其他数学函数

一般在数学中，会计算数轴上一个数所对应的点与原点的距离。这个距离就叫作该数的绝对值（在数轴上表示数 a 的点与原点的距离一定不是负数）。C 语言中提供的求绝对值函数为 abs（ ）。其一般格式如下：

```
int abs(int x);
```

该函数的作用是求指定整数和绝对值。

【实例 15.7】 接收用户输入的整数值，求其绝对值。如示例代码 15.7 所示。

示例代码15.7　求指定数值的绝对值

```
01 #include "stdio.h"                          /*包含系统函数头文件*/
02 #include "math.h"
03
04 int main(void)                              /*主函数*/
05 {
```

```
06      int x = 0;                                  /*定义并初始化变量*/
07      int value = 0;
08      printf("Please input x:\n");
09      scanf("%d",&x);                             /*接收用户输入的数值*/
10      value = abs(x);                             /*调用求绝对值函数*/
11      printf("%d absolute is %d\n", x, value);
12      getch( );                                   /*暂停*/
13      return 0;                                   /*返回*/
14  }                                               /*主函数完*/
```

【代码解析】　代码第 10 行，是调用 abs（ ）函数来求解指定数值的绝对值。

【运行效果】　编译并执行程序后，输入数值 -19，其结果如图 15.7 所示。

另外，C 语言中提供了求 e 的 n 次方函数 exp（ ）。其一般格式如下：

`double exp(double x);`

该函数的作用是求 e 的指定 x 次方的数值。

【实例 15.8】　求 e 的 n 次方值如示例代码 15.8 所示。

示例代码15.8　求e的*n*次方值

```
01 #include "stdio.h"                               /*包含系统函数头文件*/
02 #include "math.h"
03
04 int main(void)                                   /*主函数*/
05 {
06      int x = 0;                                   /*定义并初始化变量*/
07      double value = 0;
08      printf("Please input x:\n");
09      scanf("%d",&x);                              /*接收用户输入*/
10      value = exp(x);                              /*调用exp()函数*/
11      printf("10^%d is %lf\n", x, value);
12      getch( );                                    /*暂停*/
13      return 0;                                    /*返回*/
14  }                                                /*主函数完*/
```

【代码解析】　代码第 10 行，是调用 exp（ ）函数来求 e 的指定次方的值。

【运行效果】　编译并执行程序后，输入数值 2，其结果如图 15.8 所示。

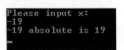

图15.7　求-19的绝对值结果

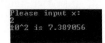

图15.8　求e的2次方值结果

15.2　处理时间的函数

因为时间处理在很多应用程序中都会用到，所以在这一节中特别地对 C 语言中时间处理库函数及其应用进行介绍。

15.2.1　C语言程序中时间的表示

在介绍时间函数的使用前，需要先了解一些关于"时间"和"日期"的概念，主要有以下几个：

① Coordinated Universal Time（ UTC❶ ）：世界标准时间，也就是大家所熟知的格林尼治标准时间（ Greenwich Mean Time，GMT ）。比如，中国内地的时间与 UTC 的时差为 +8，也就是 UTC+8。美国是 UTC-5。

② 日历时间（ Calendar Time ）：是用"从一个标准时间点到此时的时间经过的秒数"来表示的时间。这个标准时间点对不同的编译器来说会有所不同，但对一个编译系统来说，这个标准时间点是不变的，该编译系统中的时间对应的日历时间都通过该标准时间点来衡量，所以可以说日历时间是"相对时间"，无论在哪一个时区，在同一时刻对同一个标准时间点来说，日历时间都是一样的。

③ 时间点（ epoch ）：时间点在标准 C 语言中是一个整数，其用此时的时间和标准时间点相差的秒数（即日历时间）来表示。

④ 时钟计时单元（ clock tick ）：一个时钟计时单元的时间长短是由 CPU 控制的。一个时钟计时单元不是 CPU 的一个时钟周期，而是 C 语言的一个基本计时单位。

15.2.2　使用时间函数

在 C 语言中所有的时间函数及其变量结构都包含在"time.h"头文件中。下面根据得到的时间类别的不同，来进行常用函数的介绍。

15.2.2.1　获得时钟计时

clock（ ）函数主要用于时间计数，其函数格式如下：

```
clock_t clock();
```

该函数的返回值，表示的是从"启动这个程序"到"程序中调用 clock（ ）函数"之间的 CPU 时钟计时单元（ clock tick ）数，其中 clock_t 是用来保存时间的数据类型。其定义如下：

```
#ifndef _CLOCK_T_DEFINED
typedef long clock_t;
#define _CLOCK_T_DEFINED
#endif
```

从上面的定义中，可以得出 clock_t 其实就是一个长整型数。

另外在有的编译器中，还定义了一个字符常量 CLOCKS_PER_SEC，用来表示 1s 会有多少个时钟计时单元，其定义如下：

```
#define CLOCKS_PER_SEC ((clock_t)1000)
```

可以看到每过千分之一秒（ 1ms ），调用 clock（ ）函数返回的值就加 1。

【实例 15.9 】计算当前程序自身已运行时间，可以使用公式 clock（ ）/CLOCKS_PER_SEC 来计算一个进程自身的运行时间，并输出结果到屏幕上。如示例代码 15.9 所示。

---

❶　由于英文缩写（CUT）和法文缩写（TUC）不同，作为妥协，故世界标准时间简称为UTC。

示例代码15.9　计算当前程序自身已运行时间

```
01  #include "stdio.h"                              /*包含系统函数头文件*/
02  #include "time.h"                               /*包含时间处理函数头文件*/
03
04  #define CLOCKS_PER_SEC 1000
05
06  void passtime( )
07  {
08      long ltime = 0;
09      ltime = clock( )/CLOCKS_PER_SEC;   /*用当前运行计数时间除以CLOCKS_PER_SEC*/
10      printf("pass time %u secs \n",ltime);
11  }
12
13  int main(void)                        /*主函数*/
14  {
15      getch( );                         /*暂停*/
16      passtime( );                      /*显示当前运行时间*/
17      getch( );                         /*暂停*/
18      return 0;                         /*返回*/
19  }                                     /*主函数完*/
```

【代码解析】 代码第9行，是用当前运行计数时间除以 CLOCKS_PER_SEC 来计算当前运行时间。代码第10行，输出当前已运行时间值。

【运行效果】 编译并执行程序后，由于现行电脑运行速度快，所以显示出来的运行时间仍然为0。其结果如图 15.9 所示。

图15.9　计算当前程序自身已运行时间

在很多测试系统中，为了知道系统中每个模块需要处理问题的时间，也需要对每个模块进行计时测试。这也可以利用 clock（ ）函数来计算电脑运行一个循环或者处理其他事件到底花了多少时间。

【实例 15.10】 测试本机循环 10 万次需要花费多少时间，最后输出结果到屏幕上。如示例代码 15.10 所示。

示例代码15.10　本机循环性能测试

```
01  #include "stdio.h"                              /*包含系统函数头文件*/
02  #include "time.h"                               /*包含时间处理函数头文件*/
03
04  #define CLOCKS_PER_SEC 1000                      /*宏定义*/
05   #define MAX_TIME 100000L
06
07  int main(void)                                   /*主函数*/
08  {
09      long i = MAX_TIME;                           /*定义长整数*/
10      clock_t start  = 0;
11      clock_t finish = 0;
12      double dtime;
13      printf( "%ld loops is ", i );
14      start = clock( );                            /*启动时间计数*/
```

```
15      while( i-- )
16      finish = clock( );                                    /*结束时间计数*/
        /*将机器计数转换成ms*/
17      dtime = (double)(finish - start) / CLOCKS_PER_SEC;
18      printf( "%f seconds\n", dtime );
19      getch( );                                             /*暂停*/
20      return 0;                                             /*返回*/
21  }                                                         /*主函数完*/
```

【代码解析】 代码第 14 行，是调用 clock（ ）函数来得到启动循环前 CPU 计数。代码第 16 行，是调用 clock（ ）函数来得到循环结束时 CPU 计数。代码第 17 行，是用总花费计数时间除以 CLOCKS_PER_SEC 来计算当前运行时间。代码第 18 行，输出当前已运行时间值。

`100000 loops is 0.098000 seconds`

图15.10 本机循环性能测试

【运行效果】 编译并执行程序后，其结果如图 15.10 所示。

注意：在 C 语言中规定，最小的计时单位是 1ms。

15.2.2.2 获得日历时间

在 C 语言中，可以通过 tm 结构体来获得日期和时间，使用 tm 结构的这种时间表示为分解时间（broken-down time）。tm 结构在 time.h 中的定义如下：

```
#ifndef _TM_DEFINED
struct tm {
    int tm_sec;                         /* 秒，取值区间为[0,59] */
    int tm_min;                         /* 分，取值区间为[0,59] */
    int tm_hour;                        /* 时，取值区间为[0,23] */
    int tm_mday;                        /* 一个月中的日期，取值区间为[1,31] */
    int tm_mon;                         /* 月份0代表一月，取值区间为[0,11] */
    int tm_year;                        /* 年份，其值等于实际年份减去1900 */
    int tm_wday;                        /* 星期，取值区间为[0,6]，0代表星期天*/
 /* 从1月1日开始的天数，取值区间为[0,365]，其中0代表1月1日，以此类推 */
    int tm_yday;
/* 夏令时标识符，实行夏令时的时候,tm_isdst为正。不实行夏令时,tm_isdst为0*/
    int tm_isdst;
};
#define _TM_DEFINED
#endif
```

可以通过 time（ ）函数来获得日历时间（Calendar Time），其一般格式为：

`time_t time(time_t * timer)`

其中，可以从参数 timer 返回现在的日历时间，也可以通过函数返回值得到现在的日历时间，即从一个时间点（例如：1900 年 1 月 1 日 0 时 0 分 0 秒）到现在此时的秒数。

【实例 15.11】 计算从 1900 年 1 月 1 日到当前的时间的秒数。如示例代码 15.11 所示。

示例代码15.11　得到当前日历时间

```
01 #include "stdio.h"   /*包含系统函数头文件*/
02 #include "time.h"
03
04 int main(void)                    /*主函数*/
05 {
```

```
06      time_t ltime = 0;
07      ltime = time(NULL);
08      printf("The calendar Time now is %ld\n", ltime);
09      getch( );                        /*暂停*/
10      return 0;                        /*返回*/
11  }/*主函数完*/
```

【代码解析】　代码第 7 行，是调用 time（ ）函数，得到当前日历时间。

【运行效果】　编译并执行程序后，其结果如图 15.11 所示。

The calendar Time now is 1285343696

图15.11　得到当前时间与起始
时间的秒数

注意：如果参数 timer 指定为空指针（NULL），则 time( )
函数将只通过返回值返回现在的日历时间。

15.2.2.3　获得日期和时间

这里说的日期和时间就是平时所说的年、月、日、时、分、秒等信息，即世界时间。这些时间信息都保存在一个名为 tm 的结构体中，那么如何将一个日历时间保存为一个 tm 结构的对象呢？可用如下两个函数：

（1）gmtime（ ）函数

gmtime（ ）函数的作用是将一个日历时间转化为世界标准时间（即格林尼治时间）。其一般格式如下：

```
struct tm * gmtime(const time_t *timer);
```

其中，参数 timer 是当前输入的日历时间。函数返回值是一个用 tm 结构体来保存时间的结构体类型。

【实例 15.12】　得到当前的世界标准时间，并显示到屏幕上。如示例代码 15.12 所示。

示例代码15.12　得到当前的世界标准时间

```
01 #include "stdio.h"                    /*包含系统函数头文件*/
02 #include "time.h"
03
04 int main(void)                        /*主函数*/
05 {
06      time_t ltime = 0;
07      struct tm * utc = NULL;          /*时间tm结构体指针变量*/
08      ltime = time(NULL);
09      utc = gmtime(&ltime);            /*得到当前世界时间*/
10      printf("UTC Time %d:%d:%d\n", utc->tm_hour, utc->tm_min, utc->tm_sec);
11      getch( );                        /*暂停*/
12      return 0;                        /*返回*/
13 }                                     /*主函数完*/
```

【代码解析】　代码第 8 行，是调用 time（ ）函数，得到当前日历时间。代码第 9 行，是将日历时间转换成当前 UTC 时间。

【运行效果】　编译并执行程序后，其结果如图 15.12 所示。

UTC Time 4:41:32

（2）localtime（ ）函数

localtime（ ）函数的作用是将日历时间转化为本地时间。比如现在用 gmtime（ ）函数获得的世界标准时间是 2010 年 9 月 25

图15.12　本地时间12：41：32
的世界时间

日 4 点 20 分 20 秒，那么用 localtime（）函数在中国地区获得的本地时间会比世界标准时间早 8 个小时，即 2010 年 9 月 25 日 12 点 20 分 20 秒。其一般格式为：

```
struct tm * localtime(const time_t * timer);
```

其中，参数 timer 是当前输入的日历时间。函数返回值是一个用 tm 结构体来保存时间的结构体类型。

【实例 15.13】 得到当前本地时间，并显示到屏幕上。如示例代码 15.13 所示。

示例代码15.13　得到当前本地时间

```
01  #include "stdio.h"                          /*包含系统函数头文件*/
02  #include "time.h"                           /*包含时间处理函数头文件*/
03  int main(void)                              /*主函数*/
04  {
05      time_t ltime = 0;                       /*定义时间变量*/
06      struct tm * local = NULL;
07      ltime = time(NULL);                     /*得到日历时间*/
08      local = localtime(&ltime);              /*转换为本地时间*/
09      printf("LOCAL Time %d:%d:%d\n", local->tm_hour, local->tm_min, local->tm_sec);
10      getch( );                               /*暂停*/
11      return 0;                               /*返回*/
12  }                                           /*主函数完*/
```

`LOCAL Time 9:49:34`

图 15.13　得到当前本地时间

【代码解析】 代码第 7 行，是调用 time（）函数，得到当前日历时间。代码第 8 行，是将日历时间转换成当前本地时间。

【运行效果】 编译并执行程序后，其结果如图 15.13 所示。

15.2.2.4　固定的时间格式

在不同的机器上，每个时间的显示都有其固定格式，可以通过 asctime（）函数和 ctime（）函数将时间以固定的格式显示出来，两者的返回值都是 char* 型的字符串。其一般格式如下所示：

```
char * asctime(const struct tm * timeptr);
char * ctime(const time_t *timer);
```

其中，asctime（）函数的作用是通过 tm 结构体参数来生成具有固定格式的保存时间信息的字符串，而 ctime（）是通过日历时间来生成时间字符串。

这样的话，asctime（）函数只是把 tm 结构对象中的各个域填到时间字符串的相应位置，而 ctime（）函数需要先参照本地的时间设置，把日历时间转化为本地时间，然后再生成格式化后的字符串。

例如：t 是已经定义过的变量。

```
printf(ctime(&t));
```

等价于：

```
struct tm *ptr;
ptr = localtime(&t);
printf(asctime(ptr));
```

【实例 15.14】 用固定格式将当前时间显示出来。如示例代码 15.14 所示。

示例代码15.14　用固定格式将当前时间显示出来

```
01  #include "stdio.h"                          /*包含系统函数头文件*/
```

```
02  #include "time.h"
03
04  int main(void)                                    /*主函数*/
05  {
06      struct tm *ptr;                               /*定义tm结构体指针*/
07      time_t t;
08      t = time(NULL);                               /*得到当前日历时间*/
09      ptr = gmtime(&t);                             /*转换为世界时间*/
10      printf(asctime(ptr));                         /*转换为固定日期时间*/
11      printf(ctime(&t));
12      getch( );                                     /*暂停*/
13      return 0;                                      /*返回*/
14  }                                                 /*主函数完*/
```

【代码解析】 代码第 8 行，是调用 time（ ）函数，得到当前日历时间。代码第 9 行，是将日历时间转换成当前世界时间。代码第 10 行，是调用 asctime（ ）函数，将世界时间转换成固定格式。代码第 11 行，是调用 ctime（ ）函数，将日历时间直接转换成本地时间。

【运行效果】 编译并执行程序后，其结果如图 15.14 所示。

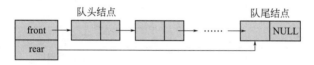

图 15.14　固定格式显示当前的时间

15.2.2.5　自定义时间格式

除了可以用电脑系统中固定的方式显示时间格式外，还可以自定义时间格式。在 C 语言中使用 strftime（ ）函数将时间格式转化为想要的格式。其一般格式如下：

```
size_t strftime(char *strDest,size_t maxsize,const char *format,const struct tm *timeptr);
```

可以根据 format 指向字符串中的格式命令把 timeptr 中保存的时间信息放在 strDest 指向的字符串中，最多向 strDest 中存放 maxsize 个字符。该函数返回值为 strDest 指向的字符串中放置的字符数。

函数 strftime（ ）的操作有些类似于 sprintf（ ），都是用识别以百分号（%）开始的格式化命令集合，格式化输出结果放在一个字符串中。格式化命令说明串 strDest 中各种日期和时间信息的确切表示方法。格式串中的其他字符原样放进串中。格式化命令如表 15.1 所示。

表 15.1　strftime（ ）函数中使用的格式化命令

命令字	说明
%a	星期几的简写
%A	星期几的全称
%b	月份的简写
%B	月份的全称
%c	标准日期的时间串
%C	年份的后两位数字
%d	十进制表示的每月的第几天
%D	月/天/年

续表

命令字	说明
%e	在两字符域中，十进制表示的每月的第几天
%F	年-月-日
%g	年份的后两位数字，使用基于周的年
%G	年份，使用基于周的年
%h	简写的月份名
%H	24小时制的小时
%I	12小时制的小时
%j	十进制表示的每年的第几天
%m	十进制表示的月份
%M	十时制表示的分钟数
%n	新行符
%p	本地的AM或PM的等价显示
%r	12小时的时间
%R	显示小时和分钟
%S	十进制的秒数
%t	水平制表符
%T	显示时分秒
%u	每周的第几天，星期一为第一天
%U	每年的第几周，把星期日作为第一天（值从0到53）
%V	每年的第几周，使用基于周的年
%w	十进制表示的星期几（值从0到6，星期天为0）
%W	每年的第几周，把星期一作为第一天（值从0到53）
%x	标准的日期串
%X	标准的时间串
%y	不带世纪的十进制年份（值从0到99）
%Y	带世纪部分的十进制年份
%z	时区名称，如果不能得到时区名称则返回空字符
%Z	时区名称，如果不能得到时区名称则返回空字符

注：大小写是有区别的。

【实例 15.15】 用 12 小时制显示现在的小时。如示例代码 15.15 所示。

示例代码15.15　用12小时制显示现在的小时

```
01 #include "stdio.h"            /*包含系统函数头文件*/
02 #include "time.h"             /*包含时间函数处理头文件*/
03
04 int main(void)                /*主函数*/
05 {
06     struct tm *ptr;           /*初始化tm结构体指针*/
07     time_t t;
08     char str[128] = {0};      /*定义并初始化字符数组*/
09     t = time(NULL);
```

```
10        ptr = localtime(&t);                      /*得到本地时间*/
11        strftime(str,127,"now is %I %p",ptr);      /*自定义格式化时间*/
12        printf(str);
13        getch( );                                  /*暂停*/
14        return 0;                                   /*返回*/
15   }                                                /*主函数完*/
```

【代码解析】 代码第 9 行，是调用 time（）函数得到当前日历时间。代码第 10 行，是将日历时间转换成当前本地时间。代码第 11 行，是调用 strftime（）函数将时间格式化为自定义格式。其中，%I 是按 12 小时制显示小时，而 %p 是本地的 AM 或 PM 的等价显示。从结果图 15.15 也可以看出来，确实是按自定义格式显示。

`now is 10 AM`

【运行效果】 编译并执行程序后，其结果如图 15.15 所示。

除了可以用自定义方式格式化时间外，还可以用 strftime（）函数将当前日期按需要进行格式化。

图 15.15　当前时间的 12 小时制显示

【实例 15.16】 用 strftime（）函数将当前日期按自定义格式显示到屏幕上，如示例代码 15.16 所示。

示例代码15.16　自定义当前日期显示

```
01 #include "stdio.h"                    /*包含系统函数头文件*/
02 #include "time.h"
03
04 int main(void)                         /*主函数*/
05 {
06        struct tm *today;                /*初始化tm结构体指针*/
07        char str[128];
08        time_t t;
09        t = time(NULL);
10        today = localtime(&t);           /*得到本地时间*/
          /*把日期格式化成指定格式*/
11        strftime( str, 127, "Today is %A, %d of %B %Y.\n", today);
12        printf(str);
13        getch( );                        /*暂停*/
14        return 0;                         /*返回*/
15   }                                      /*主函数完*/
```

【代码解析】 代码第 11 行，是调用 strftime（）函数将日期格式化为自定义格式。其中，%A 是星期几的全称，%d 是今天是本月的第几天，%B 是本月英文全称，%Y 是年份。

【运行效果】 编译并执行程序后，其结果如图 15.16 所示。

`Today is Saturday, 25 of September 2010.`

图 15.16　自定义当前日期显示

15.2.2.6　分解时间转化为日历时间

这里说的分解时间就是以年、月、日、时、分、秒等分量保存时间结构，即 tm 结构。在 C 语言中可以使用 mktime（）函数将用 tm 结构表示的时间转化为日历时间。其一般格式如下所示：

```
time_t mktime(struct tm * timeptr);
```

其中，参数 timeptr 是已经初始化过的 tm 结构体变量指针。函数返回值是转化后的日历时间。

【实例 15.17】 根据用户输入的日期，计算指定的日期是星期几，并显示在屏幕上。如示例代码 15.17 所示。

示例代码15.17　计算指定的日期是星期几

```
01 #include "stdio.h"                                    /*包含系统函数头文件*/
02 #include "time.h"
03
04 int main(void)                                         /*主函数*/
05 {
06     struct tm t = {0};                                 /*定义并初始化时间结构体变量*/
07     time_t day;
08     char  str[128] = {0};
09     printf("Please input year-month-day:\n");
       /*接收用户输入的日期*/
10     scanf("%d-%d-%d", &t.tm_year, &t.tm_mon, &t.tm_mday);
11     t.tm_year -= 1900;                                 /*变成有效时间*/
12     t.tm_mon -= 1;                                     /*将月份数变成有效值*/
13     t.tm_hour=0;
14     t.tm_min=0;
15     t.tm_sec=1;
16     t.tm_isdst=0;
17     day = mktime(&t);                                  /*得到指定日期到起始日期的秒数*/
18     strftime(str,127, "%A\n", &t);                     /*得到自定义格式的日期显示*/
19     printf(str);
20     getch( );                                          /*暂停*/
21     return 0;                                          /*返回*/
22 }                                                      /*主函数完*/
```

【代码解析】 代码第 11 行，必须将用户输入的日期减去 1900 这个起始时间，才会有效。代码第 12 行，月份在 tm 结构体中有效值为 0 ~ 11，所以必须减去 1。代码第 18 行，是调用 strftime（）函数将日期格式化为自定义格式。其中，%A 是星期几的全称。

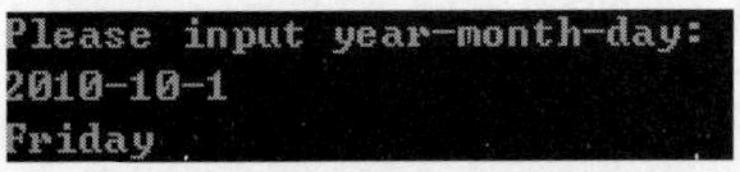

Please input year-month-day:
2010-10-1
Friday

图 15.17　指定的日期 2010 年 10 月
1 日是星期五

【运行效果】 编译并执行程序后，输入 "2010-10-1" 后，其结果如图 15.17 所示。

注意：在使用 mktime( ) 函数时，不能指定计算在 1900 年 1 月 1 日之前的日期，因为其起始时间为 1900 年。所以在大多数编译器中，这样的程序虽然可以编译通过，但运行时会异常终止。

15.3　查找和排序函数

查找和排序函数在前面的章节中，笔者已经做过几个实例程序。不过其只是以自定义的方式创建的函数。其实在 C 语言的库函数中，提供了查找和排序函数，不过其在使用上有一定的要求，而且必须添加 stdlib.h 头文件。本节将对其进行介绍。

15.3.1　用bsearch( )查找

C 语言的库函数提供的 bsearch（ ）函数，又被称为二分法搜索，其一般格式如下：

```
void *bsearch(const void *key, const void *base, size_t *nelem,
              size_t width, int(*fcmp)(const void *, const void *))
```

其中，参数 key 用于存放需要查找的数值；base 指向需要查找的数组；nelem 是数组的大小，即元素个数；width 用于指定每个元素大小。

该函数的作用是用折半查找法在从数组元素 base[0] 到 base[num-1] 之间匹配参数 key。如果函数 compare 的第一个参数小于第二个参数，返回负值；如果等于返回零值；如果大于返回正值。数组 base 中的元素必须以升序排列。函数 bsearch（ ）的返回值指向匹配项，如果没有发现匹配项，返回 NULL。

15.3.2　用qsort( )排序

C 语言的库函数提供的 qsort（ ）函数，用于对指定数据进行排序，又被称为快速排序。其一般格式如下：

```
void qsort(void *base, int nelem, int width, int (*fcmp)(const void *,const void *));
```

其中，参数 base 指向需要排序的数组；nelem 是数组的大小，即元素个数；width 指定每个元素大小；fcmp 是指向函数的指针，用于确定排序的顺序。

15.3.3　排序和查找的程序实例

由于库函数 bsearch（ ）所查找的对象必须按升序排列，所以使用 qsort（ ）排序并用 bsearch（ ）搜索是一个比较常用的组合，使用方便快捷。

【实例 15.18】　对指定数组进行排序，并根据用户输入的数值查找指定的数组中是否有该数值存在，最后输出结果。如示例代码 15.18 所示。

示例代码15.18　对指定数组进行排序并查找

```
01 #include " stdio.h "                              /*包含系统函数头文件*/
02 #include " stdlib.h "                             /*包含排序和查找库函数头文件*/
03 /*定义宏函数，用于计算指定数组元素个数*/
04 #define NELEMS(arr) (sizeof(arr) / sizeof(arr[0]))
05 /*定义并初始化指定数组*/
06 int numarray[ ] = {11,8,22,99,18,66,178,228,381,665,128,135,245,173,265,666,999,123,77,1};
07
08 int numcomp(const int *p1, const int *p2)         /*查找及排序比较方式，升序*/
09 {
10     return(*p1 - *p2);                            /*前小于后，升级排列*/
11 }
12
13 int lookup(int key)                               /*查找函数*/
14 {
15     int *itemptr;
16     /*调用bsearch()函数对数组元素进行查找*/
```

```
17      itemptr = (int *)bsearch((void*)&key, numarray,
18          NELEMS(numarray), sizeof(int),
19          (int(*)(const void *,const void *))numcomp);
20      return (itemptr != NULL);
21  }
22
23  void disp(void)                                    /*显示数组元素函数*/
24  {
25      int i = 0;
26      for(i=0; i<NELEMS(numarray); i++)
27      {
28          printf("%d ", numarray[i]);                /*查看数组中元素排列*/
29      }
30      printf("\n");
31  }
32
33  int main(void)                                     /*主函数*/
34  {
35      int num = 0;
36      disp( );                                       /*先查看数组中的元素排列*/
        /*调用快速排序函数qsort()对数组进行排序*/
37      qsort(numarray, NELEMS(numarray), sizeof(int),
38          (int(*)(const void *,const void *))numcomp);
39      disp();                                        /*显示排序后的数组元素*/
40      printf("Please input num \n");
41      scanf("%d", &num);                             /*接收用户输入的数值*/
42      if (lookup(num))                               /*调用查找函数进行查找*/
43      {
44          printf("%d is in the table.\n", num);
45      }
46      else
47      {
48          printf("%d isn't in the table.\n", num);
49      }
50      getch( );                                      /*暂停*/
51      return 0;
52  }                                                  /*主函数结束*/
```

【代码解析】 代码第 8 ～ 10 行，是查找及排序中所使用升序或者降序排序函数的实现。代码第 13 ～ 21 行，是查找指定数值的查找函数的实现，其中第 17 ～ 19 行调用了 bsearch( ) 来实现二分查找。代码第 23 ～ 31 行，是遍历整个数组元素的显示函数的实现。代码第 37 和 38 行，是调用 qsort（) 函数来实现对数组的排序。

【运行效果】 编译并执行程序后，输入"666"后，其结果如图 15.18 所示。

图15.18　对指定数组进行排序并查找结果

前面的示例中，只对指定的整数数组进行了排序和查找，如果是结构体数组呢？又应该怎么办呢？

【**实例 15.19**】 对指定人员信息结构体数组按姓名进行排序，并根据用户输入的姓名查找指定的结构体数组中是否有该人存在，输出结果。如示例代码 15.19 所示。

示例代码15.19　对结构体进行排序及查找

```
01  #include "stdio.h"                           /*包含系统处理函数头文件*/
02  #include "stdlib.h"                          /*包含排序及查找库函数头文件*/
03  #include "string.h"                          /*包含字符串处理函数头文件*/
04
05  #define NELEMS(arr) (sizeof(arr) / sizeof(arr[0]))
06
07  typedef struct human_stru                    /*定义人员信息结构体*/
08  {
09      char name[10];
10      int  age;
11      char addr[20];
12  }HUMAN_STRU;
13  /*定义并初始化人员信息数组*/
14  HUMAN_STRU array[] = {{"wanghao", 26, "chongqing"},
15                        {"liudie", 20, "zengjiayan"},
16                        {"liangming", 22, "dalitang"},
17                        {"anna", 22, "tianjing"},
18                        {"benjun", 25, "xizhang"},
19                        {"ganyi", 26, "beijing"}};
20
21  int compare(const void *p1, const void *p2)     /*查找及排序比较方式，升序*/
22  {
        /*根据人员名称进行排序及查找*/
23      return(strcmp(((HUMAN_STRU*)p1)->name, ((HUMAN_STRU*)p2)->name));
24  }
25
26  int lookup(void * key, HUMAN_STRU * p)         /*查找函数*/
27  {
28      HUMAN_STRU *itemptr;
29      itemptr = (HUMAN_STRU *)bsearch(key, (void*)array,
30          NELEMS(array), sizeof(HUMAN_STRU),
31          (int(*)(const void *,const void *))compare);
32      if(itemptr != NULL)
33      {
34          *p = *itemptr;
35          return 1;
36      }
37      return NULL;
38  }
39
```

```
40  void disp(void)                                    /*显示函数*/
41  {
42      int i = 0;
43      for(i=0; i<NELEMS(array); i++)
44      {
45              /* 查看数组中元素排列及内容*/
46              printf("%s %d %s\n", array[i].name, array[i].age, array[i].addr);
47      }
48  }
49
50  int main(void)
51  {
52      HUMAN_STRU t  = {0};
53      disp( );                                        /*查看数组中的元素排列*/
        /*调用排序函数，根据名称进行排序*/
54      qsort(array, NELEMS(array), sizeof(HUMAN_STRU),
55          (int(*)(const void *,const void *))compare);
56      printf("************* sort *******************\n");
57      disp( );
58      printf("Please input name \n");
59      scanf("%s", &t.name);                           /*接收用户输入的姓名*/
60      if (lookup(&t, &t))                             /*查找指定的姓名*/
61      {
62          printf("%s %d %s\n", t.name, t.age, t.addr);
63      }
64      else
65      {
66          printf("%s isn't in the table.\n", t.name);
67      }
68      getch( );                                       /*暂停*/
69      return 0;                                        /*结束, 返回*/
70  }                                                    /*主函数完*/
```

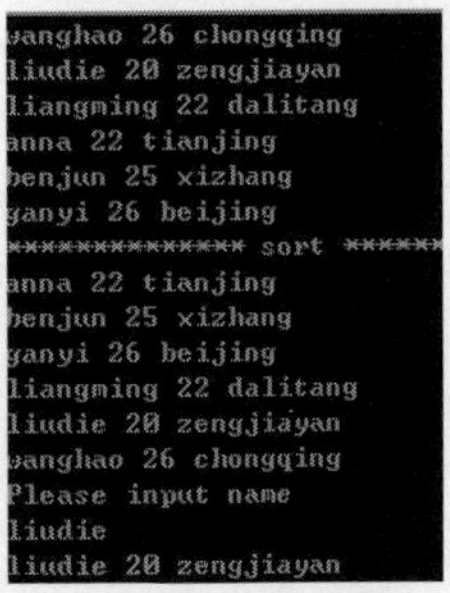

图15.19　对结构体进行排序及查找结果

【代码解析】 代码第 21 ～ 24 行，是查找及排序中所使用升序或者降序排序函数的实现，其中使用字符串比较函数来判断字符串的大小，这样才能实现以姓名进行升序排序。代码第 26 ～ 38 行，是指定结构体数组中，姓名的查找函数的实现，其中第 27 ～ 29 行调用了 bsearch( )来实现二分查找。不过要注意的是，这都是对 HUMAN_STRU 这个结构体进行操作，实例 15.18 中，是对整数进行操作。代码第 40 ～ 48 行，是遍历整个结构体数组元素的显示函数的实现。代码第 54 和 55 行，是调用 qsort（ ）函数来实现对结构体数组的排序。

【运行效果】 编译并执行程序后，输入"liudie"后，其结果如图 15.19 所示。

15.4 随机数生成函数

在日常生活中总会遇到许多的随机事件，而随机数是专门的随机试验的结果。在统计学的不同技术中都需要使用随机数，比如在从统计总体中抽取有代表性的随机数样本的时候，或者在将实验动物分配到不同的试验组的过程中。

真正的随机数是物理现象产生的，比如掷钱币、骰子以及转转轮等等。这样的随机数发生器叫作物理性随机数发生器，其缺点是技术要求比较高。在实际应用中往往使用伪随机数就足够了。

在电脑中并没有一个真正的随机数发生器，但是可以做到使产生的数字重复率很低，这样看起来好像是真正的随机数，实现这一功能的程序叫伪随机数发生器。

有关如何产生随机数的理论有许多，如果要详细地讨论，需要厚厚的一本书。不管用什么方法实现随机数发生器，都必须给其提供一个名为"种子"的初始值。而且这个值最好是随机的，或者至少这个值是伪随机的。"种子"的值通常是用快速计数寄存器或移位寄存器来生成的。

这些数列是"似乎"随机的数，实际上其是通过一个固定的、可以重复的计算方法产生的。计算机或计算器产生的随机数有很长的周期性，不是真正地随机，因为其实际上是可以计算出来的，但是具有类似于随机数的统计特征。这样的发生器叫作伪随机数发生器。相信很多玩过游戏的读者都知道，在游戏中很多地方会出现随机的宝物或者怪物，这些都是伪随机数产生的随机数导致的。

15.4.1 随机数产生的过程

下面讲一讲在 C 语言里所提供的随机数发生器的用法。现在的 C 语言编译器都提供了一个标准的伪随机数发生器函数，用来生成随机数，就是 rand（）函数和 srand（）函数。这两个函数的工作过程如下：

① 给 srand（）提供一个种子，其是 unsigned int 类型，其取值范围为 0 ～ 65535。

② 调用 rand（）函数，该函数会根据提供给 srand（）的种子值，返回一个随机数（在 0 到 32767 之间）。

③ 根据需要多次调用 rand（），从而不间断地得到新的随机数。

④ 无论什么时候，都可以给 srand（）提供一个新的种子，从而进一步"随机化"rand（）的输出结果。

15.4.2 随机数相关的函数

在 C 语言中与随机数相关的函数，必须添加 stdlib.h 头文件。

（1）srand（）函数

srand（）函数用于创建一个随机数的种子其一般格式如下所示：

```
void srand(unsigned int n);
```

其中，参数 n 用于指定随机数种子的值。

（2）rand（）函数

rand（）函数用于根据随机数种子生成随机数。其一般格式如下所示：

```
int rand( );
```

该函数没有参数，其返回值是生成的随机数。但要注意，如果直接使用 rand（）生成随机数，即不创建一个随机数种子，那么该随机数序列是一样的。

【实例 15.20】 利用 rand（）直接生成随机数序列，并显示在屏幕上。如示例代码 15.20 所示。

示例代码15.20　利用rand( )生成随机数序列

```
01 #include "stdio.h"                        /*包含系统函数头文件*/
02 #include "stdlib.h"
03
04 int main(void)                            /*主函数*/
05 {
06     int i = 100;
07     while(i--)                            /*循环100次*/
08     {
09         printf("%5d ", rand());           /*显示随机数生成结果*/
10         if(i % 10 == 0)                   /*每10个数字换行一次*/
11         {
12             printf("\n");
13         }
14     }
15     getch( );                             /*暂停*/
16     return 0;                             /*返回*/
17 }                                         /*主函数完*/
```

【代码解析】 代码第 9 行，是调用随机数生成函数 rand（）生成随机数。

【运行效果】 编译并两次执行程序后，其结果如图 15.20 所示。从结果中可以看到，两次结果是一样的。充分说明电脑生成的随机数是伪随机数。

(a)　　　　　　　　　　　　(b)

图 15.20　利用rand( )生成随机数两次结果比较

如果使用了 srand（）后，再用 rand（）生成随机数，则其结果就是不同的。

【实例 15.21】 利用 srand（）和 rand（）函数生成随机数，并显示结果在屏幕上。如示例代码 15.21 所示。

示例代码15.21　用srand( )和rand( )生成随机数

```
01 #include "stdio.h"                        /*包含系统函数头文件*/
02 #include "stdlib.h"
```

```
03
04  void disprand()                                    /*显示随机数函数*/
05  {
06      int i = 100;
07      while(i--)
08      {
09          printf("%5d ", rand());                    /*调用rand()函数生成随机数*/
10          if(i % 10 == 0)                            /*每10个数字换行一次*/
11          {
12              printf("\n");
13          }
14      }
15  }
16
17  int main(void)                                     /*主函数*/
18  {
19
20      srand(10);                                     /*设置随机数种子*/
21      disprand( );
22      getch( );                                      /*暂停*/
23      return 0;                                       /*返回*/
24  }                                                   /*主函数完*/
```

【代码解析】　代码第 20 行，由于调用了 srand( ) 设置随机数种子函数，所以调用 rand( )
函数生成的随机数就与前面图 15.20 中的不同了。

【运行效果】　编译并执行程序后，其结果如图 15.21 所示。

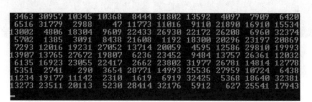

图15.21　使用srand( )函数种子后生成的随机数

那么如何才能优化生成比较随机的随机数序列呢？其实可以利用时间函数来设置随机数
种子，这样生成的随机数就比较随机了。

【实例15.22】　优化随机数生成，将生成的随机数显示到屏幕上，如示例代码15.22所示。

示例代码15.22　优化随机数生成

```
01  #include "stdio.h"                                 /*包含系统函数头文件*/
02  #include "stdlib.h"
03  #include "time.h"                                  /*包含时间处理函数头文件*/
04
05  void disprand( )                                   /*显示及随机数产生函数*/
06  {
07      int i = 100;
08      while(i--)
```

```
09          {
10              printf("%5d ", rand());
11              if(i % 10 == 0)                         /*每10个数字换行一次*/
12              {
13                  printf("\n");
14              }
15          }
16  }
17
18  int main(void)                                      /*主函数*/
19  {
20      time_t t;
21      t = time(NULL);                                 /*得到日历时间*/
22      srand(t);                                       /*设置随机数种子*/
23      disprand( );
24      getch( );                                       /*暂停*/
25      return 0;                                        /*返回*/
26  }                                                   /*主函数完*/
```

【代码解析】 代码第 21 行，利用 time（）得到当前日历时间。代码第 22 行，将当前日历时间设置为随机数种子。这样不管执行几次程序，随机数种子都会根据当前时间的不同，而生成不同的随机数。

【运行效果】 编译并执行程序后，其结果如图 15.22 所示。

     (a)   (b)

图 15.22　优化后的两次执行结果

本章小结

  本章主要对 C 语言中的库函数进行了详细的介绍，包含数学函数、时间函数、查找函数、排序函数及随机数生成函数。希望各位读者有时间一定要根据实例自己实践，边学边做。这样才能不断提高自己的编程水平。同时，有机会的话，多阅读开源的函数库源代码。

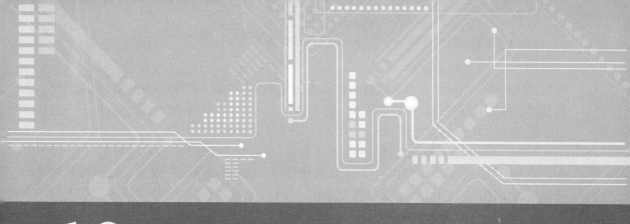

第**16**章
应用数据结构

要用计算机处理的信息，必然需要以一定的数据组织方式存储在计算机内存中，这种组织方式就是数据结构。前面介绍的数组，就是最简单的数据组织方式。我们在实际编写代码的时候，稍微大型一点的程序，难免需要把数据以比较良好的方式组织在内存中，然后才能编写对这些数据的操作算法。所以，现实生活中的问题若用计算机来处理，就需要掌握数据模拟化之后的相关数据结构和算法。

本章主要涉及的内容有：

❑ 单链表的概念及使用：介绍什么是单链表及其如何使用。
❑ 栈的概念及使用：介绍什么栈、链栈及其如何使用。
❑ 队列的概念及使用：介绍什么是队列、链队列及其如何使用。
❑ 简单的算法：介绍如何编写数据的快速排序函数。

16.1 单链表

单链表是最常用的简单数据结构之一，本节中将对其进行介绍。

16.1.1 单链表的概念

链表是用一组任意的存储单元来存放线性表的结点，这组存储单元既可以是连续的，也可以是不连续的，甚至可以零散分布在内存中的任何位置上。因此，链表中结点的逻辑次序和物理次序不一定相同。为了能正确表示结点间的逻辑关系，在存储每个结点值的同时，还必须存储指示其后继结点的地址（或位置）信息，这个信息称为指针或链。这两部分信息组成了链表中的结点结构，如图 16.1 所示。

其中，data 域是数据域，用来存放结点的值；next 域是指针域（亦称链域），用来存放结点的直接后继的地址（或位置）。链表正是通过每个结点的链域将线表 *n* 个结点按其逻辑顺序链接在一起的，由于上述链表的每个结点只有一个链域，故将这种链表称为单链表。

显然，单链表中每个结点的存储地址都存放在其前趋结点 next 域中，而开始结点无前趋，故应设头指针 head 指向开始结点。同时，由于终端结点无后继，故终端结点的指针域为空，即 NULL。同时，由于单链表只注重点间的逻辑顺序，并不关心每个结点的实际存储位置，因此我们通常是用箭头来表示链域中的指针，于是链表就可以直观地画成用箭头链接起来的结点序列。单链表结构示意如图 16.2 所示。

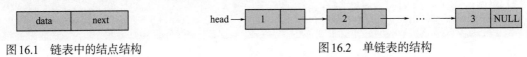

图 16.1　链表中的结点结构　　　　　　　图 16.2　单链表的结构

16.1.2　单链表的创建

一般，由于单链表的头指针是唯一确定的，因此单链表也可以用头指针的名字来命名。例如，若头指针名是 head，则可以把该链表称为表 head。单链表的定义方式如下：

```
typedef char DataType ;      /* 假设结点的数据域类型是字符*/
typedef struct node{         /* 结点类型定义 */
    DataType data;           /* 结点的数据域 */
    struct node * next       /* 结点的指针域 */
}ListNode;
typedef ListNode * LinkList;
ListNode * p;
LinkList head;
```

这里，LinkList 和 ListNode* 是不同名字的同一个指针的类型，命名的不同是为了概念上更明确。例如，LinkList 类型的指针变量 head 表示其是单链表的头指针，而 ListNode* 类型的指针变量 p 则表示其是指向某一结点的指针。

值得一提的是一定要严格区分指针变量和结点变量这两个概念。例如，以上定义的 p 是类型为 ListNode* 的指针变量，若 p 的值非空（p！=NULL），则其值是类型为 ListNode 的某一个结点的地址。

通常 p 所指的结点变量是在程序执行过程中，当需要时才产生的。例如：

```
p=(ListNode*)malloc(sizeof(ListNode);
```

其中，函数 malloc（）分配一个类型为 ListNode 的结点结构体的空间，并将其首地址放入指针变量 p 中。一旦 P 所指的结点变量不再需要了，又可通过标准函数

```
free(p);
```

释放 p 所指的结点变量空间。因此，无法通过预先定义的标符去访问这种动态的结点变量，而只能通过指针 p 来访问，即用"*p"作为该结点变量的名字来访问。

由于结点类型 ListNode 是结构体类型，因而"*p"可以代表该结构，故可用 C 语言的成

员选择符 "." 来访问该结构的两个成员，如下所示：

```
(*p).data;                              /*访问指定结点值*/
(*p).next;                              /*下一结点地址*/
```

由于这种访问形式比较复杂，一般还是采用指针的方式，即用 "->" 来访问指针所指结构体的成员更为方便，如下所示：

```
p->data;
p->next;
```

注意：若指针变量 p 的值为 NULL，则其不指任何结点，此时，若通过 "*p" 来访问结点就会访问一个不存在的变量，从而引起程序错误。

建立单链表的方法有 2 种。

（1）头插法建表

该方法从一个空表开始，重复读入数据，生成新结点，将读入数据存放到新结点的数据域中，然后将新结点插入到当前链表的表头上，直到读入结束标志为止。

例如：在空链表 head 中依次插入 a、b 之后，将 c 插入到当前链表的表头，其指针的修改情况如图 16.3 所示。

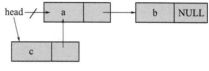

图16.3　头插法将结点 c 插入到单链表 head 中

【**实例 16.1**】头插法算法如示例代码 16.1 所示。

示例代码16.1　头插法算法

```
01 #include "stdio.h"                    /*包含系统函数头文件*/
02
03 typedef char DataType ;               /* 假设结点的数据域类型是字符*/
04 typedef struct node{                  /* 结点类型定义 */
05     DataType data;                    /* 结点的数据域 */
06     struct node * next;               /* 结点的指针域 */
07 }ListNode;
08 typedef ListNode * LinkList;
09 ListNode * p;
10 LinkList head;
11
12 int main(void)                        /*主函数*/
13 {
14     char ch;
15     LinkList head = NULL;             /*头结点指针*/
16     ListNode *p;
17     ch = getchar();                   /*得到用户输入的数据*/
18     while(ch != '\n')
19     {
       /*生成新结点*/
20         p=(ListNode *)malloc(sizeof(ListNode));
21         p->data = ch;                 /*将读入的数据加入新结点的数据域中*/
22         p->next = head;
23         head = p;
24         ch = getchar( );              /*读入下一个字符*/
```

```
25          }
26          getch( );                           /*暂停*/
27          return 0;                           /*返回*/
28      }                                       /*主函数完*/
```

【代码解析】 代码第 18 ～ 25 行，是头插法创建单链表的算法。

【运行效果】 编译并执行程序后，输入 a、b、c 后，数据存储如图 16.4 所示。

（2）尾插法建表

头插法建立链表虽然算法简单，但生成的链表中结点的次序和输入的顺序相反。若希望二者次序一致，可采用尾插法建表。该方法是将新结点插到当前链表的表尾上，为此必须增加一个尾指针 r，使其始终指向当前链表的尾结点。

例如：在空链表 head 中插入 a，b，c 之后，将 d 插入到当前链表的表尾，其指针的修改情况如图 16.5 所示。

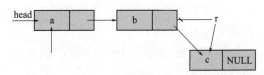

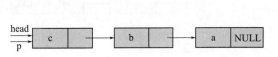

图 16.4　输入后的数据示意图　　　　　图 16.5　将新结点 d 插到单链表 head 的尾上

【实例 16.2】 尾插法算法如示例代码 16.2 所示。

示例代码16.2　尾插法算法

```
01  #include "stdio.h"                          /*包含系统函数头文件*/
02
03  typedef char DataType ;                     /* 假设结点的数据域类型是字符*/
04  typedef struct node{                        /* 结点类型定义 */
05      DataType data;                          /* 结点的数据域 */
06      struct node * next;                     /* 结点的指针域 */
07  }ListNode;
08  typedef ListNode * LinkList;
09  ListNode * p;
10  LinkList head;
11
12  int main(void)                              /*主函数*/
13  {
14      char ch;
15      LinkList head = NULL;                   /*链表初值为空*/
16      ListNode * p = NULL;
17      ListNode * r = NULL;                    /*尾指针初值为空*/
18      ch = getchar();
19      while (ch != '\n')
20      {
        /*创建结点*/
21          p = (ListNode *)malloc(sizeof(ListNode));
22          p->data = ch;
23          if (head == NULL)
```

```
24              {
25                  head = p;                          /*新结点插入空表*/
26              }
27              else
28              {
29                  r->next = p;                        /*新结点插入非空表的尾结点之后*/
30              }
31              r = p;                                  /*尾指针指向新表尾*/
32              ch = getchar();
33          }
34          if(r != NULL)
35          {
36              r->next = NULL;                         /*对于非空表,将尾结点指针域置空*/
37          }
38          getch( );                                   /*暂停*/
39          return 0;                                   /*返回*/
40      }                                               /*主函数完*/
```

【代码解析】 代码第 23 ~ 26 行,是第一个生成的结点,即开始结点,将其插入到空表中,是在当前链表的第一个位置上插入,该位置上的插入操作和链表中其他位置上的插入操作处理是不一样的,原因是开始结点的位置是存放在头指针中,而其余结点的位置是在其前趋结点的指针域中,因此必须对第一个位置上的插入操作做特殊处理,为此上述算法使用了第一个 if 语句。

代码第 34 ~ 37 行,是第二个 if 语句,其作用是分别处理空表和非空表这两种不同的情况,若读入第一个字符就是结束标志符,则链表 head 是空表,尾指针 r 亦为空,结点 *r 不存在;否则链表 head 非空,最后一个尾结点 *r 是终端结点,应将其指针域置空。如果在链表的开始结点之前附加一个结点,并称它为头结点,那么会带来以下两个优点:

① 由于开始结点的位置被存放在头结点的指针域中,所以在链表的第一个位置上的操作就和在表的其他位置上操作一致,无须进行特殊处理。

② 无论链表是否为空,其头指针是指向头结点的非空指针(空表中结点的指针域空),因此空表和非空表的处理也就统一。

【运行效果】 编译并执行程序后,输入 a、b、c 后,数据存储如图 16.6 所示。

图 16.6　输入后的数据存储示意

16.1.3　单链表的使用

单链表上的一般操作可以分为三种:遍历、插入和删除,下面将分别进行介绍。

（1）链表的遍历

链表的遍历,必须从链表的头指针出发,顺着链表逐个结点往下搜索,直到搜索完整个链表为止。

【实例 16.3】 创建一个单链表,并将其值显示到屏幕上。如示例代码 16.3 所示。

示例代码16.3　链表的遍历

```
01 #include "stdio.h"                                  /*包含系统函数头文件*/
```

```
02  #include "stdlib.h"
03
04  typedef char DataType ;                          /* 假设结点的数据域类型是字符 */
05  typedef struct node{                             /* 结点类型定义 */
06      DataType data;                               /* 结点的数据域 */
07      struct node * next;                          /* 结点的指针域 */
08  }ListNode;
09  typedef ListNode * LinkList;
10
11  void print(LinkList head)                        /* 输出链表所有结点 */
12  {
13      LinkList p = head;                           /* P指向链表第一个结点 */
14      while(p!=NULL)
15      {
16          printf("%c ",p->data);
17          p=p->next;                               /* P指向下一个结点 */
18      }
19  }
20
21  int main(void)                                   /* 主函数 */
22  {
23      char ch;
24      LinkList head = NULL;                         /* 头指针 */
25      ListNode *p;
26      ch = getchar();
27      while(ch != '\n')
28      {
29          /*生成新结点 */
29          p=(ListNode *)malloc(sizeof(ListNode));
30          p->data = ch;                            /* 将读入的数据加入新结点的数据域中 */
31          p->next = head;
32          head = p;
33          ch = getchar();                          /* 读入下一个字符 */
34      }
35      print(head);                                 /* 调用遍历显示函数 */
36      getch( );                                     /* 暂停 */
37      return 0;                                     /* 返回 */
38  }                                                /* 主函数完 */
```

【代码解析】 代码第 11 ～ 19 行，就是遍历整个链表的函数实现。每次显示完成后，p 指针就指向当前位置的下一个结点，直到遇到 NULL 为止。代码第 26 ～ 34，是头插法创建一个单链表。

图16.7 遍历后输出的结果

【运行效果】 编译并执行程序后，输入"abcdewanghao"后，输出结果如图 16.7 所示。

（2）插入结点

为了节约篇幅，笔者在这里只讨论将 x 插入到第 i 个结点之后的情况，其他情形请读者自己实践。插入结点算法如下：

① 找到第 i 个结点。

② 为插入数据申请一个存储单元。

③ 将插入结点链接在第 i 个结点后。

④ 再将原第 $i+1$ 个结点链接在插入结点后，完成插入操作。

【**实例 16.4**】 创建链表保存用户输入的字符，然后在指定序号结点后插入数据，并显示整个链表数据，如示例代码 16.4 所示。

示例代码16.4　插入指定序号结点

```
01 #include "stdio.h"                              /*包含系统函数头文件*/
02 #include "stdlib.h"
03
04 #define TRUE  1
05 #define FALSE 0
06
07 typedef char DataType ;                         /* 假设结点的数据域类型是字符*/
08 typedef struct node{                            /* 结点类型定义 */
09     DataType data;                              /* 结点的数据域 */
10     struct node * next;                         /* 结点的指针域 */
11 }ListNode;
12 typedef ListNode * LinkList;
13
14 int insert(LinkList head,char x, int i)         /*插入结点*/
15 {
16     int n;
17     ListNode *p = head;
18     ListNode *q = NULL;
19     if(i<1)                                     /*如果插入的序号小于1，则无地方可以插入*/
20     {
21         return FALSE;
22     }
23     n = 1;
24     while(p->next && n<i)                       /*找插入位置*/
25     {
26         p=p->next;                              /*查找指定序号*/
27         n++;
28     }
29     /*产生插入结点*/
29     q=(ListNode *)malloc(sizeof(ListNode));
30     q->data=x;
31     q->next=p->next;                            /*q插入p之后*/
32     p->next=q;
33
34     return TRUE;                                /*返回正确*/
35 }
36
37 void print(LinkList head)                       /*输出链表所有结点*/
```

```
38  {
39      LinkList p = head;                          /*p指向链表第一个结点*/
40      while(p!=NULL)
41      {
42          printf("%c ",p->data);
43          p=p->next;                              /*p指向下一个结点*/
44      }
45  }
46
47  int main(void)                                  /*主函数*/
48  {
49      char ch;
50      int  index;
51      LinkList head = NULL;                        /*定义空链表*/
52      ListNode *p;
53      ch = getchar( );
54      while(ch != '\n')                            /*创建链表*/
55      {
        /*生成新结点*/
56          p=(ListNode *)malloc(sizeof(ListNode));
57          p->data = ch;                            /*将读入的数据加入新结点的数据域中*/
58          p->next = head;
59          head = p;
60          ch = getchar();                          /*读入下一个字符*/
61      }
62      print(head);                                 /*显示链表中的内容*/
63      printf("\nPlease input index and data: ");
64      scanf("%d %c",&index, &ch);                  /*接收用户输入的数据*/
65      insert(head, ch, index);                     /*将值插入指定序号的后面*/
66      print(head);                                 /*显示链表中的内容*/
67      getch( );                                    /*暂停*/
68      return 0;                                     /*返回*/
69  }                                                /*主函数完*/
```

【代码解析】 代码第 14～35 行，就是插入结点的函数实现。其中 24～28 行是根据用户输入的序号查找指定的结点。代码第 29～32 行，是将新生成的结点插入到指定序号结点的后面。代码第 37～45 行，是遍历并显示整个链表数据的函数实现。

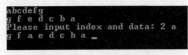

图 16.8　插入结点的结果

【运行效果】 编译并执行程序后，输入"abcdefg"，并在第 2 结点后插入 'a'，最后输出的结果如图 16.8 所示，说明插入成功。

（3）删除结点

如果要删除链表中的第 i 个结点，其过程如下：

① 找到第 i-1 个结点和第 i 个结点。

② 将第 i+1 个结点链接在第 i-1 个结点后。

③ 再释放第 i 个结点所占空间，完成删除操作。

【实例 16.5】 创建链表保存用户输入的字符，然后删除指定序号结点，并显示整个链表数据，如示例代码 16.5 所示。

示例代码16.5　删除指定结点数据

```c
01 #include "stdio.h"                        /*包含系统函数头文件*/
02 #include "stdlib.h"
03
04 typedef char DataType ;                    /* 假设结点的数据域类型是字符*/
05 typedef struct node{                       /* 结点类型定义 */
06     DataType data;                         /* 结点的数据域 */
07     struct node * next;                    /* 结点的指针域 */
08 }ListNode;
09 typedef ListNode * LinkList;
10
11 void delete(LinkList head, int i)          /*删除结点*/
12 {
13     int n;
14     LinkList p = head;
15     ListNode * q = NULL;
16     n=1;
17     while((p!=NULL)&&(n<i))                 /*找第i-1个结点和第i个结点指针q、P*/
18     {
19         q=p;                               /*将q指向当前结点*/
20         p=p->next;                         /*将p指向下一结点*/
21         n++;                               /*序号增加*/
22     }
23     if(p==NULL)
24     {
25         printf("Not found node!\n");       /*如果序号超出，则提示*/
26     }
27     else
28     {
29         q->next=p->next;                   /*删除第i个结点*/
30         free(p);                           /*释放空间*/
31     }
32 }
33
34 void print(LinkList head)                  /*输出链表所有结点*/
35 {
36     LinkList p = head;                     /*p指向链表第一个结点*/
37     while(p!=NULL)
38     {
39         printf("%c ",p->data);
40         p=p->next;                         /*p指向下一个结点*/
41     }
42 }
43
44 int main(void)                             /*主函数*/
```

```
45  {
46      char ch;
47      int  index;
48      LinkList head = NULL;
49      ListNode *p;
50      ch = getchar();
51      while(ch != '\n')
52      {
        /*生成新结点*/
53          p=(ListNode *)malloc(sizeof(ListNode));
54          p->data = ch;                          /*将读入的数据加入新结点的数据域中*/
55          p->next = head;
56          head = p;
57          ch = getchar( );                       /*读入下一个字符*/
58      }
59      print(head);                               /*显示整个链表数据*/
60      printf("\nPlease input index and data: ");
61      scanf("%d",&index);
62      delete(head, index);                       /*删除指定序号结点*/
63      print(head);                               /*显示整个链表数据*/
64      getch( );                                  /*暂停*/
65      return 0;                                  /*返回*/
66  }                                              /*主函数完*/
```

【代码解析】 代码第 11 ～ 32 行，是删除结点的函数实现。

图 16.9　删除指定结点结果

【运行效果】 编译并执行程序后，输入 "abcdefg"，并指定删除第 2 个结点，最后输出的结果如图 16.9 所示，说明删除成功。

16.2 栈

栈也是各种程序设计中常用的数据结构，其逻辑结构和与普通线性表一样。其特点在于运算受到了规则限制：栈必须按"后进先出"的规则进行操作，故称运算受限制的线性表。

16.2.1 栈的概念

栈（Stack）是限制在表的一端进行插入和删除的线性表。允许插入、删除的这一端称为栈顶，另一个固定端称为栈底。当表中没有元素时称为空栈。

如图 16.10 所示，栈中有 n 个元素，进栈的顺序是 a_1、a_2、…、a_n，当需要出栈时其顺序为 a_n、…、a_2、a_1，所以栈又称为后进先出的线性表，简称 LIFO 表。在日常生活中，常常遇到的一摞书或者一摞盘子，若规定只能从顶部拿或者放，那么其

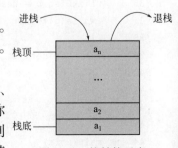

图 16.10　栈结构示意

也相当于一个栈。

16.2.2　栈的基本运算

如果需要使保存数据与输出数据顺序相反时，就需要用一个栈来实现。对于栈，常做的基本运算有：

（1）栈初始化：Init_Stack（s）

初始条件：栈 s 不存在。

操作结果：构造了一个空栈。

（2）判栈空：Empty_Stack（s）

初始条件：栈 s 已存在。

操作结果：若 s 为空栈，返回为 1；否则返回为 0。

（3）入栈：Push_Stack（s，x）

初始条件：栈 s 已存在。

操作结果：在栈 s 的顶部插入一个新元素 x，x 成为新的栈顶元素。栈发生变化。

（4）出栈：Pop_Stack（s）

初始条件：栈 s 存在且非空。

操作结果：栈 s 的顶部元素从栈中删除，栈中少了一个元素。栈发生变化。

（5）读栈顶元素：Top_Stack（s）

初始条件：栈 s 存在且非空。

操作结果：栈顶元素作为结果返回，栈不变化。

16.2.3　链栈

栈的存储结构分为两种：顺序栈和链栈。为了结合前面的知识，在本节中，只对链栈进行介绍。通常将链栈表示成图 16.11 所示的形式。

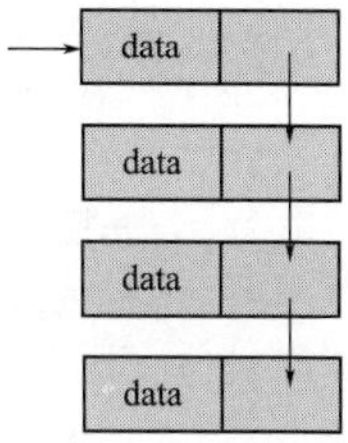

用链式存储结构实现的栈称为链栈。通常链栈用单链表表示，因此其结点结构与单链表的结构相同，在此用 LinkStack 表示，即有：

图16.11　链栈示意

```
typedef char DataType ;          /* 假设结点的数据域类型是字符 */
typedef  struct node
{
    DataTpye data;
    struct node *next;
}StackNode,* LinkStack;
LinkStack  top ;                 /* 说明 top 为栈顶指针 */
```

因为栈中的主要运算是在栈顶插入、删除，所以很显然在链表的头部做栈顶是最方便的，而且没有必要像单链表那样为了运算方便附加一个头结点。

【实例 16.6】　链栈基本操作的实现如示例代码 16.6 所示。

示例代码16.6　链栈基本操作的实现

```
01 #include "stdio.h"                    /* 包含系统函数头文件 */
02 #include "stdlib.h"
```

```
03
04 typedef char DataType;                          /* 假设结点的数据域类型是字符 */
05 typedef struct node
06 {
07     DataType data;
08     struct node *next;
09 }StackNode;
10
11 typedef struct{
12     StackNode * top;                            /* 栈顶结点 */
13 }LinkStack;
14
15 /* 置空栈 */
16 void  Init_LinkStack(LinkStack *s)
17 {
18     s->top = NULL;                              /* 设置空 */
19 }
20 /* 判栈空 */
21 int  Empty_LinkStack(LinkStack *s )
22 {
23     return (s->top == NULL);
24 }
25 /* 入栈 */
26 void Push_LinkStack(LinkStack * s, DataType x)
27 {
28     StackNode  *p;
29     p = (StackNode*)malloc(sizeof(StackNode));
30     p->data=x;
31     p->next= s->top;
32     s->top=p;
33 }
34 /* 出栈 */
35 DataType Pop_LinkStack(LinkStack  * s)
36 {
37     DataType x;
38     StackNode  *p = s->top;
39     if(Empty_LinkStack(s))
40     {
41         printf("Stack empty\n");
42         return 0;
43     }
44     x = p->data;
45     s->top = p->next;
46     free (p);
47     return  x;
48 }
49
50 int main(void)                                  /* 主函数 */
```

```
51  {
52      LinkStack  top ;                          /*说明top为栈顶指针*/
53      char ch = 0;
54      Init_LinkStack(&top);
55      while((ch = getchar())!= '\n')
56      {
57          Push_LinkStack(&top, ch);             /*把接收到的数据入栈*/
58      }
59      while(!Empty_LinkStack(&top))
60      {
    /*数据出栈,并显示*/
61          printf("%c ", Pop_LinkStack(&top));
62      }
63      getch( );                                 /*暂停*/
64      return 0;                                 /*返回*/
65  }                                             /*主函数完*/
```

【代码解析】 代码第 16 ~ 19 行，是初始化栈函数。代码第 21 ~ 24 行，是判栈空函数。代码第 26 ~ 33 行，是入栈函数。代码第 36 ~ 48 行，是出栈函数。

【运行效果】 编译并执行程序后，输入 "abcdefghijl" 后，其最后输出的结果如图 16.12 所示。所有的字符输出顺序与输入刚好相反。

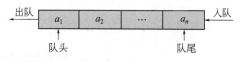

图 16.12　链栈基本操作示例结果

16.3　队列

与栈一样，队列也是常用的数据结构，其逻辑结构和普通线性表一样。其特点是按 "先进先出" 的规则进行操作，也是运算受限制的线性表。

16.3.1　队列的概念

队列（Queue）是只允许在一端进行插入，而在另一端进行删除的运算受限的线性表。允许删除的一端称为队头（Front），允许插入的一端称为队尾（Rear）。当队列中没有元素时称为空队列。队列亦称作先进先出（First In First Out）的线性表，简称为 FIFO 表。

队列的修改是依先进先出的原则进行的。新来的成员总是加入队尾（即不允许 "加塞"），每次离开的成员总是队列头上的成员（不允许中途离队），即当前 "最老的" 成员离队。

在队列中依次加入元素 a_1、a_2、…、a_n 之后，a_1 是队头元素，a_n 是队尾元素。退出队列的次序只能是 a_1、a_2、…、a_n。队列结构如图 16.13 所示。

图 16.13　队列的结构

16.3.2　队列的基本运算

队列中的常用操作有如下几个：

（1）InitQueue（Q）

置空队。构造一个空队列 Q。

（2）QueueEmpty（Q）

判队空。若队列 Q 为空，则返回真值，否则返回假值。

（3）InQueue（Q，x）

若队列 Q 非满，则将元素 x 插入 Q 的队尾。此操作简称入队。

（4）OutQueue（Q）

若队列 Q 非空，则删去 Q 的队头元素，并返回该元素。此操作简称出队。

（5）QueueFull（Q）

判队满。若队列 Q 为满，则返回真值，否则返回假值。

注意：该操作只适用于队列的顺序存储结构。

16.3.3　链队列

队列的链式存储结构简称为链队列。其是仅在表头删除和表尾插入的单链表。不过，由于单链表的头指针不便于在表尾做插入操作，为此需要再增加一个尾指针，指向链表上的最后一个结点。

所以一个链队列由一个头指针和一个尾指针唯一确定。并且将这两个指针封装在一起，定义为一个 LinkQueue 结构体类型。如图 16.14 所示。

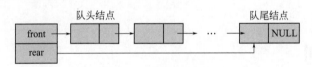

图 16.14　队列示意图

队列结构体的定义如下所示：

```
typedef char DataType;          /* 假设结点的数据域类型是字符 */
typedef struct node
{
    DataType data;
    struct node *next;
}QueueNode;

typedef struct{
    QueueNode * front;
    QueueNode * rear;
}LinkQueue;
```

【实例 16.7】　链队列的基本操作如示例代码 16.7 所示。

示例代码16.7　链队列的基本操作

```
01 #include "stdio.h"                          /*包含系统函数头文件*/
02 #include "stdlib.h"
03
04 typedef char DataType;                       /* 假设结点的数据域类型是字符*/
```

```
05  typedef struct node
06  {
07      DataType data;
08      struct node *next;                      /* 链结点指针 */
09  }QueueNode;
10
11  typedef struct{
12      QueueNode * front;                      /* 队头指针 */
13      QueueNode * rear;                       /* 队尾指针 */
14  }LinkQueue;
15
16  /* 置空队 */
17  void InitQueue(LinkQueue *Q)
18  {
19      Q->front=Q->rear=NULL;
20  }
21  /* 判队空 */
22  int QueueEmpty(LinkQueue *Q)
23  {
    /* 判断队头和队尾指针是否为空 */
24      return Q->front==NULL&&Q->rear==NULL;
25  }
26  /* 入队 */
27  void InQueue(LinkQueue *Q,DataType x)
28  {/* 将元素x插入链队列尾部，创建新结点 */
29      QueueNode *p=(QueueNode *)malloc(sizeof(QueueNode));
30      p->data=x;
31      p->next=NULL;
32      if(QueueEmpty(Q))
33      {
34          Q->front=Q->rear=p;                 /* 将x插入空队列 */
35      }
36      else                                    /* x插入非空队列的尾 */
37      {
38          Q->rear->next=p;                    /* p链到原队尾结点后 */
39          Q->rear=p;                          /* 队尾指针指向新的尾 */
40      }
41  }
42  /* 出队 */
43  DataType OutQueue(LinkQueue *Q)
44  {
45      DataType x;
46      QueueNode *p;
47      if(QueueEmpty(Q))
48      {
49          printf("Queue empty\n");
50      }
51      p=Q->front;                             /* 指向对头结点 */
```

```
52        x=p->data;                              /*保存对头结点的数据*/
53        Q->front=p->next;                       /*将对头结点从链上摘下*/
54        if(Q->rear==p)
55        {
56            Q->rear=NULL;
57        }
58        free(p);                                /*释放被删队头结点*/
59        return x;                               /*返回原队头数据*/
60    }
61
62  int main(void)                                /*主函数*/
63  {
64        LinkQueue   queue ;                     /*定义queue为队列指针*/
65        char ch = 0;
66        InitQueue(&queue);                      /*初始化队列指针*/
67        while((ch = getchar( ))!= '\n')
68        {
69            InQueue(&queue, ch);                /*入队操作*/
70        }
71        while(!QueueEmpty(&queue))
72        {
73            printf("%c ", OutQueue(&queue));     /*出队操作*/
74        }
75        getch( );                               /*暂停*/
76        return 0;                               /*返回*/
77  }                                             /*主函数完*/
```

【代码解析】 代码第 17 ～ 20 行，是初始化队列函数。代码第 22 ～ 25 行，是判队空函数。代码第 27 ～ 41 行，是入队函数。代码第 43 ～ 60 行，是出队函数。其中代码第 54 行，当原队中只有一个结点，删去后队列变空，此时队头指针已为空，所以要设置一下。

图 16.15　链队列的基本操作结果

【运行效果】 编译并执行程序后，输入"abcdefghi"，最后输出的结果如图 16.15 所示。

16.4　快速排序函数

在当今社会里，人们经常要在浩如烟海的信息中查找某条信息。要使这种查找操作有效，就必须按某种合理的次序存储信息。例如，若图书馆的书籍及文献资料不是分门别类地存储，我们又如何能够快速地找到需要的书籍和文献呢？这就需要用到排序。通过排序，能够使原来没有次序的数据，按某种顺序进行排列。例如，从大到小，或者从高到低等等。

快速排序（Quicksort）是对冒泡排序的一种算法改进。其基本思想是：通过一趟排序将要排序的数据分割成独立的两部分，其中一部分的所有数据都比另外一部分的所有数据要小，然后再按此方法对这两部分数据分别进行快速排序，整个排序过程可以递归进行，以此达到整个数据变成有序序列。

假设需要排序的数组是 A[0]、…、A[N-1]，首先通常选用第一个元素数据作为关键数据，然后将所有比其小的数都放到其前面，所有比其大的数都放到后面，这个过程称为一趟快速排序。一趟快速排序的算法如下：

① 设置两个变量 i、n，排序开始的时候：i=0，n=N-1。

② 将 A[0] 的值赋值给 key。

③ 从 n 开始向前搜索，即由后开始向前搜索，找到第一个小于 key 的值 A[n]，并与 A[n] 进行交换。

④ 从 *i* 开始向后搜索，即由前开始向后搜索，找到第一个大于 key 的 A[i]，与 A[n] 交换。

⑤ 重复第 3～5 步，直到 i=n。

例如：待排序的数组 A 的值分别是：

```
33,23,99,27,13,66,48
```

初始关键数据：key 的值为 33（注意 key 值不变，因为都是和 key 值进行比较，无论在什么位子，最后的目的就是把 key 值放在中间，小的放前面，大的放后面）。

按照算法的第三步从后向前开始找，小于 key 的值进行交换。此时，n=5，进行第一次交换后数据如下所示：

```
13,23,99,27,33,66,48
```

按照算法的第四步从前向后开始找，大于 key 的值进行交换，此时，i=3，进行第二次交换后：

```
13,23,33,27,99,66,48
```

按照算法的第五步将又一次执行算法的第三步，即从后开始找，此时，n=4，进行第三次交换后：

```
13,23,27,33,99,66,48
```

此时再执行第三步的时候就发现 i=n，从而结束一趟快速排序，那么经过一趟快速排序之后的结果是：

```
13,23,27,33,99,66,48
```

所以大于 33 的数全部在 33 的后面，小于 33 的数全部在 33 的前面。

快速排序就是递归调用此过程，以 key 值为中点分割这个数据序列，分别对前面一部分和后面一部分再进行快速排序，从而完成全部数据序列的快速排序，最后把此数据序列变成一个有序的序列，这就是快速排序的思想。

【实例 16.8】 快速排序法的算法如示例代码 16.8 所示。

示例代码16.8　快速排序法的算法

```
01 #include "stdio.h"                          /* 包含系统函数头文件 */
02 int partitions(int a[],int low,int high)    /* 划分函数 */
03 {
04     int key=a[low];                          /* 设置关键值 */
05     while(low<high)                          /* 从区间两端交替向中间扫描，直到i=n为止 */
06     {
07     /* 相当于在位置i上 */
08         while(low<high && a[high]>= key)
09         {
```

```
10              --high;                           /* 从后向前扫描,查找小于关键值的记录A[n]*/
11          }
12          a[low]=a[high];
13          while(low<high && a[low]<= key)
14          {
15              ++low;                            /* 从前向后扫描,查找大于关键值的记录A[i]*/
16          }
17          a[high]=a[low];
18      }
19      a[low]= key;                              /* 设置key值 */
20      return low;                               /* 返回划分中点 */
21  }
22
23  void qsort(int a[],int low,int high)          /* 排序函数 */
24  {
25      int mid;
26      if(low<high)
27      { /* 递归调用 */
28          mid=partitions(a,low,high);           /* 划分区间 */
29          qsort(a,low,mid-1);                   /* 前区间排序 */
30          qsort(a,mid+1,high);                  /* 后区间排序 */
31      }
32  }
33
34  int main( )                                   /* 主函数 */
35  {
36      int i = 0;
37       int a[]={50,88,22,89,18,87,13,66,99,77,21,38,68,78};
38
39      for(i=0;i<sizeof(a)/sizeof(a[0]);i++)     * 遍历显示数组中的元素 */
40      {
41          printf("%3d",a[i]);
42      }
43      printf("\n");
44      quicksort(a, sizeof(a)/sizeof(a[0])-1);   /* 调用快速排序函数 */
45      for(i=0;i<sizeof(a)/sizeof(a[0]);i++)
46      {
47          printf("%3d",a[i]);
48      }
49      printf("\n");
50      getch( );                                 /* 暂停 */
51      return 0;
52  }                                             /* 主函数结束 */
```

【代码解析】 代码第 3 ~ 21 行,是进行区间划分函数的实现。代码第 23 ~ 32 行,是排序函数的实现。其中,代码第 28 ~ 31 行,是递归调用排序函数的实现。

【运行效果】 编译并执行程序后,最后结果如图 16.16 所示。

```
50 88 22 89 18 87 13 66 99 77 21 38 68 78
13 18 21 22 38 50 66 68 77 78 87 88 89 99
```

图16.16　快速排序结果

本章小结

　　本章主要对数据结构和算法进行了简单介绍，其中，单链表是最常用的数据结构之一。掌握好其创建及操作方法，可为以后学习更高级的数据结构打下基础。而后面介绍的栈和队列这两种数据结构的应用也非常广泛，只要问题满足后进先出和先进先出原则，均可使用栈和队列作为其数据结构。在本章的最后，对快速排序法进行了理论及函数实现介绍。有了本章的基础，读者可以体会到用计算机解决现实问题的步骤和方法。下一章就是一个典型应用了，咱们可以一起体会。

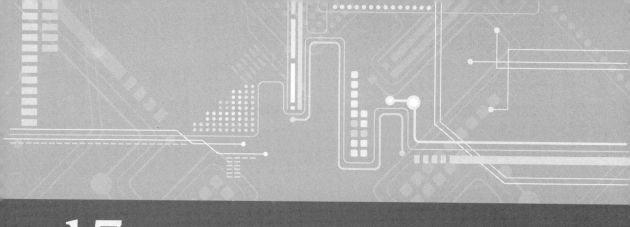

第17章
学生管理系统的开发

本章主要通过某学校的开发实例，来介绍如何进行学生管理系统项目的需求分析、概要设计、界面设计及功能设计。

本章中主要涉及的内容如下：

❑ 需求分析：介绍如何编写需求分析文档。
❑ 界面设计：介绍如何进行管理系统的界面设计及文档编写。
❑ 功能设计：介绍如何进行管理系统的概要设计及各功能模块的编写。
❑ 测试用例设计：介绍如何进行测试用例设计及文档编写。
❑ 系统整合测试：介绍如何进行学生管理系统整合测试。

17.1 学生管理系统需求分析

根据与学校方面沟通得到的需求内容，需要对其进行功能需求分析，将其转换为程序员能阅读的项目需求文档。

技巧：对语言描述的分析要功能越简单越好。

（1）引言

某学校人员管理比较混乱，现需要开发一款单机版的学生人员管理系统，对该校学生人员进行登记和管理。特制订本说明书来描述该校学生人员管理系统项目开发的功能性需求。

① 编写目的

使用技术性语言来对某学校的学生人员管理系统项目开发的需求进行描述。

② 项目背景

❑ 项目提出者：某学校。

❑ 项目开发者：某软件公司。

❑ 用户：某学校的工作人员。

（2）文档范围

包含某学校学生人员管理系统项目的开发需求。

（3）使用对象

本说明书使用对象主要是与某学校学生人员管理系统开发相关的需求分析、程序设计、代码编写、测试和维护等部门（单位）的人员。

（4）参考文献

无。

（5）系统具有的功能

① 能够显示主菜单和界面

提供主菜单，方便用户进入相应的功能界面进行操作，在操作完成后还可以返回到主菜单界面。

② 能够将所有的数据存盘

在学生人员管理系统中录入的数据可以保存到电脑硬盘上，在下次进入时能够继续读写、修改、查询等。

③ 能够对登录人员进行管理

在系统中可以修改登录密码，这样在密码泄露后可以及时进行修改，同时对输入密码进行判断，如果两次输入的新密码相同，可以修改，否则不允许修改。

④ 能够增加学生人员的信息

在系统中可以增加学生人员的信息，即可以录入新的学生人员信息。

⑤ 能够删除学生人员的信息

在系统中可以删除指定的学生人员的信息。

⑥ 能够进行学生人员信息的修改

在系统中可以对指定学生信息进行修改。

⑦ 能够进行学生人员信息的浏览查询

在系统中可以对全部学生人员进行查询。

17.2　学生管理系统界面设计

根据前面的需求分析文档，笔者编写的学生人员管理系统的操作界面设计文档内容如下所示：

（1）引言

① 编写目的

为了让所有的项目开发人员明确学生人员管理系统的操作界面是如何设计的，特制订本文档来描述本公司学生人员管理系统的操作界面。

② 项目背景

❑ 项目提出者：某公司。

❑ 项目开发者：某软件公司。

❑ 用户：校方工作人员。

（2）文档范围

包含本公司学生人员管理系统的操作界面设计。

（3）使用对象

本说明书使用对象主要是程序设计、代码编写、测试及维护等部门（单位）的人员。

（4）参考文献

《学生人员管理系统需求分析说明书》。

（5）菜单界面设计

① 主界面的设计

登录主界面设计，如图 17.1 所示。

② 菜单界面的设计

管理系统的菜单界面设计如图 17.2 所示。

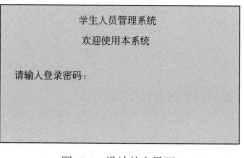

图17.1　设计的主界面

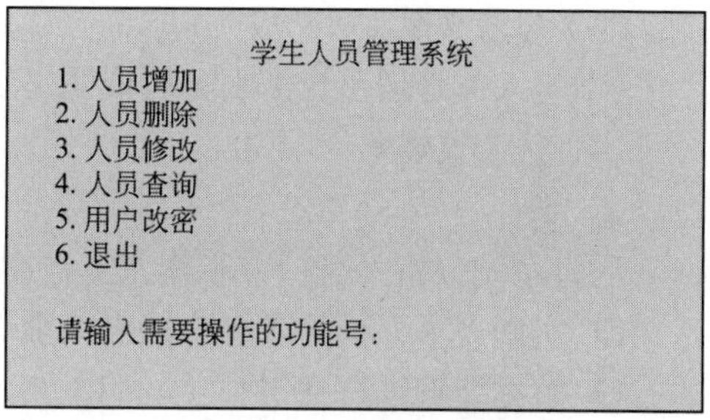

图17.2　设计的菜单界面

③ 菜单结构的设计

管理系统的菜单结构设计如图 17.3 所示。

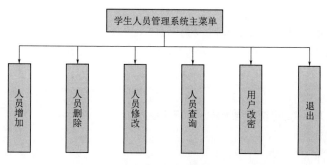

图17.3　设计的菜单结构

17.3 学生管理系统功能设计

在本节中，将对学生管理系统进行概要设计和详细设计。所谓概要设计，就是对整个系统的功能进行概念性的设计，概括地说就是解决"系统应该如何实现"这个问题。而详细设计就是具体对每个功能进行设计，为了节约篇幅，本节同时把模块代码附上。

17.3.1 学生管理系统概要设计

笔者编写的学生人员管理系统的概要设计文档内容如下所示：

（1）引言

① 编写目的

为了让各个开发人员明白学生人员管理系统的总体设计思路，并且能够按照概要设计的要求完成各功能目标，特制订本文档。

② 项目背景

❑ 项目提出者：某学校。

❑ 项目开发者：某软件公司。

❑ 用户：校方工作人员。

（2）术语

（3）参考文献

《学生人员管理系统需求分析说明书》。

（4）任务概述

① 目标

通过系统分析并与校方工作人员再次探讨，确定系统的最终目标如下。

❑ 实现需求分析阶段客户提出的全部功能。

❑ 数据能够进行备份。

② 开发软件及硬件环境

❑ Intel® 多核心处理器，至少 1GB 内存、320GB 硬盘。

❑ Microsoft® Windows ™ 7。

❑ Microsoft® Visual C++ 6.0。

③ 需求概述

参见《学生人员管理系统需求分析说明书》。

④ 条件与限制

无。

（5）总体设计

① 学生人员管理系统的功能架构如图 17.4 所示。

② 各功能处理流程

参见各详细设计。

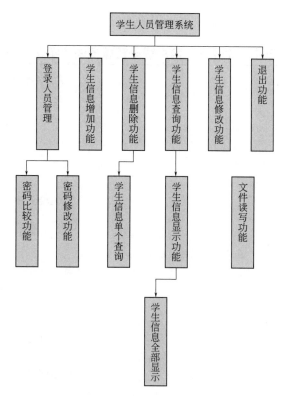

图17.4　学生人员管理系统的功能架构

（6）接口设计

内容参见《学生人员管理系统操作界面设计文档》。

（7）出错处理设计

① 出错输出信息

当运行中出现错误，采用命令行报错的方式来提示用户出现错误。

② 出错处理对策

当运行中出现错误，采用中止当前输入并退出的方法来处理系统中错误。

（8）维护设计

由于整个学生人员管理系统项目在开发完成后，基本不会有太多的变动。所以维护主要的任务是把用户使用中的错误进行解决。

17.3.2　用户登录管理模块的设计

用户登录管理模块，主要是对用户输入的密码进行验证，如果密码正确，返回成功信息给主调函数；如果不正确，返回失败信息给主调函数。同时，需要支持用户密码修改功能。故设计如下 2 个函数：

```
int login( );                          /*密码登录函数*/
int modify_pwd( );                     /*密码修改函数*/
```

其中 login（ ）主要用于人员登录时，对接收到的密码进行验证。而 modify_pwd（ ）函数主要用于用户密码修改。

【**实例 17.1**】 用户登录管理模块的实现代码如示例代码 17.1 所示。

示例代码17.1 用户登录管理模块的实现代码

```
01 #include "stdio.h"                                        /*包含各种函数处理头文件*/
02 #include "stdlib.h"
03 #include "string.h"
04 #include "file.h"
05 #include "register.h"
06 #include "types.h"
07
08 int login( )                                              /*密码登录函数*/
09 {
10      unsigned char pwd[PASSWORD_LEN+1] = {0};
11      unsigned char temp[PASSWORD_LEN+1] = {0};
12      passfile_read(pwd);                                  /*调用读密码接口函数，读取密码*/
13      print_title( );                                      /*调用显示标题函数，显示标题*/
14      print_line( );                                       /*显示空行*/
15      printf("  请输入登录密码：");
16    scanf("%s", temp);                                     /*接收用户输入的密码*/
17
18      if(0 == strcmp(pwd, temp))                           /*比较两个密码是否相同*/
19      {
20          return SUCC;                                     /*相同返回成功*/
21      }
22
23      printf("  密码错误,请重新输入!\n");                    /*不相同，给出提示*/
24      system("PAUSE");                                     /*调用系统的暂停命令*/
25
26      return PWD_ERROR;                                    /*返回错误代码给主调函数*/
27 }
28
29 int modify_pwd(void)                                      /*密码修改函数*/
30 {
31      char pwd1[PASSWORD_LEN + 1];
32      char pwd2[PASSWORD_LEN + 1];
33      print_title( );                                      /*显示标题*/
34      printf(" 请输入新密码   ：");
35      scanf("%s",pwd1);
36      printf(" 请再次输入新密码：");
37      scanf("%s", pwd2);
38
39      if(0 == strcmp(pwd1, pwd2))                          /*比较两次输入的密码是否相同*/
40      {
41          if(SUCC == passfile_write(pwd1))                 /*将新密码写入配置文件*/
42          {
43              printf(" 密码修改成功 \n");
44              return SUCC;
```

```
45            }
46        }
47
48        printf(" 密码修改失败 \n");
49        system("PAUSE");                        /*调用系统暂停命令*/
50
51        return PWD_ERROR;                        /*返回错误值*/
52 }
```

【代码解析】 代码第 5 行，是调用读密码接口函数，读取密码到内存中。代码第 11 行，是对用户输入的密码和配置文件中密码进行比较，如果相同，则登录成功；否则返回失败信息给主函数。

17.3.3　文件读写模块的设计

在文件读写模块中，需要设计 4 个读写接口，其中包括人员数据文件读写和登录密码文件读写。

学生人员数据读写接口，包含如下两个函数：

```
int datefile_read(STUDENT_TABLE * ptable);
int datefile_write(STUDENT_TABLE * ptable);
```

其中，datefile_read（）主要用于将人员信息从文件中读取出来。datefile_write（）主要用于将人员信息写回到文件之中。

登录密码数据读写接口，包含如下两个函数：

```
int passfile_read(unsigned char * pwd);
int passfile_write(unsigned char * pwd);
```

其中，passfile_read（）主要用于将登录时使用的密码从配置文件中读取出来。passfile_write（）主要用于将修改的密码写入到配置文件之中。

【实例 17.2】 文件读写接口文件的实现代码如示例代码 17.2 所示。

示例代码17.2　文件读写接口文件的实现

```
01 #include "stdio.h"                            /*包含系统处理函数头文件*/
02 #include "stdlib.h"
03 #include "types.h"
04
05 char * datefile = "date.bin";
06 char * configfile = "config.bin";
07
08 int isEmpty(FILE * fp)                         /*判断文件是否为空函数*/
09 {
10        long n = 0;
11        fseek(fp, 0, SEEK_END);
12        n = ftell(fp);
13        fseek(fp, 0, SEEK_SET);                  /*重新移动位置指针到文件头*/
14        if(n == 0)
15        {
16            return 1;
```

```
17          }
18      return 0;
19  }
20  /*用于把学生信息从数据文件中读出来*/
21  int datefile_read(STUDENT_TABLE * ptable)
22  {
23      FILE * fp = NULL;
24      fp = fopen(datefile, "rb");              /*打开指定数据文件*/
25      if(fp == NULL)
26      {
27          return OPEN_FILE_ERROR;
28      }
29
30      if(!isEmpty(fp))                         /*判断当前文件是否为空*/
31      {
32          while(1)
33          {
34              if(1 != fread((void*)&(ptable->table[ptable->count]),
                 sizeof(STUDENT), 1, fp))
35              {
36                  if(feof(fp))                 /*判断文件是否结束*/
37                  {
38                      break;
39                  }
40                  else
41                  {
42                      return READ_FILE_ERROR;
43                  }
44              }
45              ptable->count++;                 /*增加计数*/
46          }
47      }
48
49  fclose(fp);
50      return SUCC;
51  }
52  /*数据文件写入函数*/
53  int datefile_write(STUDENT_TABLE * ptable)
54  {
55      FILE * fp = NULL;
56      int i = 0;
57      fp = fopen(datefile, "wb");              /*打开指定数据文件*/
58      if(fp == NULL)
59      {
60          return OPEN_FILE_ERROR;
61      }
62      for(i=0; i<ptable->count; i++)
```

```
63          {
        /*将数据写入到数据文件中*/
64              if(1 != fwrite((void*)&(ptable->table[i]), sizeof(STUDENT), 1, fp))
65              {
66                  return WRITE_FILE_ERROR;
67              }
68          }
69          fclose(fp);                              /*关闭文件*/
70          return SUCC;
71  }
72
73  int passfile_read(unsigned char * pwd)          /*读取密码配置文件*/
74  {
75          FILE * fp = NULL;
76          fp = fopen(configfile, "rb");           /*打开指定配置文件*/
77          if(fp == NULL)
78          {
79              return OPEN_FILE_ERROR;
80          }
81          if(PASSWORD_LEN != fread(pwd, sizeof(char), PASSWORD_LEN, fp))
82          {
83              return READ_FILE_ERROR;
84          }
85          fclose(fp);                              /*关闭文件*/
86          return SUCC;
87  }
88
89  int passfile_write(unsigned char * pwd)         /*写入密码配置文件*/
90  {
91          FILE * fp = NULL;
92          fp = fopen(configfile, "wb");           /*打开指定文件*/
93          if(fp == NULL)
94          {
95              return OPEN_FILE_ERROR;
96          }
97          if(PASSWORD_LEN != fwrite(pwd, sizeof(char), PASSWORD_LEN, fp))
98          {
99              return WRITE_FILE_ERROR;
100         }
101         fclose(fp);                              /*关闭文件*/
102         return SUCC;
103 }
```

【代码解析】 代码第 8 ~ 19 行，是判断文件是否为空函数的实现。代码第 21 ~ 51 行，是读取信息文件接口函数的实现。其中第 36 ~ 39 行，需要添加 feof（）来判断。代码第 53 ~ 71 行，是人员信息写入接口函数的实现。代码第 73 ~ 87 行，是读取配置文件接口函数的实现。代码第 89 ~ 103 行，是配置文件密码写入接口函数的实现。

17.3.4　学生信息显示模块设计

学生信息显示模块主要负责将读取到的学生数据显示出来，属于查询模块的一个子模块。其主要包含显示信息头和信息体 2 个函数。

【实例 17.3】 信息显示模块的函数实现如示例代码 17.3 所示。

示例代码17.3　信息显示模块的函数实现

```
01 static void _disp_info_title(void)                    /*显示信息头函数*/
02 {
03     printf("\tID\t 姓名 \t 年龄 \t 性别 \t 地址 \n");
04 }
05
06 static void _disp_info(STUDENT * pstd)                 /*显示信息体函数*/
07 {
08     printf("\t%d\t%s\t%d\t%s\t%s\n", pstd->id, pstd->name,
09         pstd->age, pstd->sex, pstd->addr);
10 }
```

【代码解析】 代码第 1 ～ 4 行，是格式化显示信息头函数的实现。代码第 6 ～ 10 行，是格式化显示信息体函数的实现。

17.3.5　学生人员增加模块的设计

人员增加模块主要负责将用户输入的学生人员信息添加到数据文件中，即录入新的学生人员。其主要的接口函数为 add_student（）。实现步骤如下：

① 将全部学生信息读到学生信息结构体数组中。

② 把用户输入的信息全部添加到数组的最后。

③ 将计数增加 1。

④ 把全部学生信息重新写回到数据文件中。

【实例 17.4】 人员增加模块接口函数的实现如示例代码 17.4 所示。

示例代码17.4　人员增加模块接口函数的实现

```
01 int add_student(void)                              /*人员增加接口函数实现*/
02 {
03     int status = 0;
04     STUDENT_TABLE st = {{0}};                      /*学生信息结构体数组*/
05     print_title();                                 /*显示标题*/
06     status = datefile_read(&st);                   /*从文件中读取数据*/
07     if(SUCC != status)
08     {
09         return status;
10     }
11     /*提示用户输入信息及其格式*/
12     printf(" 请输入学生相关信息: ID NAME AGE SEX ADDR\n ");
13     /*接收用户输入的学生信息*/
14     scanf("%d%s%d%s%s", &(st.table[st.count].id), st.table[st.count].name,
```

```
15              &(st.table[st.count].age), st.table[st.count].sex, st.table[st.count].addr);
16
17          st.count++;                          /*增加相应的计数*/
18
19          status = datefile_write(&st);        /*把数据写回到文件中*/
20          if(SUCC != status)
21          {
22              return status;
23          }
24
25          printf("增加人员信息成功\n");          /*提示用户*/
26
27          return SUCC;
28    }
```

【代码解析】 代码第 6 行，是将文件中的学生信息全部读出来。代码第 15 行，是把用户输入的信息直接添加到整个信息数组的最后，即有效数据的后面。代码第 19 行，是添加完成后的学生信息重新写回到文件之中。

17.3.6 学生人员删除模块的设计

学生人员删除模块主要负责将用户指定的学生人员信息删除。为了实现简单，在这里采用了按 ID 查找的方法。实现步骤如下：

① 将全部学生信息从数据文件中读取出来。

② 显示查询信息，方便用户知道需要删除哪个学生信息。

③ 接收用户输入的 ID 号。

④ 根据 ID 号在学生信息结构体数组中查找是否有该 ID，有则将其索引号保留下来；没有则进行提示并返回。

⑤ 将找到的学生信息从数组中删除。

⑥ 将删除位置后面的数据全部向前移动。

⑦ 将删除后的全部学生信息写入到数据文件中。

【实例 17.5】 删除指定学生信息接口函数的实现如示例代码 17.5 所示。

示例代码17.5　删除指定学生信息接口函数的实现

```
01  /*删除指定位置的信息，并将后面信息向前移动*/
02  static _remove_info(STUDENT_TABLE * ptable, int index)
03  {
04      int i = index;
05      for(;i<ptable->count-1; i++)
06      {
07          memcpy((void*)&ptable->table[i], (void*)&ptable->table[i+1],
    sizeof(STUDENT));
08      }
09
10      ptable->count--;
11  }
```

```
12
13  int remove_student(void)                        /*删除学生信息接口函数*/
14  {
15      int status = 0;                             /*定义并初始化变量*/
16      int i     = 0;
17      int id    = 0;
18      int found = 0;
19      STUDENT_TABLE st = {{0}};
20      status = datefile_read(&st);                /*从文件中读取数据*/
21      if(status != SUCC)
22      {
23          return status;
24      }
25      status = query_student();
26      if(status != SUCC)
27      {
28          return status;
29      }
30      print_line();                               /*显示空行*/
31      printf(" 请输入需要删除的学生ID号: ");
32      scanf("%d", &id);                           /*接收用户输入的ID号*/
33      for(i=0; i<st.count; i++)                    /*查找用户输入的ID号是否存在*/
34      {
35          if(id == st.table[i].id)
36          {
37              found = 1;                          /*设置找到标志*/
38              break;
39          }
40      }
41      print_line( );
42      if(1 == found)                              /*判断是否找到*/
43      {
44          _remove_info(&st, i);                   /*调用删除及移动函数*/
45
46          return datefile_write(&st);             /*将全部信息重新写回文件*/
47      }
48      printf(" 未找到输入的ID号\n");
49      return SUCC;
50  }
```

【代码解析】 代码第 2 ~ 11 行,是删除指定索引号的学生信息,并将删除位置后的全部学生信息移动到前面。代码第 13 ~ 50 行,是删除人员信息函数的实现。其中第 33 ~ 40 行,是根据用户输入的数据进行查找,找到就设置标志;没有找到就不设置标志。

17.3.7 学生信息修改模块的设计

学生信息修改模块主要负责将用户指定的学生信息内容进行修改。为了实现简单,在这里进行的都是全部内容修改。其步骤如下所示:

①将数据文件中的学生信息全部读取。

②显示当前数据文件中的全部信息。

③根据用户输入的 ID 号，查找对应的学生信息。

④如果找到相应的 ID 号，就允许用户重新输入该学生的信息。否则就提示用户该学生不存在，并返回。

⑤将修改的全部学生信息重新写回到数据文件中。

【实例 17.6】　学生信息修改模块的函数实现如示例代码 17.6 所示。

示例代码17.6　学生信息修改模块的函数实现

```
01  int modify_student(void)                      /*修改函数实现*/
02  {
03      int status = 0;                           /*定义及初始化变量*/
04      int i       = 0;
05      int id      = 0;
06      int found   = 0;
07
08      STUDENT_TABLE st = {{0}};                 /*定义并初始化学生信息数组*/
09
10      status = datefile_read(&st);              /*从文件中读取数据*/
11
12      if(status != SUCC)
13      {
14          return status;
15      }
16
17      status = query_student();                 /*调用查询函数，显示全部学生信息*/
18
19      if(status != SUCC)
20      {
21          return status;
22      }
23      print_line();                             /*显示空行*/
24      printf("请输入需要修改的学生ID号：");
25      scanf("%d", &id);                         /*接收用户输入的学生ID号*/
26      for(i=0; i<st.count; i++)
27      {
28          if(id == st.table[i].id)              /*查找指定的ID号*/
29          {
30              found = 1;                        /*设置查到标志*/
31              break;
32          }
33      }
34
35      if(1 == found)
36      {
37          /*提示用户并接收用户重新输入的学生信息*/
```

```
38              printf(" 请重新输入学生相关信息： \n ");
39              scanf("%d%s%d%s%s", &(st.table[i].id), st.table[i].name,
40                  &(st.table[i].age), st.table[i].sex, st.table[i].addr);
41              return datefile_write(&st);
42
43          }
44
45      printf(" 未找到输入的ID号\n");
46
47      return SUCC;
48  }
```

【代码解析】 代码第 10 行，是将数据文件中学生信息全部读取出来。代码第 17 行，是调用查询函数，将数据文件中的学生信息显示出来。代码第 24 ～ 33 行，是接收用户输入的 ID 号并进行查找。代码第 35 ～ 43 行，是把查到 ID 号的学生信息进行重新输入。

17.3.8 学生信息查询模块的设计

学生信息查询模块主要负责将学生信息从数据文件中读取出来后，调用格式化显示函数将全部信息显示出来。

【实例 17.7】 学生信息查询模块的函数实现如示例代码 17.7 所示。

示例代码17.7 学生信息查询模块的函数实现

```
01  int query_student(void)                      /* 学生信息查询函数实现 */
02  {
03      int i = 0;
04
05      int status = 0;
06
07      STUDENT_TABLE st = {{0}};                 /* 定义及初始化学生信息数组 */
08
09      print_title( );                           /* 显示标题 */
10
11      status = datefile_read(&st);              /* 从文件中读取数据 */
12
13      if(status != SUCC)
14      {
15          return status;
16      }
17
18      if(st.count == 0)                         /* 没有信息 */
19      {
20          printf(" 现在系统中没有学生相关信息 \n");
21          return NO_INFO;
22      }
23
24      _disp_info_title( );                      /* 调用显示信息头函数 */
```

```
25
26          for(i=0; i<st.count; i++)
27          {
28              _disp_info(&st.table[i]);              /*调用显示信息体函数*/
29          }
30
31          return SUCC;
32  }
```

【代码解析】 代码第 11 行，是将学生信息全部从数据文件中读取出来。代码第 24 ～ 30 行，是将学生信息格式化显示出来。

17.3.9　主菜单模块的设计

主菜单模块是整个界面的主要实现模块。其中包含菜单显示、标题显示和菜单响应函数等。实现步骤如下：

① 用 print_title（ ）函数建立标题栏。

② 用 menu（ ）函数建立主菜单。

③ 用 select_menu（ ）函数接收用户选择的菜单栏，并调用相应的处理函数接口。

④ 在调用完成后，暂停一下，让用户有时间看清楚显示的内容。

【实例 17.8】 主菜单界面函数实现如示例代码 17.8 所示。

示例代码17.8　主菜单界面函数实现

```
01  #include "stdio.h"                           /*包含各种处理函数头文件*/
02  #include "stdlib.h"
03  #include "types.h"
04  #include "register.h"
05  #include "func.h"
06
07  void print_title( )                          /*显示管理系统命名*/
08  {
09      system("cls");                           /*调用系统的清除屏幕命令*/
10      printf("\t\t\t学生人员管理系统 \n");
11  }
12
13  int menu()                                   /*建立菜单函数*/
14  {
15      int select = 0;
16      do{
17          print_title( );                      /*显示标题*/
        /*显示各个菜单*/
18          printf(" 1.人员增加 \n");
19          printf(" 2.人员删除 \n");
20          printf(" 3.人员修改 \n");
21          printf(" 4.人员查询 \n");
22          printf(" 5.用户改密 \n");
23          printf(" 6.退出 \n\n");
```

```
24              printf(" 请输入需要操作的功能号： ");
25              scanf("%d", &select);                    /*接收用户的选择*/
26              if(select < 0 || select > 6)
27              {
28                  printf(" 您的选择有问题，请重新选择\n");
29                  system("PAUSE");                     /*调用暂停命令*/
30              }
31              else
32              {
33                  break;                               /*如果用户没有问题，就把其返回调用函数*/
34              }
35          }while(1);                                    /*如果用户选择有问题，则重新循环*/
36          return select;
37  }
38
39  int select_menu( )                                    /*菜单选择函数*/
40  {
41      int sel    = menu( );                             /*调用菜单函数，得到用户的选择*/
42      int status = SUCC;
43      switch(sel)                                       /*根据用户的选择调用相应的函数*/
44      {
45      case 1:                                           /*增加人员*/
46          status = add_student( );
47          break;
48      case 2:                                           /*删除人员*/
49          status = remove_student( );
50          break;
51      case 3:                                           /*修改人员*/
52          status = modify_student( );
53          break;
54      case 4:                                           /*查询人员*/
55          status = query_student( );
56          break;
57      case 5:                                           /*用户改密*/
58          status = modify_pwd( );
59          break;
60      case 6:                                           /*退出*/
61          return SELECT_QUIT;
62          break;
63      }
64      print_line( );                                    /*显示空行*/
65      system("PAUSE");                                  /*暂停*/
66      return status;
67  }
```

【代码解析】 代码第 16 ～ 37 行，是显示主菜单接收用户的选择功能号，如果有问题则重新让用户输入，否则返回给调用函数。代码第 41 ～ 66 行，是根据用户输入的功能号，调用相应的接口函数。

17.3.10　主函数及错误处理模块的设计

主函数是整个程序的核心，所有的调用都从其开始。在主函数中，调用登录模块接口函数，进行用户登录。再调用菜单选择函数，根据用户选择调用功能接口函数。如果中间出错，又由其调用错误处理函数，进行错误处理。

【实例 17.9】 主函数及错误处理模块函数实现如示例代码 17.9 所示。

示例代码17.9　主函数及错误处理模块函数实现

```
01 int process_error(int status)              /*错误处理函数*/
02 {
03     switch(status)                          /*根据状态值，显示错误信息*/
04     {
05     case OPEN_FILE_ERROR:                   /*打开文件错误*/
06         printf("打开文件错误\n");
07         break;
08     case READ_FILE_ERROR:                   /*读文件错误*/
09         printf("读文件错误\n");
10         break;
11     case WRITE_FILE_ERROR:                  /*写文件错误*/
12         printf("写文件错误\n");
13         break;
14     case SELECT_ERROR:                      /*选择的功能号有错误*/
15         printf("选择错误\n");
16         break;
17     case NO_INFO:                           /*没有学生信息*/
18         printf("没有相应信息\n");
19         break;
20     default:
21         printf("未知错误\n");                 /*没有定义的错误值*/
22     }
23     return SUCC;
24 }
25
26 int main()                                  /*主函数*/
27 {
28     int status = 0;
29     while(1)
30     {
31         while(SUCC != login());             /*登录失败继续登录*/
32         while(1)
33         {
34             status = select_menu();         /*调用菜单选择函数*/
35             if(status == SELECT_QUIT)       /*如果是退出码，就重新进行第一重循环*/
36             {
37                 break;                      /*退出本层循环*/
38             }
39             else if(status == SUCC)
```

```
40              {
41                  ;
42              }
43              else
44              {
45                  process_error(status);          /* 显示错误提示到屏幕上 */
46              }
47          }
48      }
49      return 0;
50 }
```

【代码解析】 代码第 1 ～ 24 行，是根据错误值，显示相应的错误提示。代码第 31 行，是调用登录函数，如果登录不成功，就再次调用，直到返回成功，才进入主菜单界面。代码第 34 行，是调用菜单选择函数，创建菜单并接收用户输入。代码第 45 行，是判断功能函数返回的错误值，显示相应的错误提示到屏幕上。

17.3.11 结构体及宏定义

【实例 17.10】 整个程序中所有的结构体及宏定义都放在 types.h 头文件中。如示例代码 17.10 所示。

示例代码17.10 结构体及宏定义

```
01 #ifndef __TYPES_H__
02 #define __TYPES_H__
03
04 #define PASSWORD_LEN 6               /* 定义密码长度宏 */
05 #define NAME_LEN 16                  /* 定义名字长度宏 */
06 #define ADDR_LEN 30                  /* 定义地址长度宏 */
07 #define SEX_LEN 4                    /* 定义性别长度宏 */
08
09 #define SELECT_QUIT      1           /* 定义各种返回值宏 */
10 #define SUCC             0
11 #define OPEN_FILE_ERROR  -1
12 #define READ_FILE_ERROR  -2
13 #define WRITE_FILE_ERROR -3
14 #define PWD_ERROR        -4
15 #define SELECT_ERROR     -5
16 #define NO_INFO          -6
17
18 typedef struct STUDENT_STRU                /* 定义学生信息结构体 */
19 {
20     int        id;
21     char       name[NAME_LEN];
22     int        age;
23     char       sex[SEX_LEN];
24     char       addr[ADDR_LEN];
```

```
25  }STUDENT, * PSTUDENT;
26
27  typedef struct STUDENT_TABLE_STRU        /*定义学生信息表结构体*/
28  {
29      int     count;                       /*当前有效人数*/
30      STUDENT table[255];                  /*最大能接收255个学生信息*/
31  }STUDENT_TABLE;
32
33  void print_title( );                     /*打印title()函数声明*/
34  #define print_line( ) printf("\n")       /*宏定义的显示空行函数*/
35
36  #endif                                   /*头文件宏结束*/
```

【代码解析】 代码第 4 ～ 16 行，是各种长度及错误码宏定义。代码第 18 ～ 25 是定义的学生信息结构体。代码第 27 ～ 31 行，是定义的保存学生信息表的结构体。

17.4 学生管理系统测试用例编写

测试用例文档主要用于指导测试人员对系统的各个功能进行测试。笔者编写的学生人员管理系统的测试用例文档内容如下所示：

（1）引言

本文档主要用于某学校在进行学生人员管理系统项目测试时，提供功能测试的实用案例及测试方法说明。

本文档规定了学生人员管理系统项目测试中所用到的测试环境和测试方法，主要包括测试环境的配置、测试方法的使用和测试项目等内容。

本文档中的测试大项分为"必测"和"选测"两种。"必测"项又分为 A、B 和 C 三类，"选测"项为可选部分。只有如下标准满足时，才认为该功能通过测试：A 类测试项中的"必测"项目内容必须全部通过，方能认定测试合格，符合用户需求；B 类不通过测试项数少于 3 项（含 3 项）；C 类测试项不合格数少于 6 项（含 6 项）；"选测"项的测试结果不对该系统测试总体结论起决定性影响。

本文档由本公司负责解释。

（2）文档范围

本测试用例文档对该学校的学生人员管理系统项目的测试内容和测试方法提出规定。原则上能在本公司内部使用，用于指导本公司的测试人员进行学生人员管理系统项目测试和验收。

（3）使用对象

本测试用例文档使用对象主要是与该学校学生人员管理系统开发相关的需求分析、测试和维护等部门（单位）的人员。

（4）参考文献

①《学生人员管理系统的需求分析说明书》；

②《学生人员管理系统的概要设计文档》；

③《学生人员管理系统的详细设计文档》。

（5）相关术语与缩略语解释

无。

（6）测试环境

测试环境要求可以分为操作系统、硬件配置、测试方法和测试工具四种。

① 操作系统配置

❑ Microsoft® Windows ™ 7/XP。

❑ Microsoft® Windows ™ 10。

❑ 有 MFC 环境的动态库文件，如 MFC42.dll 等。

② 硬件配置

至少 Intel® Pentium 双核级别处理器，1GB 内存，1GB 硬盘剩余空间。

③ 测试方法

人工操作方式。

④ 测试工具

鼠标、键盘。

（7）测试项目

测试项目主要针对学生人员管理系统中各种功能进行整合性测试，共包含如下几个项目。

① 主菜单和界面显示功能的测试，其主要内容如表 17.1 所示。

表17.1　主菜单和界面显示功能的测试

测试编号：1.7.1	类别：A
项目：学生人员管理系统测试	
分项目：主菜单和界面显示功能测试	
测试目的：测试学生人员管理系统中的菜单和界面是否正确显示	
测试配置：	
预置条件：学生人员管理系统源程序已经编译完成，并可以运行；键盘和鼠标已准备好	
测试步骤：运行学生人员管理系统程序，查看菜单和界面	
预期结果：游戏主界面及菜单与操作设计文档中的一致	
判定原则：测试结果必须与预期结果相符，否则不符合要求	
测试记录：游戏主界面和菜单是否正确显示（是/否）	
测试结果：通过/不通过	

② 用户登录功能的测试，其主要内容如表 17.2 所示。

表17.2　用户登录功能的测试

测试编号：1.7.2	类别：A
项目：学生人员管理系统测试	
分项目：用户登录功能测试	
测试目的：测试人员登录中输入正确和错误密码的反应	
测试配置：	

测试编号: 1.7.2	类别: A
预置条件: 学生人员管理系统已经开始运行	
测试步骤: 输入正确的登录密码, 查看界面; 输入错误的登录密码查看界面	
预期结果: 正确密码进入系统菜单; 错误密码给出提示	
判定原则: 测试结果必须与预期结果相符, 否则不符合要求	
测试记录: 是否正确支持登录功能 (是/否)	
测试结果: 通过/不通过	

③ 用户改密码功能的测试, 其主要内容如表 17.3 所示。

表17.3 用户改密码功能的测试

测试编号: 1.7.3	类别: A
项目: 学生人员管理系统测试	
分项目: 用户改密码功能测试	
测试目的: 测试人员改密码是否有效	
测试配置:	
预置条件: 学生人员管理系统已经开始运行; 已经用正确的密码进入系统	
测试步骤: 输入两次相同的新密码, 退出后再登录; 输入两次不同的新密码, 查看界面	
预期结果: 输入两次相同的新密码, 提示修改成功, 并返回主界面; 输入两次不同的新密码, 提示修改失败, 并返回主界面	
判定原则: 测试结果必须与预期结果相符, 否则不符合要求	
测试记录: 人员管理系统中的人员改密码功能是否有效 (是/否)	
测试结果: 通过/不通过	

④ 学生人员增加功能的测试, 其主要内容如表 17.4 所示。

表17.4 学生人员增加功能的测试

测试编号: 1.7.4	类别: A
项目: 学生人员管理系统测试	
分项目: 学生人员增加功能测试	
测试目的: 测试学生人员管理系统中, 人员增加功能是否有效	
测试配置:	
预置条件: 已经登录到系统中	
测试步骤: 选中1, 进入人员增加界面; 任意输入相关人员信息; 敲击回车; 提示输入成功, 返回主菜单; 选中4, 查询人员信息	
预期结果: 在全部人员中有新增加的人员信息	
判定原则: 测试结果必须与预期结果相符, 否则不符合要求	
测试记录: 人员增加功能是否有效 (是/否)	
测试结果: 通过/不通过	

⑤ 学生人员信息删除功能的测试, 其主要内容如表 17.5 所示。

表 17.5　学生人员信息删除功能的测试

测试编号：1.7.5		类别：A
项目：学生人员管理系统测试		
分项目：学生人员信息删除功能测试		
测试目的：测试学生人员管理系统中，人员删除功能是否有效		
测试配置：		
预置条件：给系统中增加一个新学生人员		
测试步骤：选中2，人员删除菜单；进入到删除菜单界面，输入刚才增加的人员号；成功后给出提示，并返回到主菜单界面；选中4，查询人员信息		
预期结果：新增加的人员号被删除		
判定原则：测试结果必须与预期结果相符，否则不符合要求		
测试记录：人员删除功能是否有效（是/否）		
测试结果：通过/不通过		

⑥ 人员查询功能的测试，其主要内容如表 17.6 所示。

表 17.6　人员查询功能的测试

测试编号：1.7.6		类别：A
项目：学生人员管理系统测试		
分项目：人员查询功能测试		
测试目的：测试学生人员管理系统中的查询功能是否有效		
测试配置：		
预置条件：系统中已经有多名学生人员信息		
测试步骤：增加一名新学生人员信息；进入查询菜单，查询结果；删除学生人员信息；进入查询菜单，查询结果		
预期结果：增加的新人员在查询结果中；删除的人员不在查询结果中		
判定原则：测试结果必须与预期结果相符，否则不符合要求		
测试记录：学生人员管理系统中查询功能是否有效（是/否）		
测试结果：通过/不通过		

⑦ 学生信息修改功能的测试，其主要内容如表 17.7 所示。

表 17.7　学生信息修改功能的测试

测试编号：1.7.7		类别：A
项目：学生人员管理系统测试		
分项目：学生信息修改功能的测试		
测试目的：测试学生人员管理系统中的学生修改功能是否有效		
测试配置：		
预置条件：系统中已经有多名学生人员信息		
测试步骤：进入修改菜单，选中一个人员进行信息修改；进入查询菜单，查询结果		
预期结果：修改的学生被显示出来		
判定原则：测试结果必须与预期结果相符，否则不符合要求		

续表

测试编号：1.7.7	类别：A
测试记录：学生人员管理系统中修改功能是否有效（是/否）	
测试结果：通过/不通过	

⑧ 文件读写功能的测试，其主要内容如表 17.8 所示。

表 17.8　文件读写功能的测试

测试编号：1.7.7	类别：A
项目：学生人员管理系统测试	
分项目：文件读写功能测试	
测试目的：测试学生人员管理系统中文件读写功能是否有效	
测试配置：	
预置条件：已经进入系统菜单	
测试步骤：在现在系统中增加2名学生信息；退出程序；再进入系统，选中4，查询刚才增加的2名学生信息是否保存成功	
预期结果：学生信息已经成功保存	
判定原则：测试结果必须与预期结果相符，否则不符合要求	
测试记录：文件读写功能是否有效（是/否）	
测试结果：通过/不通过	

17.5　学生管理系统整合测试

在这一节中，笔者将根据前面的测试用例文档来进行学生人员管理系统的整合测试。在这里，笔者只对其中几个主要的测试用例进行演示。

17.5.1　主菜单和界面显示功能测试演示

这个测试用例主要是测试学生人员管理系统的主菜单和界面显示是否成功，根据测试用例文档，其测试步骤如下所示：

① 使用正确密码登录系统。

② 进入学生人员管理系统，查看菜单和界面，如图 17.5 所示。

判断结果：学生人员管理系统的主菜单和界面显示成功。填写表 17.1 测试结果为"通过"。

图 17.5　学生人员管理系统菜单和界面

17.5.2　用户登录功能测试的演示

根据测试用例文档，用户登录功能测试步骤如下所示：

① 运行程序后，输入正确的密码，如图 17.6 所示，结果如图 17.7 所示。

图17.6　输入正确的密码

图17.7　输入正确密码后的结果

② 运行程序后，输入错误的密码，如图 17.8 所示，结果如图 17.9 所示。

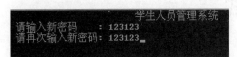

图17.8　输入错误的密码

图17.9　输入错误密码后的结果

判断结果：用户登录功能测试成功。填写表 17.2 测试结果为"通过"。

17.5.3　用户改密码功能测试的演示

根据测试用例文档，学生人员管理系统中用户改密码功能测试步骤如下所示：
① 输入正确密码进入系统，选中 5。
② 输入两次相同的新密码，如图 17.10 所示。提示如图 17.11 所示。

图17.10　输入两次相同的新密码

图17.11　输入两次相同的新密码结果

③ 退出，选中 6。再登录，如图 17.12 所示。结果同图 17.7。

图17.12　退出再登录

④ 输入两次不相同的新密码，如图 17.13 所示，提示如图 17.14 所示。

图17.13　输入两次不相同的新密码

图17.14　输入两次不相同的新密码结果

判断结果：通过比较，用户改密码功能测试成功。填写表 17.3 测试结果为"通过"。

17.5.4　学生人员增加功能测试的演示

测试学生人员管理系统中学生人员增加功能是否有效。根据测试用例文档，其测试步骤如下所示：

① 已经登录到系统中，选中 1，进入学生人员增加菜单，如图 17.15 所示。

图17.15　进入到学生人员增加菜单

② 按格式输入相关人员信息，如图 17.16 所示，结果如图 17.17 所示。

图17.16　按格式输入相关人员信息

图17.17　输入后结果

③ 查询学生信息，如图 17.18 所示。

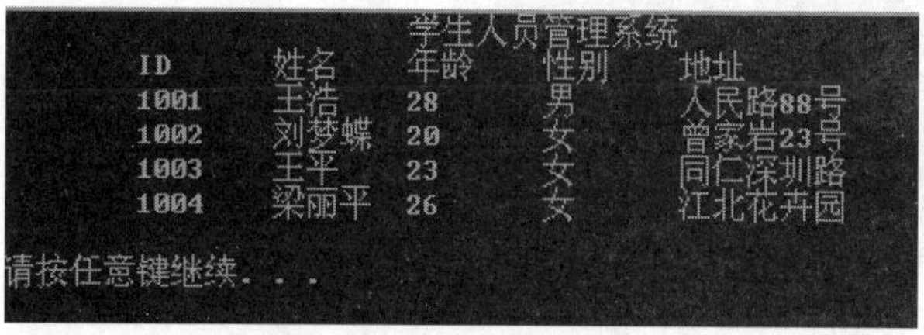

图17.18　查询到的学生信息

判断结果：学生人员管理系统中学生人员增加功能测试成功。填写表 17.4 测试结果为"通过"。

17.5.5　学生人员信息删除功能测试的演示

测试学生人员管理系统中学生人员信息删除功能。根据测试用例文档，其测试步骤如下：

① 给系统中增加一个新学生信息，如图 17.19 所示。

② 进入人员删除菜单。输入刚才增加的人员号（1005），如图 17.20 所示。

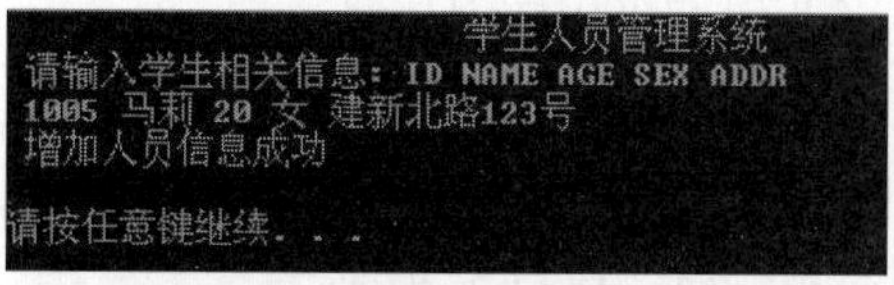

图17.19　给系统中增加一个新学生信息

图17.20　输入刚才增加的人员号

③ 成功后给出提示，如图 17.21 所示。

④ 选中 4，查询人员信息，如图 17.22 所示。

图17.21　成功后给出提示　　　　　　　　图17.22　查询人员信息结果

判断结果：学生人员管理系统中学生人员信息删除功能测试成功。填写表17.5测试结果为"通过"。

17.5.6　学生人员信息查询功能测试的演示

测试学生人员管理系统中学生人员信息查询功能。根据测试用例文档，其测试步骤如下：

图17.23　进入学生人员信息查询菜单结果

① 进入学生人员管理系统。

② 选中4，进入学生人员信息查询菜单，结果如图17.23所示。

判断结果：学生人员信息查询功能测试成功。填写表17.6测试结果为"通过"。

17.5.7　学生人员信息修改功能测试的演示

测试学生人员管理系统中学生信息修改功能。根据测试用例文档，其测试步骤如下：

① 进入修改菜单，选中一个人员进行信息修改（1004），如图17.24所示。

② 进入查询菜单，查询结果，如图17.25所示。

图17.24　选中一个人员进行信息修改　　　　　图17.25　查询人员信息结果

判断结果：学生人员信息修改功能测试成功。填写表17.7测试结果为"通过"。

17.5.8　文件读写功能测试的演示

测试学生人员管理系统中文件读写功能。根据测试用例文档，其测试步骤如下：

① 原有信息如图17.26所示。增加2名学生信息，如图17.27所示。

② 退出程序。

③ 再重新登录系统。

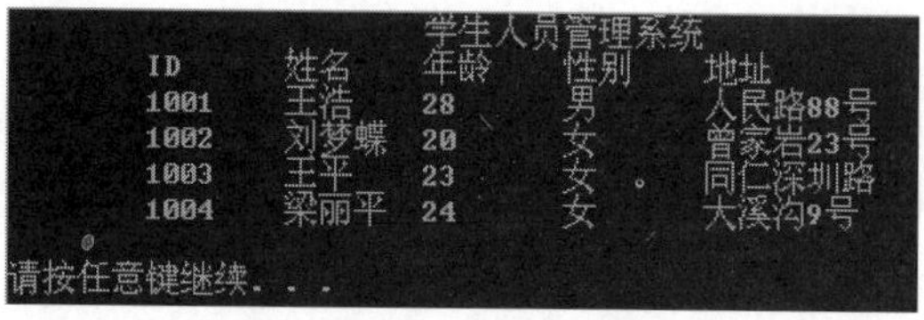

图17.26　原有信息　　　　　　　　　　　　图17.27　增加2名学生信息

④ 选中 4，查询刚才增加的 2 名学生信息，如图 17.28 所示。

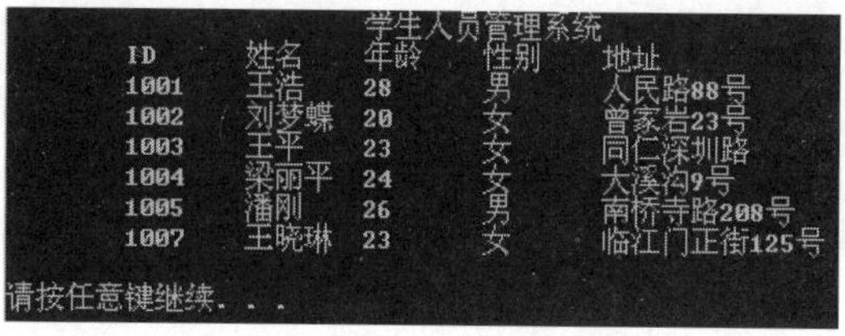

图17.28　进入学生人员信息查询菜单结果

判断结果：通过比较，文件读写功能测试成功。填写表 17.8 测试结果为"通过"。

本章小结

　　本章是对前面知识的一个总的综合应用。在这一章中，有大量的实际项目开发文档的加入。这对于各位读者以后在做项目时大有裨益。同时通过本章学生人员管理系统实例项目开发的介绍，希望各位读者能够综合应用前面章节所介绍的全部知识，理解和实践项目中的代码，大幅度提高自己的编程水平。

　　当然，如果理解和阅读上有疑惑，可以将源代码和工程文件全部复制到 Visual C++ 6.0 中进行编译和运行。这样，相信读者朋友们就应该可以解开疑问了。

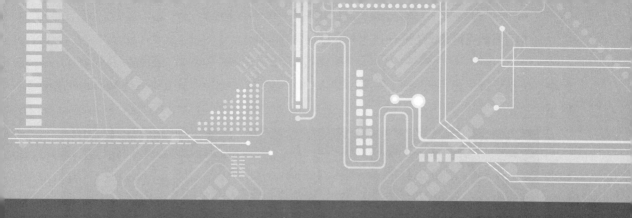

附录

Visual C++开发调试环境

本书简要介绍 C 语言的调试运行环境 Visual C++ 6.0（简称 VC6）。VC6 是微软公司推出的目前使用极为广泛的基于 Windows 平台的可视化开发环境。它可以用来调试和运行 C 程序，其提供的图形化界面操作相对于 Turbo C 更简单方便，其对 C 语言的标准支持也更好，关键的是 VC6 是英文环境，对读者将来适应其他专业开发工具也很有帮助。本附录将对 VC6 开发环境的基本操作步骤进行介绍，在本附录的基础上，读者也能轻松掌握其他高版本 Visual C++ 的开发环境。英文基础较差的读者，可以选用高版本的中文开发环境。

一、Visual C++开发环境的安装和使用

作为一个开发者，你应该已经熟悉各种软件的开发方法。VC6 的安装和其他应用软件的安装一样。不管是什么软件包，你找到 setup.exe 或者 install.exe 字样或者图标，鼠标单击即可安装。然后按提示对话框不断选择下一步，即可安装成功。

需要注意的是，VC6 开发在 2000 年之前，所以，Windows XP 和 Windows 7 对 VC6 的兼容性非常好，但 Windows 10 有一些小问题。使用 Windows 10 的读者，需要注意两个小问题：

① 在安装的时候，需要选择较新的数据支持，或者取消 database 选项，安装就顺利了。

② 在运行 VC6 的时候，需要保证使用的是系统管理员方式运行的 VC6，不然的话，你会看到这样的差错：LINK : fatal error LNK1104: cannot open file "Debug xxx.exe"。如果出现，

解决办法是，每次运行的时候，右键单击 VC6，选择以系统管理员方式运行 VC6，如附图 1 所示。

附图 1　以管理员身份运行 VC6

另外，对所有第一次使用 VC6 的读者来说，最需要注意的问题是，不小心打入了全角英文字符或者是中文字符，这也正常，毕竟我们的系统是一个中文的系统，输入法稍不注意就打出了中文。这种错误，在我们的教学中，发现有约 70% 的初学同学会犯这个错误，然后代码怎么也通不过，很着急，而且还非常隐蔽，不容易被发现。所以，所有的同学都要注意这个问题。当然，等你稍微入门，这个问题其实也简单，编译提示是发现了未知字符：error C2018：unknown character '0xa3'。

二、VC6开发控制台程序

本附录首先让读者理解编写 Windows 字符界面的 win32 控制台程序，然后学习编写这类程序的具体方法，读者跟随本节写出第一个程序之后，就可以按全书的逻辑顺序，一一调试代码，学习 C 语言的语法，进入一个全新的代码练习的世界了！

那么，什么是 Win32 控制台程序？

Win32 编程就是 Windows 下的 32 位应用编程。大多数是图形界面的，但也可以编写字符界面的程序。读者可以通过"Win+R"快捷键组合调出一个"运行对话框"，你可以输入 cmd，然后"确定"。你能看到一个黑白界面。启动 Windows 控制台界面如附图 2 所示。

在这种界面下：你输入 ping 命令，系统会告诉你 ping 命令的用法，见附图 3。

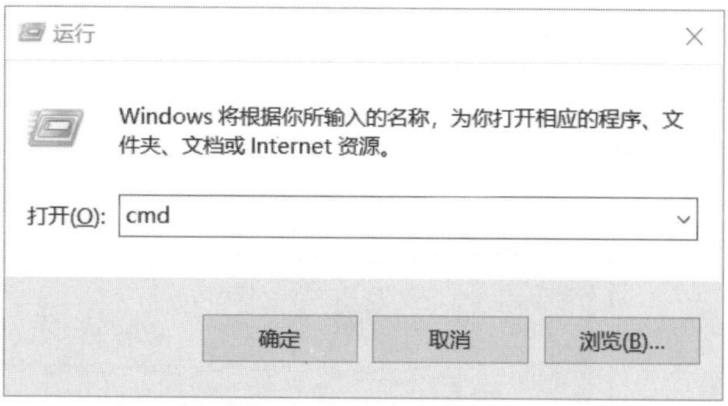

附图2　启动Windows控制台界面

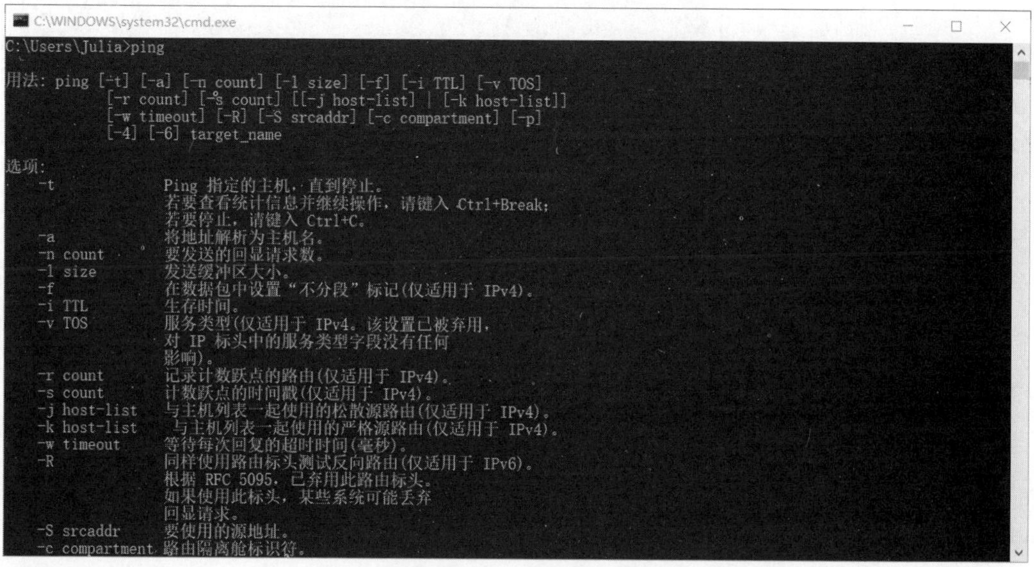

附图3　ping命令

初学者编写这种字符界面的应用程序，可以直接先学习 C 语言语法或者网络应用的核心算法，而不用去纠缠复杂的 Windows 图形界面的事件驱动机制，方便我们掌握核心的东西，然后再来慢慢学习图形界面下的编程。就像我们学习数学和物理，先做一些抽象，解决核心问题，再慢慢加入其他元素。

三、Win32控制台程序的创建、编译和运行

这里面只讨论本书中程序的运行环境的创建、编译和运行。我们使用的是 Visual C++6.0 开发工具，就用到了其中比较简单的一部分。下面介绍所用到的编程环境的创建过程。

（1）打开 Visual C++6.0，出现如附图 4 所示的程序运行环境的创建界面。

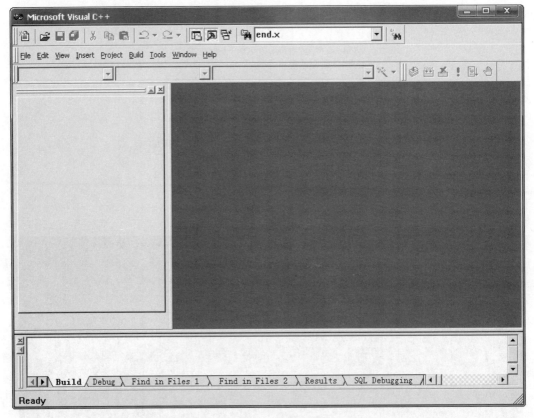

附图4　程序运行环境的创建（一）

注意：如果第一次运行 VC6 时可能会弹出如附图 5 所示的界面。只要将【Show tips at startup】前面的复选框取消选中，单击【Close】按钮，下次打开时就不会出现了。

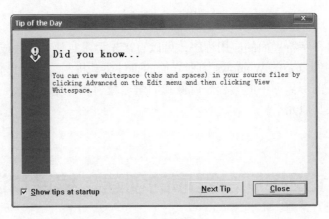

附图5　提示界面

（2）新建一个 C++ 源文件步骤：单击【File】|【New】命令，如附图 6 所示。将会出现如附图 7 所示的新建文件对话框。

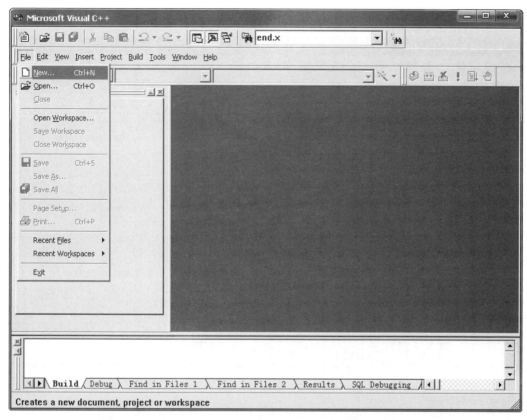

附图6　程序运行环境的创建（二）

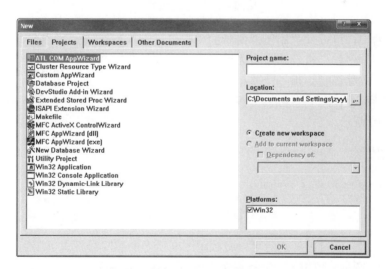

附图7　程序运行环境的创建（三）

　　单击【Files】标签，并选中【C++ Source File】选项。在【File】文本框中填写文件名。在【Location】文本框中填写文件的保存路径。单击【OK】按钮，完成源文件的创建。这样我们就可以在光标插入符处插入我们想要编写的程序源代码，如附图 8 所示。

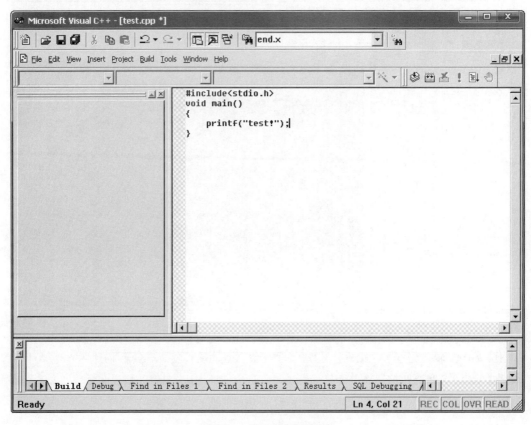

附图8　编写程序源代码

（3）程序的编译可以通过附图 9 所示的工具栏进行。▦按钮
是用于编译连接程序的，查看程序有无编译连接以及语法方面的
错误，程序第一次编译会弹出一个要求保存文件的对话框，单击

附图9　程序的编译（一）

"是"就可以保存文件了。程序编译过程中产生的错误以及警告都会在最下面的一个窗口中
显示，如附图 10 所示。

附图10　程序的编译（二）

（4）运行程序。经过编译之后可以看到附图 9 所示的感叹号标志可用了，就不再是灰色
的了，如附图 11 所示。单击 ! ，运行程序，界面如附图 12 所示。

附图11　程序的运行

附图12   程序运行界面

四、程序出错及错误处理原则

初学者上机实验操作过程肯定会出现各种各样的问题，如何顺利、快速解决出现的各种问题，需要读者掌握一定的程序经验和调试方法。下面通过实例讲解实际操作中容易出现的错误及其原因和解决办法。

程序的错误一般分为三种：基本的语法错误、编译连接错误以及程序编写错误得不到预期结果。前两种，表现为编译器或者说 IDE 提示出错；第三种，就要靠自己判断了。而且连接错误一开始我们已经举了一个案例，所以，我们这里分为两大类讲解。

1. 基本的语法错误

语法错误就是编写程序时出现了不符合 C 语言语法规定的语句，对于程序编写过程中经常遇到的一些语法错误总结如下：

（1）程序中出现中文字符会出现如附图 13 所示的错误信息。

（2）变量使用之前未定义会出现如附图 14 所示的错误信息。

```
error C2018: unknown character '0xa3'
error C2018: unknown character '0xbb'
```

附图13   程序中出现中文字符

```
error C2065: 'a' : undeclared identifier
```

附图14   变量使用之前未定义

根据以前的经验，出现变量使用之前未定义这种错误可能是因为没有区分大小写，如"int A ; a=1；"。

（3）语句末尾没有加分号会出现如附图 15 所示的错误信息。

```
error C2146: syntax error : missing ';' before identifier 'printf'
```

附图15   语句末尾没有加分号

```
#include<stdio.h>

void main()
{
    int a=1
    printf("test!\n");
}
```

附图16　漏掉分号的错误代码

出现上述错误的代码如附图 16 所示。

（4）漏掉函数体结束地方的"}"会出现如附图 17 所示的错误信息。

注意：上述错误是因为漏掉"}"的地方就在 main 函数的前面。如果漏掉"}"的后面还有其他函数，那么后面每个函数都会被列出来，如附图 18 所示。

```
error C2601: 'main' : local function definitions are illegal
fatal error C1004: unexpected end of file found
```

附图17　函数体结束地方漏掉"}"

```
error C2601: 'fun1' : local function definitions are illegal
error C2601: 'main' : local function definitions are illegal
fatal error C1004: unexpected end of file found
```

附图18　漏掉"}"的函数后面有 fun1 和 main 函数

注意：上面的情况不仅仅是由于在函数结束的地方漏掉"}"才会出现，在花括号不匹配的情况下依然会出现。

（5）求余（%）运算符的操作数不是整型变量会出现如附图 19 所示的错误信息。

```
error C2297: '%' : illegal, right operand has type 'float'
```

附图19　求余运算符操作数不是整型

（6）利用 scanf 进行输入时如果漏掉"&"符号，在语法检测和编译阶段不会发现错误，但是在运行时会出现如附图 20 所示的错误信息。

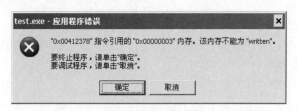

附图20　scanf 输入时变量名前漏掉"&"符号

出现附图 20 所示的错误有很多情况，尤其在遇到指针方面的错误时好多时候都会出现上面的情形，这种错误我们称为内存错误。

（7）case 没有包含在 switch 大括号内会出现如附图 21 所示的错误。

（8）switch 括号中的表达式不是整型或字符型会出现附图 22 所示的错误。

```
error C2046: illegal case
error C2043: illegal break
```

```
error C2450: switch expression of type 'float' is illegal
```

附图21　case 没有包含在 switch 的 {} 内　　附图22　switch 后面的表达式值为不是整型或字符型（float 类型）

出现附图 22 所示的错误代码如附图 23 所示。

（9）在 do…while 语句 while 后面没有加分号，会出现附图 24 所示的错误。

出现附图 24 所示错误的代码如附图 25 所示。只要在 while（b<4）后面加上分号就可以了，如附图 26 所示。

（10）对字符串变量赋值时采用"变量名＝字符串常量"的赋值形式，容易出现如附图 27 所示的错误。该错误的代码如附图 28 所示。

```
void main()
{
    float b=3;
    scanf("%d",a);
    switch(b)
➡   {
    case 1: break;
    case 2:break;
    }
}
```

```
error C2143: syntax error : missing ')' before '}'
error C2143: syntax error : missing ';' before ')'
error C2143: syntax error : missing ';' before ')'
```

附图23　switch后面的表达式不是整型的错误代码　　　　附图24　do…while语句while后面没有加分号

```
void main()
{
    int   b=3;
    do
    {
        b++;
    }while(b<4)
}
```

```
void main()
{
    int   b=3;
    do
    {
        b++;
    }while(b<4);
}
```

附图25　do…while语句的while后面没有加分号错误代码　　　　附图26　在while后面加分号

```
error C2106: '=' : left operand must be l-value
```

```
void main()
{
    char str[8];
    str="abcdefg";
}
```

附图27　对字符串进行直接赋值出现的错误　　　　附图28　对字符串变量的直接赋值错误代码

对字符串变量的赋值可以采用strcpy函数进行字符串复制，如：

```
char str[8];
strcpy(str,"abcdef");
```

但是这时要包含头文件 #include<string.h>，如果不包含头文件会出现附图29所示的错误。

注意：若遇到与附图28类似的错误，如果确实是函数库中的函数而错误提示是函数没有定义，这种错误一般都是没有包含头文件。

（11）数组定义时 [ ] 里面只能是常量表达式，如下面的定义是不合法的：

```
int n=10;
float a[n];
```

会出现如附图30所示的错误信息。

```
error C2065: 'strcpy' : undeclared identifier
```

```
error C2057: expected constant expression
error C2466: cannot allocate an array of constant size 0
error C2133: 'a' : unknown size
```

附图29　没有包含头文件　　　　附图30　数组定义时 [ ] 中出现变量的错误

（12）数组下标越界，会出现附图31所示的错误信息。

这种错误是上面见到过的内存错误，在语法检查和编译阶段均不会被发现，在运行的时候可能会出现，因为数组的引用可以通过变量表达式来确定下标，当变量表达式的值超过数组长度时就会出错，这种错误也很隐蔽不易被发现，只有在运行时才可能被发现。如：

```
int a[5];
for(int i=0;i<=n;i++)
{
```

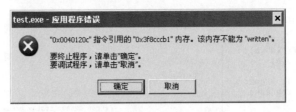

附图31　数组下标越界错误

```
    a[i]=i;
}
```

上面代码中当 $n \geq 6$ 时就会出现内存错误，这里面的 n 在程序的运行过程中是会发生变化的，所以数组下标越界问题就可能被隐藏。在出现上面的错误时要考虑一下是不是由于数组下标越界导致的。

（13）定义一个函数时（）后面多加了一个分号，会出现如附图32所示的错误。

```
error C2447: missing function header (old-style formal list?)
```

附图32　函数定义（）后面多加了分号

如：

```
void print( );
{
    printf("test!");
}
```

就会出现附图32所示的错误，应该把（）后面的分号去掉。

（14）声明一个函数时（）后面的分号漏掉了，会出现如附图33所示的错误，其对应的代码如附图34所示。

```
warning C4518: 'void ' : storage-class or type specifier(s) unexpected here; ignored
error C2146: syntax error : missing ';' before identifier 'main'
fatal error C1004: unexpected end of file found
```

附图33　声明一个函数时()后面的分号丢掉了

在函数声明的后面加上分号就可以了，修改后如附图35所示。

```
#include<stdio.h>
void print()
void main()
{
    print();
}
void print()
{
    printf("test!");
}
```

附图34　函数声明错误代码

```
#include<stdio.h>
void print();
void main()
{
    print();
}
void print()
{
    printf("test!");
}
```

附图35　修改后的代码

（15）在函数内部嵌套定义函数，如附图36所示，会出现如附图37所示的错误信息。

```
#include<stdio.h>
void main()
{
    void print()
    {
        printf("test!");
    }
}
```

附图36　函数嵌套定义代码

```
error C2601: 'print' : local function definitions are illegal
```

附图37　函数嵌套定义错误

（16）数组名与其他变量名重名，错误代码如附图 38 所示，会出现如附图 39 所示的错误信息。

```
int a;
int a[5];
```
error C2040: 'a' : 'int [5]' differs in levels of indirection from 'int'

附图38　数组名与其他变量重名代码　　　　　　附图39　数组名与其他变量名重名错误信息

（17）函数定义时形参名与函数体中的某个变量重名，错误代码如附图 40 所示，会出现如附图 41 所示的错误信息。

```
int max(int a,int b)
{
    int a;
}
```
error C2082: redefinition of formal parameter 'a'

附图40　函数形参与函数体中变量重名　　　　　附图41　函数形参与函数体中某个变量重名错误信息

（18）函数定义时形参列表中有部分形参变量前没有加类型名，错误代码如附图 42 所示，会出现附图 43 所示的错误信息。

```
int max(int a, b)
{
    return a>b?a:b;
}
```
error C2061: syntax error : identifier 'b'
error C2065: 'b' : undeclared identifier

附图42　部分形参前没加变量类型名代码　　　　附图43　部分形参前没加变量类型名错误信息

```
int max(int a, int b)
{
    return a>b?a:b;
}
```
附图44　修改后代码

修改后代码如附图 44 所示。

（19）函数调用前面加了类型标识符，错误代码如附图 45 所示，会出现如附图 46 所示的错误信息。

```
void main()
{
    int max(1,3);
}
```
error C2078: too many initializers

附图45　函数调用前加类型标识符代码　　　　　附图46　函数调用前加类型标识符错误信息

对 max 函数的调用应该改为：

```
max(1,3);
```

（20）函数调用时传递的参数前面加类型标识符，错误代码如附图 47 所示，会出现如附图 48 所示的错误信息。

```
int max(int a,int b)
{
    return a>b?a:b;
}
void main()
{
    int a=0,b=1;
    max(int a,b);
}
```
error C2144: syntax error : missing ')' before type 'int'
error C2660: 'max' : function does not take 0 parameters
error C2059: syntax error : ')'

附图47　函数调用时实参带有类型标识符　　　　附图48　函数调用时实参带有类型标识符错误信息

（21）带有返回值的函数最后没有用 return 返回函数值，错误代码如附图 49 所示，会出现如附图 50 所示的错误信息。

（22）指针未初始化就使用，在编译和语法检测阶段只有警告没有错误，但是运行时会出现内存错误。错误代码如附图 51 所示，在编译时会出现如附图 52 所示的警告。

```
int max(int a,int b)
{
    a=1;
}
```

error C4716: 'max' : must return a value

附图49　带有返回值的函数没有return语句　　　　附图50　带有返回值的函数没有return语句错误信息

```
void main()
{
    int *p;
    scanf("%d",p);
}
```

warning C4700: local variable 'p' used without having been initialized

附图51　指针未初始化就使用的代码　　　　附图52　指针未初始化的警告

这种情况在运行时会出现如附图53所示的错误。

```
test.exe - 应用程序错误                          ×

  ⊗   "0x0040120c"指令引用的"0x3f8cccb1"内存。该内存不能为"written"。

        要终止程序，请单击"确定"。
        要调试程序，请单击"取消"。

              [ 确定 ]    [ 取消 ]
```

附图53　指针未初始化出现的内存错误

指针是指向一个地址的变量，所以在使用之前一定要将其指向一个内存单元，如附图51所示代码可以改为附图54所示（p是指向变量a的指针）的代码。

对于指针未初始化就使用，还有如下几种较常见的情况：

```
void main()
{
    int *p,a;
    p=&a;//初始化指针
    scanf("%d",p);
}
```

附图54　指针先初始化再使用

```
int *p;
*p=33;                              //p未初始化就赋值
char *str;
strcpy(str,"abc");                  //str未初始化就赋值
```

2. 程序运行得不到预期结果

程序运行得不到预期结果原因有很多，如：程序算法思想有误，这种错误可以通过断点调试跟踪某个变量或在认为出错的地方输出某个变量的值进行纠正；循环控制出现死循环等。下面总结了一部分这方面的错误，仅供参考。

（1）误把赋值符号（=）当成等于号（==）使用，如：

```
while(i=1)
{}
```

上面的语句会使程序进入死循环，i=1赋值语句值始终为真。

（2）控制变量的值始终没有改变使得程序进入死循环，如：

```
int i=0;
while(i<100)
sum=sum+i;
```

上面的语句中控制变量i的值一直都没有变。

（3）跳过循环控制条件，使得程序进入死循环，如：

```
for(int i=0;i!=3;i=i+2);
```

（4）控制条件不正确，如错把">"写成"<"等会使程序进入死循环，如：

```
int i=11;
```

```
while(i<10)
i++;
```

（5）do…while 语句后面的条件是在满足的情况下才继续循环，否则退出循环，如接收键盘输入的数据直到输入的数据在 0 ～ 8 之间为止：

```
do
{c=getchar( );
}while(c>'1'&&c<'8');
```

此代码正好与要求相反，所以应该改为

```
do
{c=getchar( );
}while(c<'1'||c>'8');
```

（6）利用 scanf 输入字符串变量，变量名前加 "&" 符号，如：

```
char str[10];
scanf("%s",&str);
```

这种错误比较隐蔽，在语法检测和编译阶段均不会被发现，在运行时还有可能正常，但是这样用是不合法的，还是会出现错误的。应该改为：

```
scanf("%s",str);
```

（7）认为可以通过调用函数进行参数传递及改变实参的值，如：

```
void asc(int a)
{
    a++;
}
void main( )
{
    int b=0;
    asc(b);
}
```

通过上面方式调用 asc 函数不可能改变 b 的值，因为参数传递是单向值传递。如果想改变实参的值可以采用地址传递方式，上面的代码可以修改为：

```
void asc(int *a)
{
    (*a)++;
}
void main( )
{
    int b=0;
    asc(&b);
}
```

注意：由于自增自减运算符优先级高于 "*" 运算符，所以一定要在 "*a" 前后加括号。

（8）多个指针一起定义时容易犯下面的错误，如定义三个 int 型指针变量：

```
int *p1,p2,p3;
```

其实上面的三个变量中只有 p1 是指针变量。正确的定义应该是：

```
int *p1,*p2,*p3;
```

（9）函数返回类型为指针类型时，返回一个临时变量的指针，如：

```
char *getstr( )
```

```
{
    char str[10];
    scanf("%s",str);
    return str;
}
```

在 main 函数中调用如下：

```
void main( )
{
    char *str;
    str=getstr( );
    printf("%s",str);
}
```

可以看到输出的结果并不是想要的结果，而是一些随机的东西。我们知道变量都是有作用范围的，超过这个范围该变量的存储单元就会被释放，所以函数中局部变量超过这个函数范围就会被释放，所以传回的地址也是毫无意义的。

（10）利用"=="号判断两个字符串变量是否相等，如：

```
char str1[10],str2[10];
strcpy(str1,"abc");
strcpy(str2,"abc");
if(str1==str2)
printf("str1=str2");
```

运行结果不会输出 str1=str2，两个字符串大小比较不可以用这些比较符号，可以采用 strcmp 函数，但是前面必须包含头文件 #include<string.h>，可将代码修改如下：

```
char str1[10],str2[10];
strcpy(str1,"abc");
strcpy(str2,"abc");
if(strcmp(str1,str2)==0)
printf("str1=str2");
```

五、调试方法

附图55　VC调试工具栏

有时候，我们编的程序规模比较大或算法比较复杂，一旦出错，很难定位错误的位置。这就需借助于 VC 自带的调试工具进行单步调试，以便观察各变量、存储区或寄存器等值的变化。点击附图 55 中的 进入单步调试， 用于插入断点。

1. 设置断点

当我们想要程序执行到某个地方突然停止，观察此时程序中各变量、存储区、寄存器等的瞬时值时，就需要设置断点。设置方法如下：

（1）将光标移至需要停止处的语句所在行，然后单击附图 55 中的 按钮，此时左边出现一个大红点，如附图 56 所示。这表示断点设置成功。

（2）单击按钮 ▣（Go）程序开始运行，运行到断点处停止。此时，VC 处于调试（debug）状态。窗口下面自动弹出观察程序中各变量值的窗口，如附图 57 所示。各变量的值均为瞬时值，可进行查看。

可见，此时程序执行第一次 for 循环还未结束，变量 i 的值为 0，sum 还未执行加操作，故其值为 0。

单步调试功能如附图 58 所示，执行此功能会使循环一步一步地执行下去，注意观察每执行一步各变量的变化情况。

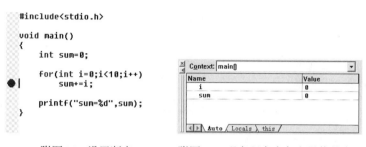

附图56　设置断点　　　　附图57　观察程序中各变量值的窗口　　　　附图58　单步调试功能

如果只想观察几个典型变量的值的变化情况，可以打开 watch 窗口，如附图 59 所示，直接在 Name 下的文本框里输入所需观察的变量。

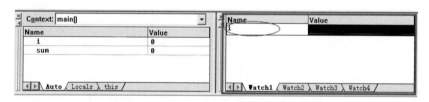

附图59　watch窗口设置要观察的变量

回车，设置成功，如附图 60 所示。

附图60　设置 i 为要观察的变量

2. 单步调试

如附图 61 所示，单击【Step Into】（单步执行）命令，程序执行下一条语句后停止。每按一下该按钮观察各变量值的变化。若在调试过程中还想查看其他存储区、寄存器中的值以及堆栈情况，可打开相应窗口，如附图 62 所示。

若要退出调试状态，点击菜单 Debug → Stop Dubugging，如附图 63 所示。

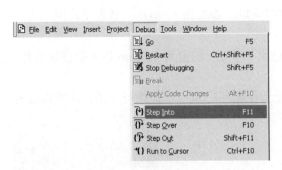

附图61 单步调试

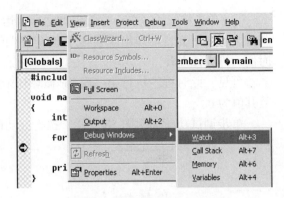

附图62 查看其他存储区的情况

附图63 停止调试